W0260243

FLUORESZENZ UND PHOSPHORESZENZ IM LICHTE DER NEUEREN ATOMTHEORIE

VON

PETER PRINGSHEIM

MIT 32 TEXTFIGUREN

Springer-Verlag Berlin Heidelberg GmbH
1921

ISBN 978-3-662-23688-8 ISBN 978-3-662-25777-7 (eBook)
DOI 10.1007/978-3-662-25777-7

Ursprünglich erschienen bei Julius Springer in Berlin 1921.

Vorwort.

Die hier vorliegende Monographie entstand während meiner langjährigen Internierung in Australien, wo ich mich bei Ausbruch des Weltkrieges zum Besuch der Jahresversammlung der British Association als Gast der australischen Regierung befand. Zu dem Versuch, die Erscheinungen der Photolumineszenz unter möglichst einheitlichen Gesichtspunkten zusammenfassend darzustellen, wurde ich veranlaßt durch das Studium der Arbeiten von Lenard, der in seiner lichtelektrischen Theorie der Phosphoreszenz zum erstenmal einen gangbaren Weg in dieser Richtung gewiesen hatte. Sieht man ab von den in verwandten Vorstellungen sich bewegenden Überlegungen von J. Stark und gewissen photochemischen Spezialtheorien, so beschränkte das sonstige ungemein vielfältige Publikationsmaterial über das Gebiet sich fast ausschließlich auf die rein phänomenologische Seite der Erscheinungen. Eine sehr vollständige Zusammenstellung all dieser Veröffentlichungen bis zum Jahre 1908 findet man in Kaysers Handbuch der Spektroskopie, Band IV, in den Kapiteln über Fluoreszenz und Phosphoreszenz. Es ist dies überhaupt die einzige neuere mir bekannte Gesamtdarstellung des umfangreichen Gebietes; in den sonstigen großen Lehrbüchern wird es meist sehr summarisch auf wenigen Seiten abgehandelt. Bei dem hier von mir verfolgten Ziel konnte es natürlich nicht meine Absicht sein, wie etwa in dem Kayserschen Handbuch die größtmögliche Vollständigkeit anzustreben und jede Einzelheit mehr oder weniger für sich zu besprechen, noch auch eine wesentlich historisch gehaltene Entwicklung zu geben; sondern es mußten vor allem die Resultate herangezogen werden, die für den Aufbau einer Theorie sich bedeutungsvoll erweisen, während anderes meist nur rein beschreibendes und nicht unter allgemeine Gesichtspunkte einzuordnendes Material eher zu vernachlässigen war. Dagegen habe ich mich bemüht, in einem den Beschluß machenden Literaturverzeichnis alle mir irgend zugänglichen Arbeiten, die seit dem Erscheinen des Kayserschen Handbuches (1908) bis zum März 1921 veröffentlicht worden waren, möglichst lückenlos aufzunehmen. Um den Text nicht allzusehr zu belasten, habe ich überall da, wo die Nennung eines Autorennamens und dann die Titel der im Verzeichnis aufgeführten Arbeiten hinreichende Orientierung ermöglichten, ausdrückliche Literaturangaben vermieden; wo dieses nicht genügend schien, ist durch eine eingeklammerte und hochgestellte Zahl die betreffende Nummer des Verzeichnisses angegeben. Wegen aller aus älteren Publikationen (vor 1908) entnommenen Ergebnisse muß durchweg auf das Kaysersche Handbuch verwiesen werden.

Die inzwischen vollzogene Entwicklung der Bohrschen Theorie, die 1914 erst in ihren Anfängen vorlag und seither gerade in Deutschland durch die Arbeiten Sommerfelds, J. Francks u. a. auf dem hier in Betracht kommenden Gebiet größte Bedeutung gewonnen hatte, machte es nötig, nach meiner Rückkehr den ganzen Stoff gründlich umzuarbeiten: es war eine sehr viel breitere Basis für die theoretischen Überlegungen gegeben, ohne daß dabei jedoch der ursprüngliche Ausgangspunkt: die Lenardsche Auffassung der Phosphoreszenz, wesentlich modifiziert zu werden brauchte. Von der Bohrschen Theorie selbst ist nur das im Zusammenhang an verschiedenen Stellen unbedingt Erforderliche mitgeteilt, im übrigen muß hier auf andere Darstellungen verwiesen werden, in erster Linie auf das bekannte Sommerfeldsche Buch über Atombau und Spektrallinien, sowie auf die „Quantentheorie“ von Reiche.

Um den Stoff nicht zu stark anwachsen zu lassen, habe ich mich streng auf die eigentliche Photolumineszenz beschränkt, dagegen die Erregung von Fluoreszenz und Phosphoreszenz durch andere Ursachen (elektrische Entladung, X-Strahlen, Reibung) nicht mit aufgenommen. Der Emissionsvorgang ist ja wohl zweifellos in allen diesen Fällen identisch, nur die Art, wie die nachher leuchtenden Moleküle in den erregten Zustand versetzt werden, ist jedesmal eine andere. Wäre aber z. B. die Fluoreszenzerregung an festen Substanzen durch Kathoden- und Kanalstrahlen mitbesprochen worden, so hätte logischerweise auch die gesamte Lichterregung beim Elektrizitätsdurchgang durch Gase behandelt werden müssen — ein neues, höchst umfangreiches Sondergebiet, das überdies auch schon in anderweitigen Monographien eingehende Behandlung gefunden hat. Ähnliches gilt für die Fluoreszenzerregung durch Röntgenstrahlen, die im übrigen ja, sofern man auch die kurzwellige elektromagnetische Strahlung als Licht bezeichnet, mit unter den engeren Begriff der Photolumineszenz fallen würde.

Daß es mir möglich war, während meiner Gefangenschaft die zu dieser Arbeit nötige Literatur zu sammeln, verdanke ich der großen Liebenswürdigkeit der damaligen Professoren für Physik an den Universitäten Melbourne und Sydney, der Herren Lyle und Pollock, vor allem aber auch meines früheren Studienfreundes, des jetzigen Professors für Mechanik in Sydney, E. M. Wellisch, der im Gegensatz zu so vielen auch unter diesen erschwerenden Umständen alte Kameradschaft nicht vergaß. Diese Herren stellten mir mit großem Entgegenkommen die Bücher und Zeitschriften ihrer Institute und ihre privaten Bibliotheken zur Verfügung, und ich empfinde das Bedürfnis, ihnen auch an dieser Stelle nochmals zu danken. Es durften mir allerdings immer nur zwei Bände auf einmal in das Lager geschickt werden, und bei den großen Entfernungen sowie den durch die Zensur bedingten Verzögerungen nahm jede Sendung mit oft nur einer oder zwei zu exzerpierenden Arbeiten im Durchschnitt vierzehn Tage in Anspruch. Bis zu einem gewissen Grade wurde dies dadurch ausgeglichen, daß die australische Regierung trotz aller Proteste ihre Gastfreundschaft noch Monate über den Abschluß des Waffenstillstands hinaus auf volle fünf Jahre ausdehnte. Endlich möchte ich auch noch Herrn Professor E. Goldstein, der die Liebenswürdigkeit hatte, den seine Arbeiten betreffenden Abschnitt durchzusehen und in einigen Punkten zu verbessern, meinen besten Dank aussprechen; ebenso Herrn G. Kettmann für die Unterstützung beim Lesen der Korrektur und Herrn Dr. W. Grotrian für die freundliche Überlassung der beiden Figuren zur schematischen Darstellung von Serienspektren.

Berlin, Juli 1921.

Peter Pringsheim.

I. Einleitung.

Dringt Lichtstrahlung in ein absorbierendes Medium ein, so wird — eben infolge der Absorption — ein Teil ihrer Energie in eine andere Form umgesetzt; in weitaus den meisten Fällen wird sie dabei schließlich durch die Wirkung hier nicht weiter zu besprechender Übertragungsmechanismen in ungeordnete Wärmebewegung der Moleküle verwandelt. Unter bestimmten Umständen kann jedoch die der Strahlung entnommene Energie von den sorbierenden Resonatoren auch in anderer Weise wieder abgegeben werden: Beispiele hierfür sind die photochemischen Vorgänge oder der lichtelektrische Effekt. Einen besonders einfachen Fall bilden die Erscheinungen, bei denen die absorbierte Strahlungsenergie wieder in Form von Lichtstrahlung emittiert wird, gleichviel ob die sekundäre Lichtemission von der gleichen oder anderer Wellenlänge ist wie das primäre, „erregende" Licht. Solche Erscheinungen sind gemeinhin unter dem Namen Fluoreszenz oder Phosphoreszenz bekannt; in diesem Zusammenhang wäre es vielleicht korrekter, ausschließlich die Bezeichnung Photolumineszenz zu gebrauchen, weil unter den beiden anderen Namen auch Fälle sekundärer Lichtemission verstanden werden können, deren Energie primär nicht elektromagnetischer Strahlung, sondern anderen Ursachen, in erster Linie korpuskularen Strahlen oder mechanischen Kräften, entstammt.

Unter dem Begriff der Photolumineszenz werden im allgemeinen zwei Gruppen von Phänomenen zusammengefaßt, die trotz vieler gemeinsamer Eigenschaften und ungeachtet des Vorhandenseins vermittelnder Zwischenglieder heute noch nicht nach ganz einheitlichen Gesichtspunkten behandelt werden können, sowohl was den Mechanismus des Energieumsatzes als was den Charakter der sekundären Lichtemission selbst betrifft.

Es sind dies die Resonanzstrahlung der Gase einerseits, andererseits die eigentliche Fluoreszenz bzw. Phosphoreszenz von festen und flüssigen Körpern. Im ersteren Fall handelt es sich, wie schon der Name besagt, um Erscheinungen, die der wirklichen Resonanz etwa in der Akustik ganz analog sind: mit dem Licht seiner Eigenfrequenz angeregt, strahlt ein Resonator Licht von der gleichen Wellenlänge nach allen Richtungen wieder aus. Es ist tatsächlich eine einfache Reemission des primären Lichtes, von der Emissionsrichtung abgesehen nicht unähnlich einer allerdings auf ein sehr enges Spektralgebiet beschränkten metallischen Reflexion, in welche sie auch unter geeigneten Bedingungen direkt übergeführt zu werden scheint. Dieser Idealfall ganz reiner Linienresonanz ist jedoch relativ selten, häufiger treten statt dessen kompliziertere „Resonanzspektren" auf, die aber stets die erregende Linie wieder enthalten, und deren andere scharf und wohl definierte Linien mit jener durch eine klare Serienbeziehung verbunden sind. Auch die Tatsache, daß der Polarisationszustand des erregenden Strahles auf die Emissionsrichtung und Polarisation des sekundären Lichtes im allgemeinen von maßgebendem Einfluß ist, beweist, daß hier der Zusammenhang zwischen der Absorption und Reemission ein verhältnismäßig enger und direkter sein muß.

Die klassische elektromagnetische Theorie, für welche der monochromatische Absorption und Emission bewirkende Resonator ein durch quasielastische Kräfte an eine Gleichgewichtslage im Atom gebundenes Elektron war, ergab ohne weiteres die Erklärung für die einfache Linienresonanz als eine selbstverständliche Folgerung, ganz analog dem Mittönen einer Klaviersaite, die mit einer ankommenden akustischen Welle in Resonanz sich befindet. Dagegen blieb man, um das gleichzeitige Auftreten neuer Linien im Emissionsspektrum zu deuten, auf mehr oder weniger willkürliche Zusatzannahmen angewiesen, wie ja überhaupt die ganzen optischen Serienbeziehungen theoretisch nicht zu fassen waren. Erst die Einführung der Quantenhypothese bzw. des Bohrschen Atommodells brachte hier die langgesuchte Klärung.

Nach den von Bohr und seinen Nachfolgern entwickelten Anschauungen umkreisen bekanntlich Elektronen die positiv geladenen Atomkerne unter der anziehenden Wirkung der elektrostatischen Kraft auf gewissen Gleichgewichtsbahnen, deren Radien dadurch bestimmt sind, daß das Impulsmoment des rotierenden Elektrons $p = n \cdot \frac{h}{2\pi}$ sein muß, wo $n = 1,2,3 \ldots$ und h das Plancksche Wirkungsquantum darstellt, d. h. wenn wir uns auf den primitivsten Fall eines einfach geladenen Kernes und eines einzigen „Leuchtelektrons" beschränken: es existiert für das Elektron eine Anzahl allein möglicher diskreter Bahnen, auf denen es sich, ohne zu strahlen, bewegen kann; jeder dieser Bahnen entspricht eine andere kinetische und ebenso auch eine andere potentielle Energie des Elektrons — die Gesamtenergie wächst mit zunehmendem Bahnradius. Somit muß dem Elektron Energie zugeführt werden, um es aus einer inneren nach einer äußeren Bahn zu befördern, es wird Energie frei bei seiner Rückkehr zur inneren Bahn, die eben wegen ihres geringeren Energieinhaltes die stabilere ist. Diese freiwerdende Energie wird an den Raum („Äther") in der Form elektromagnetischer Strahlung abgegeben, und zwar so, daß, wenn die Energieinhalte der beiden Atomzustände durch W_a und W_b angegeben werden (entsprechend den Bahnradien a und b), die Frequenz des ausgestrahlten Lichtes durch die Quantenbedingung $W_b - W_a = h \cdot \nu_\alpha$ bestimmt wird. Fällt andererseits Strahlung der Frequenz ν_α auf das Atom im Zustande a, so wird sie absorbiert, und das Elektron wird unter Aufnahme des Energiebetrags $h \cdot \nu_\alpha$ auf die Bahn mit dem Radius b gebracht. Diesem einfachsten Fall von Energieaufnahme und -abgabe und dem damit verbundenen Überspringen des Elektrons zwischen zwei benachbarten Gleichgewichtsbahnen entspricht nach der Bohrschen Auffassung die einfache Linienresonanz.

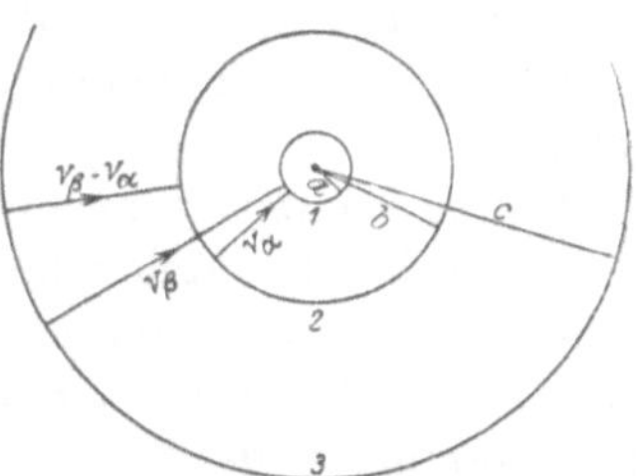
Fig. 1. Bohrsches Atommodell.

Die Energiedifferenz zwischen derselben inneren Anfangsbahn und einer weiter nach außen liegenden Endbahn — etwa der folgenden mit dem Radius c, d usf. — ist größer, es wird also auch die Frequenz $\nu_\beta, \nu_\gamma \ldots$ der bei diesem Übergang absorbierten bzw. abgegebenen Strahlung größer; dies entspricht Linien von kleinerer

Wellenlänge: man erhält die kurzwelligeren Linien derselben Serie. Nun ist aber bei der Rückkehr nach der Anfangsbahn das Auftreten einer Zwischenstufe möglich; das Elektron könnte, statt direkt von c nach a, erst von c nach b und dann von b nach a springen, und somit würde bei Erregung mit Licht der Frequenz ν_β im Emissionsspektrum neben der Linie ν_β zum mindesten auch noch ν_α hervortreten — außerdem dann auch noch eine weitere der Frequenzendifferenz $\nu_\beta - \nu_\alpha$ entsprechende „Kombinationslinie". Analoges gilt, wenn das Elektron in höhere noch mehr vom Atomkerne entfernte Bahnen gehoben wird; wird es vollends durch Bestrahlung mit Licht von hinreichend kurzer Wellenlänge auf eine „unendlich ferne" Bahn gebracht, ganz vom Atom losgerissen, m. a. W.: wird das Atom licht-elektrisch ionisiert, so können bei der Rückkehr alle möglichen Serienlinien zur Emission gelangen.

Hierzu kommt, zum mindesten bei mehratomigen Molekülen, die Rotation der Moleküle infolge der Wärmebewegung. Damit hierdurch das Auftreten neuer scharfer Linien verursacht wird — wie das bei den äußerst komplizierten „Resonanzspektren" etwa des Joddampfes der Fall zu sein scheint — muß auch diese molekulare Rotation nach Quantengesetzen vor sich gehen. Ähnliches trifft für den Fall zu, daß die einzelnen Atomkerne des Moleküls gegeneinander schwingen. Wie durch Kombination all dieser Bewegungen aus zahlreichen Linien aufgebaute Bandenspektren entstehen müssen, soll späterhin ausführlich diskutiert werden.

Endlich besteht die Möglichkeit, daß bei gegenseitiger Annäherung der Moleküle die Gleichgewichtsbahnen der Elektronen und damit auch die durch deren Energiedifferenzen bedingten Emissionsfrequenzen eine Veränderung erleiden. So könnte das Elektron durch Absorption einer Frequenz ν_α von seiner Anfangsbahn a nach b gebracht werden; durch Änderung des äußeren Kraftfeldes infolge der Annäherung eines fremden Moleküls gehe diese Bahn in eine andere b' über, und bei Rückkehr in die nun auch etwas von a differierende Bahn a' werde die Frequenz ν_α' ausgesandt, die von ν_α merklich verschieden sein kann, diesmal aber nicht wieder um einen bestimmten quantenhaft festgelegten Betrag. Da dieser Vorgang sich gleichzeitig bei verschiedenen Molekülen in ungleicher Weise abspielen mag, können in solchen Fällen die ursprünglich scharfen Resonanzlinien, auch bei Erregung mit Licht einer wohldefinierten Wellenlänge in breite kontinuierliche Banden ausarten.

Aber auch diese Verallgemeinerung scheint noch nicht zur Erklärung der Erscheinungen auszureichen, wie sie bei der Photolumineszenz fester und flüssiger Körper, evtl. auch mancher organischer Dämpfe beobachtet werden. Hier nämlich ist zwischen der Natur und Wellenlänge des erregenden und des erregten Lichtes keinerlei unmittelbare Beziehung zu erkennen. Sowohl das Emissionsspektrum wie das Spektralgebiet, dessen Licht imstande ist, die Lumineszenz hervorzurufen, die sog. „Erregungsverteilung", besteht meist aus verwaschenen unscharfen Banden, die nicht zusammenfallen, obwohl sie sich häufig überschneiden, und die durch keine einfache Gesetzmäßigkeit miteinander verbunden sind. Insbesondere ist häufig die Erregungsverteilung außer etwa durch die ungefähre Lage ihrer oberen, langwelligen Grenze überhaupt nicht spektral zu definieren; und die am stärksten erregenden Wellenlängen sind meist im Emissionsspektrum nicht vorhanden. Andererseits spricht die unverkennbare Abhängigkeit der Dauer des Phänomens von der Temperatur und sonstigen die Molekularbewegungen beeinflussenden Umständen entschieden dagegen, daß es sich hier im wesentlichen um im Innern eines Atoms sich abspielende Vorgänge handelt. Schließlich ist es bezeichnend, daß, während die Resonanzstrahlung (im weiteren Sinne des Wortes) nur an den einfachsten Substanzen, nämlich an Elementen in Gaszustand, zu beobachten ist, die gewöhnliche Fluoreszenz und Phosphoreszenz ausnahmslos an Verbindungen und Lösungen mit meist sehr komplexen Molekülen auftritt.

Danach muß man annehmen, daß auch der Mechanismus des ganzen Vorgangs merklich komplizierter ist als in dem erstbesprochenen Fall. Es kann sich nicht um eine direkte Resonanzerscheinung handeln, vielmehr muß zwischen die Absorption und die Wiederaussendung des Lichtes ein Zwischenmechanismus eingeschaltet sein. Unter den mannigfaltigen älteren Erklärungsversuchen scheint die von Lenard aufgestellte Theorie, die dieses vermittelnde Bindeglied in der Auslösung eines Photoeffekts sucht, bei weitem die beste, und wenn sie auch durchaus noch nicht alle vorkommenden Probleme vollkommen lösen kann, hat sie sich doch sicher schon als äußerst nützliche Arbeitshypothese bewährt; zudem besitzt sie den besonderen Vorzug, daß die seither entwickelte Bohrsche Auffassung ohne Härte an sie angeschlossen werden kann[1]).

Lenard ist zu seinen Anschauungen auf Grund seiner zahlreichen Arbeiten über das Gebiet der Erdalkalisulfidphosphore gelangt, doch besitzen sie sicher mit gewissen Modifikationen eine sehr viel weitere Geltung. Er nimmt an, daß das erregende Licht einer Frequenz ν_1 in einem phosphoreszenzfähigen Molekül (einem „Zentrum") durch einen Resonator absorbiert wird, dessen Eigenfrequenz mit ν_1 übereinstimmt; indem dieser die aufgenommene Energie an ein leicht abtrennbares „Photoelektron" abgibt, wird ein lichtelektrischer Effekt ausgelöst: das Elektron wird von seinem Atom abgespalten, aber alsbald von einem benachbarten vermutlich stärker elektronegativen Atom des gleichen komplexen Moleküls wieder aufgefangen — „das Zentrum wird polarisiert". Hierbei wird die der Strahlung entstammende kinetische Energie des Elektrons in potentielle Energie verwandelt und kann evtl. in dieser Form eine lange Zeit hindurch aufgespeichert bleiben. Kehrt aber schließlich, wenn infolge der Wärmebewegung eine hierzu geeignete Konfiguration eintritt, das Photoelektron zu seinem ursprünglichen Atom zurück, so wird die nun wieder freiwerdende Energie auf einen zweiten Resonator der Frequenz ν_2 übertragen, der dadurch seinerseits zum Schwingen gebracht wird und so die Emission des Lumineszenzlichtes hervorruft. Möglicherweise mag auch ein Teil der Bewegungsenergie des Photoelektrons, indem es in seine zweite Ruhelage gelangt, in Wärme überführt werden; dann muß aber, damit die Rückkehr in die Anfangslage erfolgen kann, vor Eintritt dieser Rückkehr der gleiche Energiebetrag wiederum der molekularen Wärmebewegung entnommen werden.

---

[1]) Faktisch enthält die von Lenard schon bedeutend früher ausgearbeitete Theorie sehr vieles von dem, was in der neueren Bohrschen Hypothese allerdings in teilweise sehr viel schärfer präzisierter Form wiederkehrt; wie ja denn auch Lenard in seinem Atommodell einen großen Teil der Ideen vorweggenommen hat, die erst in dem Rutherford-Bohrschen Modell zu allgemeiner Kenntnis und Anerkennung gelangt sind. Zusammenfassende Darstellung der Lenardschen Anschauung z. B. in der Einleitung von (113). Erste Mitteilung der lichtelektrischen Phosphoreszenztheorie, Ann. d. Phys. **15**, 669, 1904.

Danach könnten bis zu drei verschiedenen Elektronen des photolumineszenten Moleküls an dem Vorgang beteiligt sein, wobei es vorläufig nicht ausgeschlossen scheint, daß das „Photoelektron" mit einem der beiden Resonanzelektronen identisch ist, oder daß evtl. sogar die beiden Frequenzen ν_1 und ν_2 nur zwei möglichen Gleichgewichtslagen des Photoelektrons selbst entsprechen. Diese Frequenzen sind ursprünglich noch als Eigenschwingungszahlen im klassischen Sinne gedacht; da aber auch bei Lenard die Absorption bzw. Emission des Lichtes stets von einer örtlichen Lagenänderung eines Elektrons begleitet ist, läßt sich hier ganz automatisch die Bohrsche Auffassung einführen, wonach jene Frequenzen wieder durch die Energiedifferenzen der beiden Lagen bzw. Bahnen bestimmt werden. Da scheint sich nun die Frage aufzudrängen, inwiefern überhaupt noch ein Unterschied gegenüber den als Resonanzstrahlung im weiteren Sinne bezeichneten Phänomenen besteht: ein noch so komplexes Molekül ist letzten Endes eine Einheit mit einem wenn auch komplizierten, doch zusammenhängenden Kraftfelde, und innerhalb seiner führen die einzelnen Atome keine absolut selbständige Existenz. Dann würde schließlich der von uns als ein „innerer Photoeffekt" angesehene Prozeß nichts anderes sein als die Versetzung des Elektrons von einer möglichen Quantenbahn auf eine zweite innerhalb des Moleküls gerade wie vorher innerhalb des Atoms. Aber die Relation zwischen den beiden dem erregten und dem unerregten Zustand entsprechenden Elektronenbahnen ist eben jetzt eine unendlich viel weniger einfache: im Inneren eines Atoms, und auch noch im zweiatomigen Molekül z. B. des Joddampfes, hat man sich die beiden Bahnen des Leuchtelektrons als konzentrische Kreise mit ungleichen Radien oder als konfokale Ellipsen von verschiedener Exzentrizität vorzustellen, also immer mit im wesentlichen unverändert bleibendem Anziehungsmittelpunkt. In einem Lenardschen Phosphor [1]) hingegen und ebenso vermutlich in allen anderen photolumineszierenden Komplexmolekülen wird das Elektron aus der eigentlichen Anziehungssphäre seines ursprünglichen Atoms losgerissen und gerät dann

[1]) Hier und im folgenden wird nach Lenards Vorgang das Wort „Phosphor" der Kürze halber stets gebraucht, um eine phosphoreszierende Substanz zu bezeichnen; niemals ist darunter das Element Phosphor zu verstehen.

in diejenige eines anderen Atoms: während es anfangs etwa eine Planetenbahn um ein Metallatom beschrieb, ist es nun zum Satelliten eines dem gleichen „Zentrum“ angehörenden Schwefelatoms geworden. Dieser zweite, „erregte“ Zustand ist demnach sehr viel stabiler als im Fall der Resonanzerregung eines einfachen Dampfatoms, und die Stabilität wird desto größer sein, je größer die Anziehungskraft des neuen Bahnmittelpunkts, d. h. je elektronegativer das zweite Atom des polarisierten Zentrums ist. Ein Teil der Energie, die nötig war, um das Elektron aus der Anfangslage zu entfernen, wird beim Übergang in die erregte Bahn wieder abgegeben — ganz im Gegensatz zur einfachen Resonanzerregung — und um die Rückkehr in den unerregten Zustand herbeizuführen, muß erst dieser verloren gegangene Energiebetrag ersetzt werden, sei es aus der molekularen Wärmebewegung, sei es auf andere Weise. Daraus folgt schließlich, daß unter diesen Umständen das Elektron während des Übergangs von einer in die andere Lage vorübergehend der Anziehungskraft beider Atome fast gänzlich entzogen, fast gänzlich zum „freien Elektron“ wird und als solches von außen kommenden Einflüssen, etwa der Wirkung starker elektrischer Felder, in beträchtlichem Grade zugänglich sein muß: derartiges ist in bestimmten Fällen wirklich zu beobachten.

Für die vollständige Deutung des Phänomens bereitet weiterhin eine große Schwierigkeit der jetzt mangelnde Zusammenhang zwischen Erregungsverteilung und Emissionsspektrum. Es ist nicht erfindlich, wie das gleiche Elektron aus seiner normalen Anfangsbahn auf eine bestimmte Endbahn versetzt werden kann durch Absorption von Licht eines meist sehr vage bestimmbaren Spektralbereiches, wie es dagegen bei seiner Rückkehr immer einen durchaus andersartigen und sehr viel schärfer definierten Energiesprung durchmachen soll, was in der zuweilen sogar sehr engen Begrenzung der Emissionsbanden zum Ausdruck kommt. Auch werden durch Variation der äußeren Bedingungen (Temperatur usw.) die Erregungs- und Emissionsverteilung in ganz ungleicher Weise beeinflußt.

Allenfalls läßt sich das noch erklären, wenn, wie es in manchen Fällen geschieht, von einer bestimmten Wellenlänge ab das Licht mit steigender Frequenz in immer höherem Grade imstande ist, die Fluoreszenz zu erregen. Die langwellige Grenzfrequenz der

Erregungsverteilung entspräche dann — ganz analog dem Vorgang beim normalen Photoeffekt — der Mindestenergie, die nötig ist, um das Elektron auf die „unendlich ferne Bahn" zu bringen, und die Lage des Elektrons im erregten Molekül wäre als praktisch unendlich ferne Bahn anzusehen. Bei der Rückkehr in die Anfangsbahn aber würde immer nur die Energie und somit die Frequenz als Strahlung emittiert, die durch den Energiesprung von der unendlich fernen Bahn auf die Anfangsbahn bedingt ist, während der Restbetrag etwa in Wärme überführt wird. Freilich müßte auch dann diese Frequenz stets gleichzeitig im Absorptionsspektrum selektiv hervortreten, was im allgemeinen nicht nachzuweisen gelingt. Wenn aber ihrerseits in der Absorption bzw. in der Erregungsverteilung ausgesprochene selektive Maxima vorhanden sind, versagt diese relativ einfache Deutung. Und da dies gerade bei den von Lenard behandelten Phosphoren zutrifft, weist er die oben erwähnte Eventualität entschieden zurück, als könnten alle für die Phosphoreszenz maßgebenden Prozesse durch ein einziges Elektron verursacht werden, und nimmt statt dessen ihrer zwei an: das Photoelektron und das Emissionselektron. Wie allerdings im Bohrschen Sinn die Energieübertragung von dem einen auf das andere möglich sein soll, dafür ist noch kaum ein Anhalt vorhanden.

Vielleicht könnte man hier eine Hypothese anführen, die auf einer Analogie beruht, auf welche gelegentlich Kossel[1]) bei Auslegung der Röntgenstrahl-Spektra hingewiesen hat. Wenn nämlich, was ja bei dem sehr komplizierten Bau der fraglichen Moleküle anzunehmen ist, die äußeren Quantenbahnen sehr dicht aufeinander folgen und von diesen einige, nehmen wir der Einfachheit halber an: zwei — wirklich mit Elektronen besetzt sind, so daß auf ihnen kein Platz für ein weiteres Elektron vorhanden ist, so könnte ein Elektron von der inneren dieser beiden Bahnen nicht durch Absorption der entsprechenden Frequenz auf die äußere gehoben werden, sondern es müßte, um das Elektron aus der Anfangsbahn zu entfernen, Strahlung von einer höheren, aber doch noch wohldefinierten Schwingungszahl absorbiert werden, die das Elektron auf die nächste äußere elektronenfreie Bahn versetzt; und wenn von diesen letzteren mehrere

[1]) Z. f. Phys. **1**, 126, 1920.

existieren, ergeben sich dann mehrere wohldefinierte Absorptionsfrequenzen. Auf diese Weise wäre ein Platz auf dem inneren Elektronenring frei geworden, und nun könnte ein Elektron von dem äußeren besetzten Ring auf jenen überspringen, wobei eine Strahlung von größerer Wellenlänge emittiert würde, als vorher absorbiert worden war. Aber diese allzu spezialisierte Annahme erklärt nur gerade die eine Erscheinung: den Unterschied zwischen den Absorptions- und Emissionsbanden, während viele andere Fragen, die sich gleichzeitig aufdrängen, unbeantwortet bleiben.

Das hier Gesagte gilt auch noch für die unmeßbar schnell verlöschende Fluoreszenz, wie sie etwa an flüssigen Lösungen beobachtet wird; da durch Verringerung der Atombeweglichkeit die Leuchtdauer erhöht und die Fluoreszenz so in langsamer abklingende Phosphoreszenz überführt werden kann, besteht hier kein prinzipieller Gegensatz. So bleiben also wie eingangs erwähnt, die beiden Erscheinungsgruppen der Resonanzstrahlung (im weiteren Sinne) und der Phosphoreszenz zu unterscheiden. Das wesentliche Kennzeichen der letzteren gegenüber dem primitiveren Phänomen ist die vollkommene Lostrennung des Photoelektrons von seinem Atom durch die Lichtabsorption, ohne daß dabei ein äußerer Photoeffekt zu beobachten zu sein braucht, weil das Elektron von einem anderen Atom des gleichen komplexen Moleküls festgehalten wird; und möglicherweise noch die Beteiligung eines zweiten „Emissionselektrons" an dem Prozeß. Eben der komplizierte Molekülaufbau der hier in Betracht kommenden Substanzen muß auch die Ursache dafür sein, daß an Atomen solcher Elemente wie der Schwermetalle oder des Kohlenstoffes, die sonst nur im kurzwelligen Ultraviolett lichtelektrisch empfindlich sind, durch Licht relativ großer Wellenlängen Photoelektronen ausgelöst werden können, indem durch die Kraftfelder der im Molekül benachbarten Atome die Bindung der betreffenden Elektronen an das eigene Atom stark gelockert sind. Tatsächlich ist auch das Auftreten der lichtelektrischen Wirkung, bzw. der daraus resultierenden Fluoreszenz durch ganz bestimmte Konfigurationen der Atome im Molekül bedingt — Isomere etwa oder Modifikationen von anderer Kristallstruktur zeigen die Erscheinung häufig schon nicht mehr.

Im übrigen wird die relativ erhebliche Breite der Erregungs- und Emissionsbanden auch von Lenard genau wie oben ausgeführt bereits in der Weise erklärt, daß wegen der gegenseitigen Beeinflussung benachbarter Moleküle nicht nur den verschiedenen Zentren räumlich nebeneinander, sondern infolge der Lagenänderung bei der Wärmebewegung auch jedem Zentrum zeitlich nacheinander wechselnde Frequenzen entsprechen, die aber im Augenblick der Emission durch das einzelne Zentrum einen ganz bestimmten Wert besitzen. Auf ältere von Lommel, Voigt und anderen aufgestellte Berechnungen über die Dämpfung und sich daraus ergebende Bandenbreite, wie sie nach der klassischen Theorie für den einzelnen Schwingungsvorgang zu erwarten wäre, soll hier nicht eingegangen werden, zumal auch das vorhandene experimentelle Material keineswegs zu ihrer Prüfung ausreicht.

Leider existieren nämlich über das gesamte Gebiet nur relativ wenige quantitative Untersuchungen, während dafür allerdings die Arbeiten rein qualitativer Natur äußerst zahlreich sind. Das Phänomen der Phosphoreszenz wurde zuerst an einem natürlichen Mineral, dem sog. Bologneser Leuchtstein, im 17. Jahrhundert beobachtet. Bald lernte man solche „Phosphore" auch künstlich herstellen, ohne freilich lange zu wissen, worauf es dabei eigentlich ankam. Da allmählich nicht nur weitere phosphoreszierende Mineralien aufgefunden wurden, sondern man auch die Fluoreszenz von organischen Lösungen (Chininsulfat, Aesculin usw.) entdeckte [1], so wuchs die Zahl der als photolumineszent bekannten Substanzen außerordentlich, ihre Eigenschaften wurden mehr oder weniger kritiklos beschrieben, zuweilen auch gänzlich haltlose Erklärungen für die Erscheinungen gegeben; aber Methode wurde in das Ganze erst um die Mitte des 19. Jahrhunderts durch die grundlegenden Arbeiten von Becquerel und Stokes gebracht. Merkliche Fortschritte vor allem in der Kenntnis der wirksamen Bestandteile anorganischer Phosphore verdankt man Verneuil und Boisbaudran. Wirkliche vielseitige, quantitativ verwertbare Resultate haben schließlich in neuester Zeit Lenard und seine Mitarbeiter erzielt. Die Phosphoreszenz der Uranylsalze, die ein Kapitel für sich bildet, ist in erster Linie von den Becquerels erforscht worden, denen sich späterhin Nichols

---

[1]) Zuerst beobachtet von dem Mineralogen Hauy; dann weiter untersucht von J. Herschel (1845) und Brewster (1846) unter dem Namen „epipalische" bzw. „innere Dispersion".

und Merrit anschlossen. Für die fluoreszierenden organischen Substanzen liegt viel neues Material vor; hier hat vor allem Stark es versucht, eine analoge theoretische Grundlage zu schaffen, wie das von Lenard für die anorganischen Phosphore geschah. Auf seine in etwas anderer Richtung unter Zurückweisung der Bohrschen Vorstellungen entwickelten Hypothesen soll in einem späteren Kapitel noch eingegangen werden; desgleichen auf die photochemischen Theorien der Fluoreszenz. Was endlich die Resonanzstrahlung der Gase betrifft, so ist deren Existenz zuerst von Lommel am Joddampf entdeckt worden, allerdings nur als gewöhnliche Fluoreszenz, ohne daß damals schon ihre charakteristischen Resonanzeigenschaften erkannt worden wären; die Feststellung und Entwicklung des Begriffes der Resonanzstrahlung verdanken wir fast ausschließlich R. W. Wood, der im Laufe der letzten Jahre eine außerordentlich große Anzahl von Arbeiten über diesen Gegenstand veröffentlicht hat; einige der wichtigsten neueren Resultate sind allerdings auch Dunoyer zuzusprechen.

Die zu Untersuchungen über Photolumineszenz angewandten experimentellen Methoden sind im allgemeinen sehr einfach; der einzige speziell zu diesem Zweck erdachte Apparat ist das Phosphoroskop, das zur Messung der Leuchtdauer nur kurze Zeit nachleuchtender Phosphore dient und in allen elementaren Lehrbüchern beschrieben wird.

Es kommt dabei im Prinzip darauf an, in meßbaren und (wenn gewünscht) variabeln kurzen Zeitabständen die Beobachtung der Lumineszenz auf ihre Erregung folgen zu lassen, so daß also immer eine Periode, während welcher der Phosphor mit erregendem Licht beleuchtet wird, und eine Periode, während welcher der augenblicklich nicht bestrahlte selbstleuchtende Phosphor dem Auge sichtbar wird, miteinander abwechseln.

Am einfachsten wird das erreicht in der ursprünglichen, von Becquerel angegebenen Anordnung; der Phosphor befindet sich zwischen zwei auf einer Achse montierten rotierenden Scheiben, an denen gegeneinander versetzte sektorförmige Ausschnitte angebracht sind. Durch die Ausschnitte der einen Scheibe tritt das erregende Licht ein, durch die der anderen gelangt das Lumineszenzlicht zum Auge. Wie leicht zu ersehen, können an Stelle dieser Anordnung auch zwei rotierende Spiegel treten, der eine zur intermittierenden Beleuchtung, der andere zur Beobachtung des lumineszierenden Körpers dienend. Eine weitere Möglichkeit ist mit Hilfe einer beweglichen Blende, die periodisch den Phosphor dem Beobachter verdeckt, gleichzeitig zur Schließung einer Funkenstrecke zu benutzen, deren Licht zur Erregung der Phosphoreszenz dient; eine derartige Versuchsanordnung wurde zuerst von Lenard konstruiert, sie ist ebenso wie das Becquerelsche Phosphoroskop von anderen Autoren verschiedentlich modifiziert worden.

Als Lichtquellen sind meist verwandt worden: die Sonne, der elektrische Bogen, Funkenentladungen oder die Nernstlampe, wofür teilweise der für die jeweiligen Versuche erwünschte Spektralbereich maßgebend war. Zur spektralen Zerlegung sowohl des erregenden als des sekundär emittierten Lichtes dienen die auch sonst üblichen Spektralapparate, zur Untersuchung der spektralen Intensitätsverteilung des letzteren — leider viel zu selten — Spektrophotometer. Meist sind derartige Messungen durch bloße Schätzung mit dem Auge ausgeführt worden, was natürlich der Willkür und subjektiven Fehlern einen allzu weiten Spielraum läßt. Dagegen hat neuerdings Lenard sehr exakte Messungen über die Gesamtintensität der von einem Phosphor abgegebenen Strahlungen ausgeführt. Er bediente sich dabei der lichtelektrischen Photometrie, indem das vom Phosphor ausgestrahlte Licht auf eine zuerst mit einer Hefnerlampe geeichte Elster und Geitelsche Kaliumhydridzelle konzentriert wurde.

Gase und Dämpfe werden im allgemeinen zur Untersuchung in sorgfältig gereinigte Glas- oder Quarzgefäße eingeführt; müssen die Dämpfe stark erhitzt werden, wobei sie zuweilen wie im Falle des Na-Dampfes das Glas angreifen können, so ist es unter Umständen vorteilhaft, statt dessen Metalltröge mit aufgekitteten und lokal gekühlten Fenstern zu verwenden. Dies verbietet sich aber, sobald es sich um wirklich exakte Messungen handelt, teils wegen der in einem solchen Falle unkontrollierbaren, von Ort zu Ort variabeln Dichte des Dampfes, mehr aber noch wegen der unvermeidlich von den erhitzten Metallwänden abgegebenen Verunreinigungen. Flüssigkeiten werden in mit planen Fenstern versehenen Trögen untersucht, feste Körper meist pulverförmig auf einer ebenen Unterlage. Die Beobachtungsrichtung wählt man, wenn möglich, vorteilhaft vertikal zu derjenigen der primären Strahlung, um die Lumineszenz frei von störendem Nebenlicht zu erhalten; gehören erregendes und emittiertes Licht verschiedenen Spektralbereichen an, so ist es wohl auch nützlich, das erstere mit Hilfe gefärbter Gläser vom Auge fernzuhalten.

II. Die Resonanzstrahlung.

Nach dem im vorigen Kapitel Gesagten wird das Auftreten der eigentlichen Resonanzstrahlung, die in der vollständigen Reemission des absorbierten Lichtes besteht, nur für solche Spektrallinien zu erwarten sein, die im Absorptionsspektrum der unerregten „normalen“ Atome vorhanden sind, und bei deren Absorption ein Elektron aus der stabilen, eben das normale Atom kennzeichnenden Anfangsbahn in die nächste benachbarte Quantenbahn versetzt wird. Dann kann das Elektron unter Energieabgabe ausschließlich wieder denselben Sprung rückwärts durchlaufen und damit die Aussendung von Licht der gleichen Frequenz und Intensität hervorrufen. Molekülrotationen oder intramolekulare Atomschwingungen dürfen dabei nicht auftreten können. D. h. es kommen hier ausschließlich in Betracht die ersten Linien ganz bestimmter Serien von einatomigen Elementen, wie es z. B. die Hauptserien der Alkalien sind.

Diese „Resonanzlinien“ sind auch dadurch charakterisiert, daß sie bei der Durchstrahlung der Gase mit langsamen Kathodenstrahlen zuerst zur Emission gelangen; nämlich dann, wenn die zur Beschleunigung der Kathodenstrahlen verwandte Spannung das sog. Resonanzpotential erreicht, bei dessen Durchlaufen ihnen gerade die ausreichende Energie mitgeteilt wird, um bei einem Zusammenstoß mit dem zu erregenden Atom das auf der Normalbahn kreisende Elektron auf die nächste Quantenbahn zu befördern. Die experimentell meßbare kinetische Energie $V \cdot e$ der stoßenden Kathodenstrahlteilchen ergibt sich mit großer Annäherung gleich dem Wert $h \,.\, \nu$ wenn ν die Frequenz der Resonanzlinie des zu erregenden Atoms bezeichnet. So beträgt für Hg-Dampf das Resonanzpotential: $V = 4{,}9$ Volt; daraus berechnet sich nach der Formel: $h \cdot \nu = V \cdot e$ eine Wellenzahl, die auf ca. 1% mit derjenigen der intensiven Quecksilberlinie 2536,7 übereinstimmt.

In der Tat ist die Linie 2536,7 die Resonanzlinie des Hg-Dampfes; an ihr sowie an den D-Linien des Na-Dampfes ist die

Resonanzemission bei Erregung mit Licht der gleichen Frequenz entdeckt und fast ausschließlich studiert worden. Im Na-Dampf ist die Erscheinung allerdings nur dann rein zu beobachten, wenn durch wiederholte Destillation im Vakuum möglichst alle fremden Zusätze, wie H_2, Kohlenwasserstoffe usw., entfernt sind, andernfalls bilden sich augenscheinlich Verbindungen von noch wenig untersuchtem Charakter, die das Phänomen außerordentlich komplizieren. Da überdies der heiße Na-Dampf die Gefäßwände leicht angreift, während Hg schon bei Zimmertemperatur hinreichend hohen Dampfdruck besitzt, so ist das letztere für quantitative Experimente in mancher Beziehung vorteilhafter, obwohl die Resonanzlinie im Ultraviolett liegt und daher subjektiver Beobachtung nicht zugänglich ist. Die zuerst von Wood für derartige Zwecke angegebene „Resonanzlampe" ist nichts anderes als ein zylindrisches Gefäß, das hoch evakuiert ist und einige Tropfen reinen Quecksilbers enthält; ein Quarzfenster dient zur Zulassung des erregenden Lichtstrahls in der Richtung der Gefäßachse, ein zweites Fenster senkrecht hierzu gestattet den Austritt der photographisch zu registrierenden Sekundärstrahlung. Die primäre Hg-Bogenlampe darf, wenn nicht besondere Vorsichtsmaßregeln angewandt werden, keine zu hohe Temperatur besitzen, da sonst durch Selbstumkehr[1]) der zentrale Teil der Emissionslinie vernichtet wird; diese aber allein wird von dem kalten Hg-Dampf in der Resonanzlampe absorbiert und reemittiert. So vermag eine mäßig belastete Heräussche Hochdruck-Quecksilber-Bogenlampe nur während der ersten Sekunden nach Einschalten des Stroms Resonanzstrahlung zu erregen, obwohl die Gesamtintensität der Linie 2537 beim allmählichen Anheizen der Lampe noch um ein Vielfaches gesteigert wird. Daß, wie zu erwarten, auch in der sekundären Strahlung der Resonanzlampe nur der zentrale Teil der Linie 2537 enthalten ist, d. h. daß die Resonanzemissionslinie ebenso schmal ist wie die Absorptionslinie, erhellt daraus, daß die geringsten Spuren von Hg-Dampf in der Atmosphäre genügen, um das Resonanzlicht quantitativ zu absorbieren.

---

[1]) Die Selbstumkehr wird fast ganz vermieden, wenn man den Lichtbogen im Innern der Lampe durch ein Magnetfeld so ablenkt, daß er möglichst nah an der Wandung verläuft und daher keine Schicht kälteren Dampfes vom Licht zu durchsetzen ist.

Analog wird die Intensität der Na-Dampf-Resonanz nicht merklich gesteigert, wenn eine als primäre Lichtquelle dienende Kochsalzflamme durch stärkere Na-Zufuhr heller gemacht wird. Denn diese Verstärkung beruht im wesentlichen nur in einer Verbreiterung der Linien ohne bedeutende Intensitätserhöhung im Zentrum. Das gilt in erster Linie für die (kurzwelligere) Linie D_2, die bei geringer Na-Konzentration in der Flamme zweimal so hell ist als D_1, während für diese letztere das Optimum der Emission im Linienzentrum erst bei größerem Na-Gehalt erreicht wird. Daher verschiebt sich in der Resonanzstrahlung das Verhältnis zwischen den Helligkeiten von D_2 und D_1 zugunsten von D_1, je metallreicher die erregende Flamme ist. Da von beiden Linien immer nur ein sehr enger spektraler Bereich absorbiert wird, erscheint die primäre Lichtstrahlung, sobald die Flamme einigermaßen kräftig mit Na beschickt ist, nach Durchgang durch ein Na-Dampfrohr nicht merklich geschwächt. Übrigens ist auch für diese Versuche eine Vakuumbogenlampe, wie sie neuerdings mit Na-Füllung von Strutt konstruiert worden ist, unter Einhaltung der bereits erwähnten Vorsichtsmaßregeln äußerst vorteilhaft.

Die Breite der Resonanzlinien ist, ebenso wie es für die Absorptionslinien bekannt ist, merklich vom Druck bzw. von der Temperatur abhängig. Im Na-Dampf (42) ist die Resonanz zuerst zu beobachten bei Temperaturen von wenig über 100°, und zwar, wenn das erregende Licht in einem engen Bündel die Resonanzlampe durchsetzt, als ein ziemlich scharf begrenzter Strahl Bei ca. 200° wird das Licht diffus auch außerhalb des primären Strahles sichtbar: indem es von dem nicht direkt belichteten Dampf absorbiert und reemittiert wird, scheint es das ganze Gefäß zu erfüllen; gleichzeitig wächst aber die Absorption für die Frequenzen der primär wirksamen Linienzentren: bei 250° läßt sich der Strahl nur noch über eine Strecke von 6 mm verfolgen, bei 300° hat sich die leuchtende Schicht auf eine unmeßbar dünne Haut zunächst der Gefäßwandung zusammengezogen, von der die erregende Strahlung in allen Richtungen diffus zurückgeworfen wird: die „Volumenresonanz“ hat sich in „Oberflächenresonanz“ verwandelt.

Bei einer Temperatur von 300° beträgt die Breite der D_2-Linie in der Oberflächenresonanz etwa 0,02 Å, wenn man als Linienbreite die Entfernung der Punkte definiert, an denen die Intensität, verglichen mit der Linienmitte, auf die Hälfte gesunken ist, und wenn man die Helligkeit im Abstande x von der Linienmitte durch die Formel $y = \text{const.} \cdot e^{-kx^2}$ darstellt. Denselben Wert von 0,02 Å erhält man nach Buisson und Fabry für die Verbreiterung einer an sich (beim absoluten Nullpukt) unendlich schmalen Linie durch den der Temperatur 550° abs. entsprechenden Doppler-Effekt. Man muß also vermuten, daß die thermisch vollkommen ruhenden Atome entsprechend einer wirklich monochromatischen Absorptionslinie aus der einfallenden Strahlung nur einen unendlich engen Spektralbereich von verschwindender Energie aufnehmen würden und daß die tatsächlich beobachtete endliche Breite und somit auch meßbare Energie der Resonanzlinien lediglich durch die Temperaturbewegung verursacht wird. ([44]) ([212])

Die Reemission der auffallenden Strahlung ist in der Oberflächenresonanz — und ebenso wohl auch in der Volumenresonanz — eine vollständige, falls das erregende Licht auf den engen Spektralbereich beschränkt ist, welcher der Resonanzfrequenz entspricht. Man erreicht das am einfachsten in der Weise, daß man auch als primäre Lichtquelle eine Resonanzlampe verwendet, die ihrerseits durch eine beliebige, die D-Linien enthaltende Strahlung angeregt wird; dann erscheint, von vorn betrachtet, die beleuchtete Dampfschicht einer zweiten Resonanzlampe genau so hell wie eine an die gleiche Stelle gebrachte vollkommen weiße Fläche. Dagegen wird die letztere relativ sofort bedeutend heller, wenn das Spektrum des primären Lichtes auch stärker vom Zentrum der D-Linien abweichende Frequenzen enthält; bei Verwendung einer normalen Kochsalzflamme wird das Helligkeitsverhältnis zwischen der weißen Fläche und der Resonanzlampe etwa 20: 1. Mit anderen Worten: der Na-Dampf reemittiert natürlich nur Licht von solchen Wellenlängen, die er absorbiert; alles Licht aber, das überhaupt absorbiert wird, kommt quantitativ zur Reemission. ([43])

Vorausgesetzt, daß die Breite der Resonanzlinien ausschließlich vom Doppler-Effekt herrührt, müßten, da immer eine verhältnismäßig kleine Zahl von Atomen mit extrem großen Geschwindigkeiten vorhanden sind, dem Wellenlängen in der Absorption wie in der Emission entsprechen, die weiter von den Linienzentren abliegen. Zu dem gleichen Resultat muß es führen, wenn bei relativ hoher Dampfdichte durch die Nähewirkung fremder Atome die normalen Elektronenbahnen in einzelnen Atomen etwas verschoben werden. Infolge dieser beiden Ursachen kann man erwarten, daß, wenn die zentralen Kerne der *D*-Linien unter Erregung von Oberflächenresonanz in einer äußerst dünnen Dampfschicht ganz verschluckt werden, nun auf längerer Strecke auch die verbreiterten Teile bis zu einem gewissen Grad absorbiert werden und entlang dem ganzen Strahlengang eine freilich wenig intensive Volumenresonanz hervorrufen. Diese läßt sich in der Tat ohne weiteres beobachten, wenn man nur dafür sorgt, daß das Auge nicht durch die gleichzeitig vorhandene so sehr viel lebhaftere Oberflächenresonanz geblendet wird: bringt man zwischen die Resonanzlampe und den Beobachter ein mit Na-Dampf geringen Druckes gefülltes Absorptionsrohr, so wird diese vollkommen ausgelöscht, während jene ungehindert hindurchgeht. Gebraucht man umgekehrt zur Erregung der heißen Resonanzlampe eine sehr Na-reiche Sauerstofflamme, in deren Licht die *D*-Linien vollkommen umgekehrt sind, so fehlt die Oberflächenresonanz ganz und es ist allein der Volumeneffekt wahrzunehmen. Quantitative Messungen über diese Linienverbreiterung in der Resonanzstrahlung bei höheren Temperaturen liegen bislang nicht vor. ([212])

In mancher Beziehung sind, wie bereits erwähnt, diese Erscheinungen wegen der für die Messungen günstigeren Temperaturbereiche am Hg-Dampf besser zu beobachten und vor allem weiter zu verfolgen. Bereits bei Zimmertemperatur, bei welcher der Dampfdruck des Quecksilbers weniger als 0,002 mm beträgt, ist die Reemission der Linie 2536,7 deutlich nachzuweisen. Die Absorption des zentralen Teils der Linie, der wiederum allein für die Resonanz in Betracht kommt, ist bei diesem niedrigen Druck schon so beträchtlich, daß das Licht auf einer Strecke von 5 mm bereits auf die Hälfte geschwächt wird. Die Linie selbst ist ein sehr feines Dublett, sie besteht aus 2 Komponenten in einem gegenseitigen Abstand von 0,003 Å[1]), deren jede noch eine bedeutend kleinere Breite hat, wie sie oben für die *D*-Linienresonanz

---

[1]) Siehe Anmerkung auf Seite 80.

angegeben wurde (ca. 2,3 10^{-4} Å)[1]. Diese Struktur ist im Absorptionsspektrum sowohl wie in der Resonanzemission zu beobachten; dabei darf man nach unserer ganzen Betrachtungsweise nicht annehmen, daß beide Frequenzen gleichzeitig vom nämlichen Atom absorbiert bzw. emittiert werden, sondern sie entsprechen zwei irgendwie um weniges verschiedenen Zustandsmöglichkeiten, in deren einer oder anderer sich die einzelnen Atome in einem gegebenen Moment befinden können. In der Absorption wird die Struktur durch Zusatz von atmosphärischer Luft verwischt, in Luft von Atmosphärendruck ist sie ganz verschwunden und die Linien, in eins zusammengelaufen, füllen einen Spektralbereich von ca. 0,04 Å gleichmäßig aus. Dabei ändert sich die Stärke der Gesamtabsorption nicht wesentlich, d. h. indem die Absorptionslinien breiter werden, nimmt gleichzeitig ihre Intensität im Zentrum ab. Die Helligkeit der Resonanzemission verschwindet bei Zumischung von atmosphärischer Luft mit wachsendem Druck allmählich ganz; sie beträgt bei 0,5 mm Luft nur noch ca. 75 %, bei 2,5 mm 50 %, bei 12 mm 20 % des Wertes in Vackum unter sonst gleichen Bedingungen. ([248]) Augenscheinlich werden also die durch Lichtaufnahme erregten Hg-Atome durch die Zusammenstöße mit Luftmolekulen oder schon durch deren bloße Annäherung verhindert, die aufgenommene Energie in der Form von Strahlung derselben Frequenz wieder abzugeben. Die beschriebene Struktur der Linie tritt dagegen deutlich auf in der Oberflächenresonanz, die am Hg bei ca. 100° ($p = 0{,}276$ mm) am intensivsten ist; dies entspricht gleichfalls dem Verhalten des Na-Dampfes, dessen diffuse Oberflächenstrahlung ja nur den zentralen Teil der *D*-Linien enthält und somit eine etwaige Feinstruktur auch müßte hervortreten lassen. ([128])

Bei weiterer Erwärmung und der damit parallelgehenden sehr schnellen Drucksteigerung nimmt die zerstreute Oberflächenresonanz des Hg-Dampfes an Intensität wieder merklich ab: sie ist bei 150° ($p = 3$ mm) bereits auf die Hälfte, bei 250° ($p = 76$ mm) auf etwa den zehnten Teil des maximalen Wertes

---

[1]) Daß ebenso wie in der Absorption auch in der Fluoreszenzemission neben der Hauptlinie 2536,7 Å noch ein schwacher Begleiter bei 2839,3 Å auftritt, wird meines Wissens in der Literatur nur ein einziges Mal erwähnt, über die besonderen Erregungsbedingungen dieser Linie finden sich keine Angaben. Vgl. hierzu weiter unten Seite 56. ([241])

gesunken und bei 270° ($p = 120$ mm) überhaupt nicht mehr wahrzunehmen. Etwa bei derselben, vielleicht bei etwas tieferer Temperatur (bei $p =$ ca. 10 cm) fängt dagegen die Hg-Dampf-Oberfläche an, Licht von der Wellenlänge 2536,7 regulär zu reflektieren, zunächst mit sehr geringer Intensität, die aber oberhalb 300° bereits beträchtlich wird und bei beginnender Rotglut auf ca. 25% der auffallenden Lichtstärke anwächst. Es ist dies ein Reflexionsvermögen, das dem der meisten festen Metalle im nämlichen Spektralbereich ungefähr gleichkommt. Auch in bezug auf die Polarisation des reflektierten Lichtes verhält sich der Hg-Dampf von großer Dichte in dem selektiven Spektralgebiete gerade wie ein gewöhnlicher Metallspiegel. ([259])

Es ist also nicht so, wie man zunächst vermuten sollte, daß die diffuse Zerstreuung, nachdem sie zuerst aus dem Volumeneffekt mit wachsendem Dampfdruck in eine dünne Oberflächenschicht sich zusammengezogen hat, bei hinreichend dichter Lagerung der Atome stetig in die reguläre Reflexion übergeführt wird, indem die an dem Vorgange mitwirkenden Resonatoren immer mehr in eine Ebene zu liegen kommen und so die vorher ganz ungeordneten Strahlungsprozesse kohärent werden. Denn bei 235° ist die Oberflächenresonanz schon sehr stark geschwächt, während von regulärer Spiegelung noch keine Andeutung wahrzunehmen ist; und während jene im Optimum die auffallende Strahlung vollständig (zu 100%) zurückwirft, ist, wie gesagt, die Intensität der regulären Reflexion zum mindesten bei den untersuchten Drucken sehr viel geringer. Es muß also zwischen den beiden Temperaturintervallen, in denen die beiden Phänomene beobachtet werden, einen Zustand des Dampfes geben, in denen die Atome nicht imstande sind, die absorbierte Schwingung zu reemittieren — wie Wood sich ausdrückt: „ein Gebiet wahrer Absorption", womit freilich nicht viel mehr als ein Name gewonnen ist. Die reguläre Reflexion aber, durch diese Lücke von der eigentlichen Resonanz abgetrennt, kann offenbar nicht mehr als deren Fortsetzung gelten, sondern muß als ein ganz anders gearteter Vorgang angesehen werden: bei den hohen Dampfdrucken wird der Brechungsindex n im Quecksilberdampf infolge der anormalen Dispersion in der Umgebung der Linie 2536,7 so sehr von 1 verschieden, daß nach den Gesetzen der gewöhnlichen Optik Spiegelung auftreten muß. Bei den Wellenlängen etwas oberhalb

2536,7 (nach dem Sichtbaren zu) ist n im Dampf merklich größer als 1, vermutlich nicht sehr verschieden vom Brechungsindex im Quarz, so daß die Reflexion im Vergleiche mit der am Quarz gegen das Vakuum sogar noch herabgesetzt, sicher aber nicht verstärkt wird. Das letztere ist dagegen zu erwarten nicht nur in der unmittelbaren Umgebung der Linienmitte, wo n unendlich wird, sondern auch noch bei etwas kürzeren Wellenlängen, für die n wesentlich kleiner als 1, also auch noch sehr ungleich dem Brechungsindex im Quarz ist. In der Tat hat Wood gezeigt, daß bei hohen Temperaturen vom Hg-Dampf nicht nur die Resonanzlinie selbst selektiv reflektiert wird, sondern auch noch die benachbarte Eisenlinie 2535,6 Å. Das gleiche gilt für die kurzwellige Komponente einer durch Selbstumkehr in ein scheinbares Dublett aufgespaltenen stark verbreiterten Quecksilberlinie 2536,7, die vom Linienzentrum um ca. 0,4 Å abliegt, während im Gegenteile für die andere, um den gleichen Abstand nach größeren Wellenlängen zu verschobene Komponente keine Spur von Reflexion zu beobachten ist. ([259])

Es ist leicht verständlich, warum am Na-Dampf die entsprechenden Erscheinungen: Vernichtung der Resonanz bei hohem Druck und geometrische Reflexion nicht aufgefunden werden konnten. Es müßten, um hinreichende Dampfdichten zu erreichen, Temperaturen von 700° und darüber angewandt werden, und dies verbietet sich, solange man darauf angewiesen ist, Gefäße aus Glas oder Quarz zu benutzen, aus technischen Gründen von selbst.

Im Bisherigen wurde die Resonanzstrahlung eines Dampfes immer als ein einheitlicher Vorgang behandelt; die Hg-Resonanzlinie 2536,7 ist zwar ein sehr feines Dublett[1]), doch ist der Abstand der Komponenten ein so geringer, daß die gewöhnlichen Methoden der Spektralanalyse nicht annähernd zu ihrer Auflösung ausreichen. Es besteht daher vorläufig keine Möglichkeit, sie einzeln zu erregen. Ganz anders liegt der Fall für die beiden D-Linien, die bekanntlich durch ein Intervall von vollen 6 Å voneinander getrennt sind. Im Sinne der Bohrschen Theorie hat man sich die Entstehung solcher Dubletts in der Weise vorzustellen, daß die auf die stabile Elektronenbahn des unerregten Atoms folgenden Quantenbahnen tatsächlich nicht einfach sind, sondern jeweils

[1]) Siehe oben Seite 18.

zwei, nur um einen geringen Energiebetrag voneinander abweichende mögliche Bahnen existieren. Dem entsprechen im Absorptionsspektrum zwei Frequenzen ν_1 und ν_2, dergestalt, daß $h \cdot \nu_2 - h \cdot \nu_1$ gleich jener Energiedifferenz ist; je nachdem Licht von der Frequenz ν_1 oder ν_2 absorbiert wird, wird das Elektron auf die erste oder auf die zweite der beiden Bahnen befördert, und beim Rücksprung wird demgemäß wieder je eine Linie des Dubletts emittiert. Dagegen ist ein selbsttätiger Übergang des Elektrons unter Strahlung von einer Dublettbahn auf die ihr dicht benachbarte aus irgendwelchen Gründen nicht möglich. Solche nach irgendeinem „Auswahlprinzip"[1]) verbotenen Übergänge mögen im folgenden als optisch unmöglich bezeichnet werden. Im normalen Na-Spektrum ist die D_2-Linie ungefähr 2 mal so intensiv als D_1, d. h. der etwas größere Energiesprung, welcher der kurzwelligeren Linie entspricht, ist im gleichen Verhältnis wahrscheinlicher.

Wird eine Na-Resonanzlampe unter Ausschluß möglichst aller fremden Gasbeimischungen bei niederer Temperatur (unter 200°) mit Licht erregt, das ausschließlich die Frequenz einer Linie, also nur D_2 oder nur D_1 enthält, so ist auch in der Resonanzemission nur diese eine Linie zu beobachten. Beim Zusatz geringer Mengen H_2 aber zum Na-Dampf tritt neben der in der primären Strahlung enthaltenen Frequenz auch die andere D-Linie im Resonanzlicht auf, und zwar innerhalb gewisser Grenzen desto intensiver, je höher der Partialdruck des Wasserstoffes ist. Durch die Zusammenstöße mit den Wasserstoffatomen kann das Auswahlprinzip durchbrochen werden, indem die zum Übergang von einer Dublettbahn auf die andere notwendige Energie dem Elektron von außen zugeführt bzw. ihm entzogen wird. Jedesmal wenn das geschieht, wird offenbar nicht die zur Erregung dienende Linie, sondern die andere Dublettlinie in der Emission erscheinen. Nach Wood soll der gleiche Effekt auch durch bloße Temperaturerhöhung erreicht werden, und zwar sollen hierzu schon Temperaturen von 270 bis 300° genügen, doch dürfte es sich wahrscheinlich hier eher gleichfalls um Zuführung von H_2 handeln, der bei Erwärmung des Na fast immer noch abgegeben wird, als um einen direkten Temperatureffekt; denn selbst wenn die

---

[1]) Vgl. hierzu die Anmerkung auf Seite 26.

Kollision mit einem zweiten Na-Atom die gleiche Wirkung auf das erregte Atom ausüben sollte wie der Zusammenstoß mit einem Wasserstoffmolekül, so ist bei der erwähnten Temperaturerhöhung auf 300° der Sättigungsdruck des Na selbst noch sehr niedrig (ca. 0,025 mm), während ein Partialdruck von 0,25 mm H_2 nötig war, um die beschriebene Wirkung hervorzubringen. ([44]) ([255]) ([261])

Wesentlich anders liegt der Fall, wenn bei Absorption einer Strahlung höherer Frequenz ν_β, also unter Aufnahme einer entsprechend größeren Energie $h\nu_\beta$, das Elektron von der Normalbahn nicht auf die erst benachbarte Bahn befördert wird, sondern auf eine darauf folgende äußere Bahn, die ihrerseits wieder eine Feinstruktur besitzen mag. Dann kann, wie schon im Einleitungskapitel ausgeführt wurde, bei der Emission nicht nur die in der Primärstrahlung enthaltene zweite Serienlinie auftreten, die dem direkten Rücksprung auf die Normalbahn entspricht; sondern daneben auch die erste Serienlinie, wenn jener Rücksprung stufenweise erfolgt. Auch dies wird in der Resonanzstrahlung des Na-Dampfes sehr schön verifiziert. Das zweite Hauptseriendublett des Na liegt im Ultraviolett bei 3303 Å. Erregt man eine Na-Resonanzlampe ausschließlich mit Licht dieser Wellenlänge, so wird nicht nur, wie sich photographisch nachweisen läßt, die erregende Linie selbst reemittiert, sondern die Eintrittsstelle des primären Strahlenbündels in den Na-Dampf leuchtet dem Auge deutlich erkennbar in gelbem D-Licht. Auch die zweite Hauptserienlinie des Na ist ein Dublett. Daß, selbst wenn nur eine von dessen Komponenten in der erregenden Strahlung enthalten ist, gleichwohl beide D-Linien in der Fluoreszenz beobachtet werden, kann in der Natur der Sache begründet sein, indem das Elektron von der äußeren Bahn, auf die es durch Absorption der Linie 3303 gebracht wurde, auf der stufenweisen Rückkehr zur stabilen Normalbahn nach jeder der beiden D-Dublettbahnen gelangen kann. Es mag aber ebensowohl einfach darin seine Erklärung finden, daß die einschlägigen Versuche bei Temperaturen angestellt wurden, bei denen auch bei Erregung mit nur e i n e r der D-Linien beide D-Linien in der Emission auftreten. ([212])

Falls die Rückkehr des Elektrons von der 3303-Bahn in die Normalbahn unter D-Licht-Emission, wie wir es eben stillschweigend annahmen, in zwei Etappen vor sich ginge, mit einer Zwischenstation auf einer der beiden D-Bahnen, so müßte in der

Emission neben den D-Linien und mit gleicher Intensität wie diese noch eine Linie vorhanden sein, die von der ersten Etappe, nämlich dem Sprung von der äußeren Bahn auf die D-Bahn herstammt. Diese Kombinationslinie, deren Wellenlänge sich nach der Formel $h\nu = h\nu_\beta - h\nu_\alpha$ zu 7519 Å berechnet, und die als die erste Linie der von Lenard entdeckten sog. dritten Nebenserie zu gelten hätte, konnte noch nicht aufgefunden werden. Bisher auch nicht in dem hier von uns behandelten Falle von Resonanzstrahlung, was freilich bei ihrer Lage ziemlich nahe der Grenze des äußersten Rot, bei relativ geringer Intensität und bei nur visueller Beobachtung an sich schwierig sein dürfte.

Nun sind die Verhältnisse fast sicher sehr viel komplizierter. Es liegen nämlich zwischen den D-Linienbahnen und den darauf folgenden Bahnen, von denen die Emission des zweiten Hauptseriendubletts ihren Anfang nimmt, noch zwei weitere von uns bisher vernachlässigte Quantenbahnen. Es ist hier nicht der Platz, ausführlich auf die optischen Seriengesetze und auf die aus ihnen gezogenen Schlüsse über die möglichen Elektronenbahnen einzugehen. Immerhin scheint es, um eine präzisere Ausdrucksweise zu ermöglichen, nützlich, die in der Spektroskopie jetzt allgemein üblichen Bezeichnungen für diese Bahnen, die als Ausgang und Ende der verschiedenen Linienemissionen dienen, auch hier einzuführen. Die Differenz zwischen den beiden „Thermen“, durch welche die Bahnen bestimmt werden, charakterisiert dann jeweils die dem betreffenden Bahnübergang zugehörende Linie. Ferner muß noch erwähnt werden, daß, da nicht nur kreisförmige, sondern auch ganz allgemein elliptische Kepler-Bahnen für die Elektronen möglich sind, eine zwiefache Möglichkeit besteht, die Bewegungsgröße des Elektrons zu ändern: entweder eine Erhöhung des Drehimpulses und damit (falls wir vom Kreise ausgehen) eine Vergrößerung des Bahnradius — der von uns bisher allein betrachtete Fall; oder Vergrößerung der radialen Komponente, d. h. eine Vergrößerung der Exzentrizität bzw. die Überführung des Kreises in die Ellipse. Beide Variationen müssen nach Sommerfeld „gequantelt“ werden, und wir haben daher auch zweierlei Quanten einzuführen, die „azimutalen“ und die „radialen“ Quanten. Je nachdem man die Zahl der ersteren konstant hält und nur die der zweiten schrittweise ändert, erhält man die verschiedenen Glieder einer Serie. Geht man zu einer anderen azimutalen Quantenzahl über, so bekommt man eine andere Serie. Die von Bohr angegebene schematische Figur liefert für den Spezialfall des Na ein anschauliches Bild der Verhältnisse: jede Linie in Fig. 2 bedeutet eine andere mögliche Bahn, der die gebräuchliche Termbezeichnung beigefügt ist. Der erste Punkt oben rechts (1,5 s) entspricht dem Zustand des normalen unerregten Atoms; in einer Horizontalen stehen jeweils die Bahnterme, die sich von Schritt zu Schritt um ein radiales Quant unterscheiden; von einer Horizontalreihe zur nächsten wächst die azimutale Quantenzahl um 1. Die horizontale Entfernung von der 0-Axe endlich ist der Energie proportional gewählt, die aufgewandt werden muß, um das Elektron von der betreffenden Bahn ins Unendliche zu befördern: Die Differenz zwischen zwei

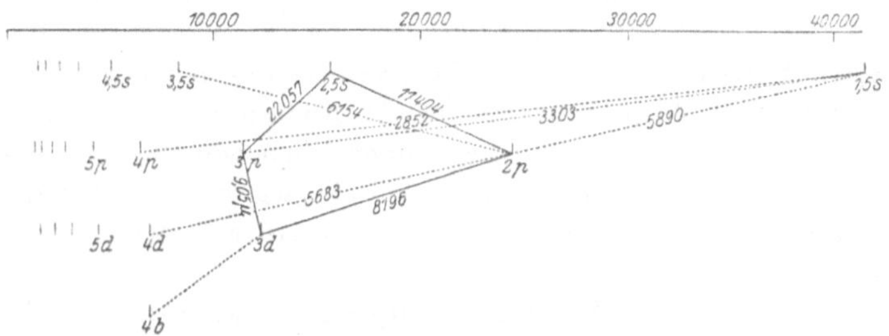

Fig. 2. Serienspektren des Na.

solchen Größen gibt also direkt den Energiesprung und damit die zu emittierende Frequenz, die einem bestimmten Bahnübergang zugehört.

Rein energetisch ist jeder derartige Übergang unter Licht-Emission möglich, der von einer Bahn höherer auf eine solche niedrigerer Energie führt. Die Erfahrung der Spektroskopie lehrt aber, daß von ihnen nur eine beschränkte Zahl vorkommt und optisch möglich ist: es existiert ein „Auswahlprinzip“. Die radialen Quantenzahlen können sich wirklich um beliebige Größen ändern; die azimutalen Quantenzahlen dagegen nach Rubinowicz und Sommerfeld nur um 0 oder $\pm$ 1, während Bohr auch alle Energiesprünge ausschließt, bei denen die azimutale Quantenzahl konstant bleibt. Und hiermit kehren wir zu unserem Ausgangspunkt zurück. Durch Erregung des Na-Atoms mit der Wellenlänge **3303** wird das Elektron auf die Bahn (3 *p*) gebracht; wenn in der Fluoreszenz auch die D-Linien mit erscheinen, muß bei manchen Atomen das Elektron auf die Bahn ($2\,p$) zurückgeführt werden, um dann erst den Sprung $2\,p - 1{,}5\,s$ auszuführen[1]). Nach Sommerfeld ist der Übergang $2\,p - 3\,p$ möglich — er verursacht die Emission der bereits erwähnten ersten Linie der dritten Nebenserie. Nach Bohr dagegen ist dieser Übergang unter normalen Umständen verboten; dann muß das Elektron, um von ($3\,p$) nach ($2\,p$) zu gelangen, wie ein Blick auf die Figur zeigt, den Übergang über die Bahnen ($2{,}5\,s$) oder ($2{,}5\,d$) machen und somit müßten neben der D-Emission noch die Linien ($2{,}5\,s - 3\,p$) und ($2\,p - 2{,}5\,s$) — das ist in Angström: 22057 und 11404 — bzw. die Linien ($d - 3\,p$) und ($2\,p - d$) — $\lambda = 9{,}05\,\mu$ und $\lambda = 8196$ — auftreten[2]). Von den hier genannten Linien sind $\lambda = 11404$ und $\lambda = 8196$ die ersten Linien der scharfen bzw. der diffusen Nebenserie. Nach diesen Linien hat man bisher in der Fluoreszenz des Na-Dampfes bei Erregung mit 3303 nie gesucht, ihre Auffindung anstelle von 7519 gerade unter diesen besonders übersichtlichen Verhältnissen wäre theoretisch sehr interessant, weil sie, wie man sieht, für die Richtigkeit der Bohrschen Fassung des Auswahlprinzipes entscheiden würde.

Die weiteren Linien der Na-Hauptserie sind bisher, weil bei geringer Energie in spektral nicht leicht zugänglichem Gebiet gelegen, noch nicht auf Resonanzerregungen studiert worden. Dasselbe gilt für die höheren Glieder der Hg-Serie, die mit 2537 beginnt. Im unerregten Hg-Dampf gibt es noch eine ungemein kräftige Absorptionslinie bei 1849 A, die das erste Glied der sog. Einlinienserie bildet. Auch für die Linien dieser Serie ist bei der Absorption die normale stabile Bahn des Leucht-Elektrons im Hg-Atom die Ausgangsbahn; aber die zugehörigen Endbahnen (die gleichzeitig die Anfangsbahnen bei der Emission sind), liegen

---

1) Die früher — Seite 22 — als Feinstruktur bezeichnete nochmalige Aufspaltung einer Bahn in zwei engbenachbarte Bahnen fällt nicht mit unter dieses Schema; um sie in der Figur zu veranschaulichen, müßten alle p-Terme verdoppelt werden in p_1 und p_2; wodurch sich diese voneinander unterscheiden, darüber gibt die Bohr-Sommerfeldsche Theorie noch keine Antwort. Doch ist der Übergang $p_2 - p_1$ auch optisch unmöglich, freilich nach einem anderen, vermutlich sehr viel leichter zu durchbrechenden Auswahlprinzip.

2) In Fig. 2 durch ausgezogene Linien angedeutet.

weiter nach außen: dem größeren Energiesprung, der sich auch in dem elektrisch gemessenen, höheren Resonanzpotential ausdrückt (6,7 Volt gegenüber 4,9 Volt für 2537) entspricht die höhere Frequenz der ersten Serienlinie. Die Resonanzemission dieser Linie selbst ist bisher noch nicht beobachtet worden, wohl aber sieht es nach Wood ziemlich wahrscheinlich aus, daß durch die Absorption derselben in Hg-Dampf von niedrigem Druck die Linie 2537 ausgesandt wird. ([241])

Dagegen existieren im Gesamtemissionsspektrum des erregten Hg-Dampfes — ebenso wie bei allen anderen Elementen — eine ganze Reihe von Serien, die zur Emission gelangen, wenn das Leuchtelektron, etwa durch Elektronenstoß auf eine noch weiter nach außen gelegene Bahn befördert, von dieser auf die zweite Quantenbahn überspringt; sie fehlen darum im Absorptionsspektrum des unerregten Dampfes, weil ja im Normalzustand der Atome die Leuchtelektronen sich auf der ersten Quantenbahn befinden. Faktisch sind wie in den meisten Fällen so auch beim Hg-Atom, nicht nur ein Paar zweiquantiger Bahnen vorhanden (wie wir es vorhin etwas schematisch beim Na annahmen), sondern eine größere Anzahl (hier sechs), die aber in verschiedenen Gruppen zusammen geordnet werden müssen, ebenso entsprechend viel mehr dreiquantiger Bahnen usf. Es sind dies Folgen der komplizierten elektrischen Felder, die an der Peripherie des Hg-Atoms mit seinen zahlreichen Elektronen existieren und worüber noch sehr wenig bekannt ist. Die daraus resultierenden Serienspektra aber sind wohl erforscht und — ohne daß hier weiter darauf eingegangen werden kann — sind deren erste Glieder nach dem schon für das Na verwandten Schema in Fig. 3 dargestellt; nur die optisch möglichen Übergänge sind durch Linienzüge angegeben, die Bezeichnung der Terme ist wieder die in der Spektroskopie übliche.

Durch Absorption der Linie 2537 wird das Leuchtelektron von der Normalbahn (1,5 S) auf die zweiquantige Bahn $2\,p_2$ gehoben (die Übergänge $1{,}5\,S - 2\,p_2$, und $1{,}5\,S - 2\,p_3$ sind „unmöglich"); solange das Atom sich in diesem erregten Zustande befindet, also ehe das Elektron unter Resonanzemission auf die Anfangsbahn zurückkehrt, vermag es Strahlung von all den Frequenzen zu absorbieren, die einem erlaubten Übergang von $2\,p_2$ auf eine Bahn größerer Energie zugehören, also z. B. nach

1,5 s, nach $3\,d''$, nach 2,5 S usw. (vgl. Fig. 3), aber auch nach allen analogen höherquantigen Bahnen; und von diesen braucht das Elektron schließlich nicht nach $2\,p_2$ zurückzufallen, sondern es kann ebensogut unter Emission einer anderen als der absorbierten Linie nach $2\,p_1$, $2\,p_3$ oder $2\,P$ gelangen, um dann abermals nach einer äußeren Bahn befördert zu werden u. s. f. Hieraus ergibt sich das folgende: wenn Hg-Dampf gleichzeitig mit Licht der Wellenlängen 2537 und 4358 ($2\,p_2 - 1{,}5\,s$) bestrahlt wird, so

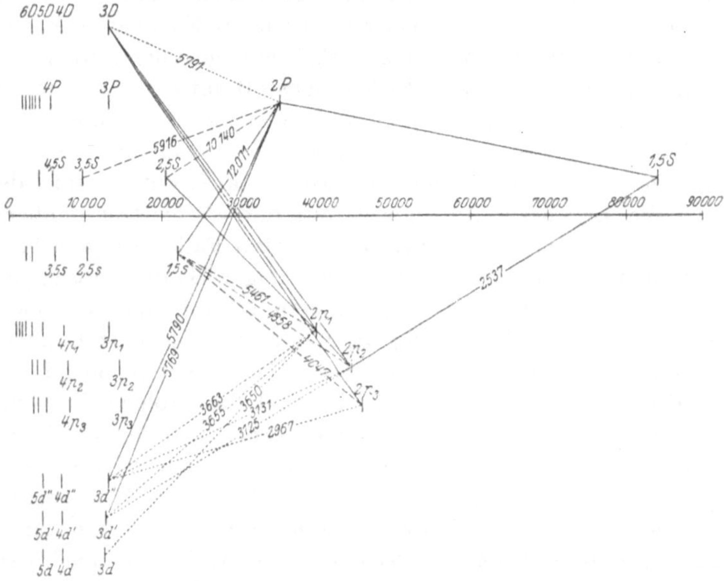

Fig. 3. Serienspektren des Hg.

erscheinen im Fluoreszenzspektrum nicht nur diese beiden Linien, sondern auch noch die mit 4358 ein Triplet bildenden Linien 5461 und 4042; ist im primären Licht weiter die Linie 3131 ($2\,p_2 - 3\,d''$) enthalten, so tritt in der sekundären Emission wieder das ganze Triplet 2967, 3131, 3662 auf. Und das nämliche gilt für alle anderen aus der Figur zu entnehmenden möglichen optischen Übergänge; freilich werden diese Linien nur mit relativ geringen Intensitäten auftreten, entsprechend der kleinen Zahl gerade erregter Atome. Vorbedingung ist dabei jedoch immer das simultane Vorhandensein der Linie 2537 in der erregenden Strahlung.

Fehlt diese, was durch Einschalten einer Glasplatte in den Gang des primären Hg-Bogenlichtes leicht zu erreichen ist, so kann in dem nun unerregten Hg-Dampf durch die anderen Linien des Hg-Bogens keine Fluoreszenz mehr hervorgerufen werden. Endlich ersieht man ohne weiteres aus der Figur, daß die Linie 1849 ($1{,}5\,S - 2\,P$), deren Absorption ebenfalls von der Normalbahn $1{,}5\,S$ ihren Ausgang nimmt, eine analoge Wirkung ausüben muß wie 2537; experimentelle Untersuchungen hierüber liegen noch nicht vor. ([56])

Tabelle 1.

Element	Wellenlänge der Resonanzlinie[1])	Resonanzpotential in Volt	
		berechnet	beobachtet
Na	5889	2,09	2,12
K	(7665)	1,60	1,55
Rb	(7800)	1,58	1,6
Cs	(8521)	1,45	1,48
Ca	(6573)	1,877	1,90
	(4227)	2,92	2,85
Pb	(10291)?	1,198	1,26
Hg	2536,7	4,9	4,9
	1849	6,7	6,7
Mg	(4572)	2,70	2,65
Zn	(3076)	3,96	4,1
Cd	(3260)	3,74	3,88
He	10830		

Für die anderen Metalle, die in der gleichen Vertikalreihe des periodischen Systems stehen und dem Quecksilber in spektraler Hinsicht sich sehr ähnlich verhalten, nämlich für Zn, Mg und Cd sind im Absorptionsspektrum der unerregten Dämpfe die den Hg-Linien 2536 und 1849 analogen Linien wohl bekannt (vgl. Tabelle 1), die ihnen zugehörenden Resonanzpotentiale bei Erregung mit langsamen Kathodenstrahlen sind in bester Übereinstimmung mit den aus den Frequenzen berechneten Werten gemessen worden; dagegen wurde die wohl zweifellos auch vor-

[1]) Die „Resonanzlinien", deren Erregung bisher nicht durch Bestrahlung des Dampfes mit Licht der Eigenwellenlänge beobachtet wurde, sind in Klammer gesetzt. Für Zn, Cd, Mg und Ca sind auch ebenso wie für Hg die der zweiten Resonanzlinie ($1{,}5\,S - 2\,P$) entsprechenden zweiten Resonanzpotentiale gemessen; sie sind in der Tabelle nicht mit angeführt.

handene Reemission dieser Linien bei Erregung mit Licht der Eigenwellenlänge, also die Resonanzstrahlung in unserem Sinne, noch nicht beobachtet[1]).

Umgekehrt ist für die Dämpfe der anderen Alkalien, oder wenigstens des K und Rb wohl mehrfach eine lebhafte Fluoreszenzemission beschrieben worden, es handelt sich dabei aber nicht um die uns hier allein beschäftigende Linienresonanz, sondern um eine höchst komplizierte Bandenemission, deren Analogon im Na-Dampf gleichfalls existiert, und über die später zu reden sein wird. Vermutlich ist auch hier große Reinheit, auf die außer beim Na anscheinend nie geachtet wurde, Vorbedingung für die Ausbildung der Resonanzstrahlung; ein weiterer Grund für deren Nichtbeobachtung mag darin liegen, daß die ersten Hauptserienlinien des K und Rb, weit im Rot gelegen, sich dem Auge nicht annähernd so aufdrängen, wie die *D*-Linien. Für K, Rb und Cs ist aber zum mindesten wieder das Resonanzpotential gemessen und zwar gleichfalls in guter Übereinstimmung mit dem theoretisch zu erwartenden Wert.

Wesentlich verschieden von den bisher besprochenen Beispielen von Resonanzstrahlung, bei denen es sich stets um unerregte Dämpfe, d. h. um Atome handelte, die sich zu Anfang im Normalzustande befinden, liegt die Sache bei der von Paschen entdeckten Resonanzstrahlung des He. Elektrisch nicht erregtes He ist für alle langwellige Strahlung vollkommen durchsichtig, seine Absorptionslinien liegen weit im Ultraviolett. Dementsprechend ist auch die elektrisch gemessene Resonanzspannung relativ sehr hoch, sie beträgt über 20 Volt — so groß ist die Energie, die nötig ist, um das Elektron aus der Anfangsbahn in die zweite Quantenbahn zu heben. Oder vielmehr ist es korrekter zu sagen, daß es zwei um den Betrag von 0,8 Volt differierende Resonanzpotentiale — nämlich 20,5 und 21,3 Volt — gibt, welche zwei verschiedene zweiquantige Bahnen charakterisieren. Während aus der zweiten das Elektron unter Strahlung in die Anfangsbahn zurückkehren kann, gilt das für die erste nicht. Diese bedeutet nach Franck einen „metastabilen" Zustand des He-Atoms; denn auch ein Übergang von einer der beiden zweiquantigen Bahnen in die andere ist optisch unmöglich, und desgleichen

[1]) Vgl. die Anmerkung auf Seite 29.

jedes Überspringen, wenn das Elektron durch weitere Energieaufnahme auf eine noch mehr nach außen gelegene Bahn gebracht wird: es existieren zwei vollständige Serien von Quantenbahnen, die voneinander ganz unabhängig sind und die Emission durchaus ungleicher optischer Serien veranlassen. Es sind dies die bekannten Spektra des Heliums und des Parheliums, die jedoch nur im elektrisch erregten Gase auch in der Absorption zu beobachten sind; denn sie nehmen ihren Ausgang von den zweiquantigen Bahnen: die ersten im Ultrarot bei 10830 bzw. 20582 Å gelegenen Linien verdanken ihren Ursprung jeweils dem Übergang von einer der zweiten auf die zugehörige dritte Quantenbahn.

In einem von schwachem elektrischen Strom durchflossenen Rohr, das mit He von niederem Druck gefüllt ist, wird die von einer He-Röhre emittierte Linie 10830 sehr stark absorbiert — bis zu 95% bei 1,5 mm Druck in einer 5 mm dicken Schicht. Die Strahlung verschwindet aber nicht einfach, sondern sie wird ohne merklichen Energieverlust gleichmäßig nach allen Richtungen reemittiert: es ist ein Fall vollkommener Linienresonanz. Das ist nur dadurch möglich, daß die zweiquantige Bahn, von der die Absorption der Linie 10830 ihren Ausgang nimmt und zu der ihre Emission zurückführt, metastabil ist; dadurch können sich einerseits Atome, die durch die Elektronenstöße der Gasentladung in diesen Zustand versetzt werden, allmählich im Gas anreichern, da sie sich nicht selbsttätig zurückzubilden vermögen; andererseits müssen die durch Absorption von 10830 in den dreiquantigen Zustand überführten Atome immer wieder in den zweiquantigen zurückkehren, nicht aber in den einquantigen Normalzustand des unerregten He.

Für die andere mögliche zweiquantige Bahn, von der die Serie des Parheliums mit der ersten Linie bei 20582 ihren Ausgang nimmt, gelten die obigen Überlegungen nicht. Daher ist schon die Absorption dieser Linie geringer, indem die Atome immer wieder selbsttätig in den unerregten Zustand zurückkehren und somit stets nur eine kleine Zahl von ihnen gleichzeitig vorhanden ist; und ebenso ist hier auch der Sprung von der dreiquantigen Bahn auf die einquantige optisch möglich, so daß die Reemission der primär erregenden Linie 20582 nur schwach, möglicherweise gar nicht vorzukommen braucht. In der Tat ist es Paschen nicht gelungen, sie nachzuweisen — was vielleicht mit darin seinen Grund haben kann, daß schon in der primären Strahlung die Energie dieser Linie relativ sehr viel kleiner ist.

Auch die Linie 10830 wird in der Absorption wie in der Reemission des erregten He wesentlich schwächer, sobald das Gas im geringsten mit Wasserstoff verunreinigt ist. Offenbar genügen die dann auftretenden Fälle von Zusammenstößen zwischen He-Atomen und H_2-Molekülen, um die gebildeten metastabilen zweiquantigen Systeme wieder in den einquantigen Zustand versetzen und so ihre Anreicherung zu verhindern. Im übrigen ist hier wie wohl stets, wenn es sich um spektrale Vorgänge handelt, bei Zusammenstößen nicht allein an eine mechanische Wirkung zu denken, sondern vielmehr an das Übergreifen der innermolekularen elektrischen Felder infolge der großen gegenseitigen Annäherung der Moleküle: so kann bei gleicher Temperatur und also gleicher kinetischer Energie der Zusammenstoß mit einem H_2-Molekül für das He-Atom ganz andere Folgen haben, als die Kollision mit einem zweiten He-Atom.

Die Resonanzlinie 10830 ist ein Dublett: die Hauptlinie 10830,32 hat einen schwächeren Begleiter 10829,11; obwohl dieser nicht nur in der erregenden Strahlung, sondern ganz ebenso auch im Absorptionsspektrum der Resonanzlampe viel weniger intensiv ist als die Hauptlinie, ist in der Resonanzemission das Intensitätsverhältnis zwischen den beiden Linien wieder das gleiche wie im primären Strahl. Es muß also ein Teil der aus der Absorption der Hauptlinie stammenden Energie mit der Frequenz des Begleiters wieder ausgesandt werden. Da ähnlich wie bei den *D*-Linien des Na das He-Dublett dadurch zustande kommt, daß die äußere (hier die dritte) Quantenbahn doppelt ist, so müssen manche Elektronen, denen nur die der langwelligeren Hauptlinie entsprechende kleinere Energie durch Strahlung zugeführt wurde, noch, um sie auf die etwas entferntere Nachbarbahn zu heben, die fehlende Energie durch Zusammenstöße mit unerregten He-Atomen mitgeteilt werden, und es muß sich auf diese Weise immer dieselbe mittlere Verteilung der Elektronen auf die beiden benachbarten dreiquantigen Bahnen herstellen. Es ist begreiflich, daß zur Herbeiführung solcher an sich ebenfalls optisch unmöglicher Übergänge von einer Dublettbahn auf die andere sehr viel geringere Störungen genügen, als sie zur Durchbrechung des eigentlichen Auswahlprinzips notwendig waren, nämlich zur Überführung des He-Atoms vom metastabilen in den Normalzustand. Daher reichen jetzt schon die Kollisionen mit anderen He-Atomen aus, während es dort erst der sehr viel stärker wirkenden elektrischen Felder von H_2-Molekülen bedurfte.

III. Resonanzspektra.

Joddampf besitzt bei Zimmertemperatur im sichtbaren Gebiet ein Absorptionsspektrum, das sich aus zahlreichen kannelierten Banden zusammensetzt, die jede aus einer großen Menge feiner Linien bestehend, am kurzwelligen Ende scharfe Kanten besitzen und nach Rot zu abschattiert sind. Beleuchtet man Joddampf mit weißem Licht, etwa indem man ein Bündel von Sonnenstrahlen durch ein evakuiertes Gefäß schickt, das einige Jodkristalle enthält, so tritt entlang diesem Strahl eine Fluoreszenzemission auf, die im Spektroskop sich wesentlich als Umkehrung des Absorptionsspektrums erweist. Verwendet man zur Erregung dagegen eine monochromatische Lichtquelle, so zeigt das Fluoreszenzspektrum neben der erregenden noch eine ganze Serie annähernd äquidistanter Linien, die meist von größerer, einige zuweilen auch von kleinerer Wellenlänge als jene sind. Für diese Serien hat Wood den Namen „Resonanzspektren" eingeführt.

Die Moleküle des Joddampfes sind zweiatomig. Es wurde bereits im ersten Kapitel darauf hingewiesen, wie sehr dadurch die ganzen optischen Phänomene kompliziert werden müssen. Selbst wenn man als einfachstes Modell, ohne Rücksicht auf die zahlreichen sonst im Molekülinnern kreisenden Elektronen wieder nur ein einziges peripheres Elektron annimmt, das auf einer Anzahl möglicher Quantenbahnen laufen kann und durch den Übergang von einer auf die andere die Absorption oder Emission von Licht bestimmter Frequenz verursacht, erhält man jetzt nicht mehr wie früher für das einatomige Molekül wohldefinierte Serien diskreter Linien, vielmehr muß jetzt jede solche Linie ihrerseits in eine Gruppe von Banden auseinanderfallen[1]). Die beiden Atome, aus denen das Molekül zusammen-

[1]) Wegen der mathematischen Durchführung der folgenden im Anschluß an Schwarzschild und Heurlinger von Lenz entwickelten Überlegungen siehe W. Lenz, Phys. Zeitschr. **21**, 691 (1920).

gesetzt ist, oder vielmehr korrekter, ihre Kerne, schwingen gegeneinander, sie bilden zusammen einen linearen Oszillator, dessen Schwingungsenergie wohl im Mittel durch das Temperaturgleichgewicht bestimmt wird, die sich aber im Einzelfall immer nur um ein Quant $h\nu_k$ ändern kann; dabei ist ν_k die Eigenschwingungsfrequenz des Oszillators, welche durch die bindenden Kräfte zwischen den beiden Kernen und deren Masse bedingt wird; sie ist stets sehr viel kleiner als die den Elektronenbahnsprüngen zukommenden Frequenzen: während diesen im allgemeinen Wellenlängen des sichtbaren oder ultravioletten Gebietes entsprechen („Wellenzahl" $\frac{1}{\lambda} > 10\,000$), kommen hier Schwingungen des kurzwelligen Ultrarot in Betracht (Wellenzahl ca. 100). Ferner rotiert das Molekül als Ganzes, wiederum so, daß die Rotationsenergie im Mittel durch das Wärmegleichgewicht bestimmt wird, aber wieder so, daß in jedem Einzelfall das Impulsmoment, wie es sich aus Trägheitsmoment und Winkelgeschwindigkeit ergibt, ein ganzes Vielfaches von $\frac{h}{2\pi}$ wird, und auch die Rotationsenergie sich also nur sprungweise ändern kann.

Nach der klassischen Theorie würde, wenn ein schwingendes System als Ganzes noch rotiert, sich über die Eigenfrequenz ν_0 des Oszillators einfach die Rotationsfrequenz ν_r superponieren, so daß man die kombinierten Frequenzen $\nu_0 \pm \nu_r$ erhielte. Auf diese Art dürfen wir jetzt konsequenterweise nicht mehr verfahren: die Rotationsfrequenzen bzw. die Kernschwingungszahlen können jetzt nicht mehr ohne weiteres als die im langwelligen bzw. kurzwelligen Ultrarot gelegenen Frequenzen der vom Molekül ausgesandten Strahlung eingesetzt werden. Vielmehr muß man, um ein einheitliches Gesamtbild zu erhalten, wenn schon dadurch viel an Anschaulichkeit verloren geht, auch diese Frequenzen aus den Energiedifferenzen berechnen, die sich beim Übergang von einem Rotations- oder Schwingungszustand in den andern ergeben — die einem bestimmten möglichen Quantenzustand entsprechende Schwingung oder Rotation selbst dagegen muß wieder ohne Strahlung vor sich gehen.

Somit existieren gleichzeitig drei Verschiebungsmöglichkeiten im Totalzustand des Moleküls, nämlich in bezug auf die Elektronenbahn, auf die Kernschwingung und auf die Molekularrotation.

Ein Elektronensprung von einer Bahn auf eine andere ist natürlich stets von einer kleinen Änderung in der Bindung der Kerne und damit in der Konfiguration des ganzen Moleküls begleitet, also auch von einer gewissen Änderung der Kernschwingungszahl und ebenso von einer Variation des Trägheitsmoments und der Rotationsfrequenz. Die daraus sich ergebende Gesamtenergiedifferenz ΔW, die also nie ausschließlich von einem der drei Faktoren herrühren kann, bestimmt die Frequenz des bei dem betreffenden Übergang auszusendenden oder zu absorbierenden Lichtes vermöge der Beziehung $\Delta W = h\nu$ [1]). Nun ist es aber möglich, daß bei demselben (oder vielmehr hierdurch nur wenig modifizierten) Elektronensprung sich gleichzeitig auch die Kernschwingungszahl um ein oder mehrere Quanten ändert. Dann erhält man eine Linie, die um den Betrag ν_k bzw. $n\nu_k$ in der einen oder anderen Richtung gegen ν verschoben ist — ein System von in der Frequenzenskala äquidistanten Linien [2]).

Von der Möglichkeit einer gleichzeitigen Änderung der Rotationsgeschwindigkeit soll zunächst abgesehen werden; doch können die Moleküle, die in bezug auf Elektronenbahn und Kernschwingung durch gleiche Quantenzahl charakterisiert sind und von da denselben Übergang durchmachen, sich in verschiedenen, jedesmal konstant zu haltenden Rotationszuständen befinden. Dann ist jeweils auch (infolge der ungleichen „Zentrifugalkräfte") der gegenseitige Kernabstand und damit die ganze

---

[1]) Bezeichnet man mit n, p und m die Quantenzahlen der Elektronenbahn-, der Kernschwingungs- und der Rotationsenergie, so setzt sich die gesamte Energie additiv zusammen aus den drei Gliedern: W_n; $W_p = p \cdot h \cdot a$, wo a die Grundfrequenz des aus den beiden Atomen gebildeten linearen Resonators; ist die Bindung nicht rein harmonisch, so ist auch noch ein quadratisches Glied zu berücksichtigen: $W_p = h(a\,p + b\,p^2)$. Endlich: $W_m = \frac{h^2}{8\pi^2 J} m^2 = h \cdot A\, m^3$, wo J das Trägheitsmoment des Moleküls. Ändert sich n in n', so ändern gleichzeitig auch die Konstanten a, b und J bzw. A ihren Wert. So erhält man bei einer beliebigen Variation aller Parameter bzw. ihrer Quantenzahlen von n, p, m in n', p', m' die dabei ausgestrahlte Frequenz:

$$\nu = \frac{\Delta W}{h} = \frac{W_n' - W_n}{h} + \{(a'\,p' + b'\,p'^2) - (a\,p + b\,p^2)\} + \{A'\,m'^2 - A\,m^2\}$$

[2]) Unter vorläufiger Vernachlässigung der quadratischen Glieder im Ausdruck für die Kernschwingungsenergie.

Konfiguration um ein Geringes verschieden, für den Anfangszustand sowohl wie für den Endzustand; es ergibt sich eine etwas andere Energiedifferenz zwischen diesen beiden Zuständen, und die daraus zu berechnende ausgestrahlte bzw. absorbierte Frequenz wird in jedem dieser Fälle wohl annähernd, aber nicht genau dieselbe sein. Und da nur ganz bestimmte Rotationsfrequenzen vorkommen, zerfällt so jede der Linien des äquidistanten Systems nochmals in eine große Zahl von Linien von sehr viel kleinerem gegenseitigem Abstand, die zusammen eine kannelierte Bande bilden[1]).

Es soll keineswegs behauptet werden, daß dies hier diskutierte Modell die Verhältnisse, wie sie in einem Jodmolekül bestehen, wirklich wiedergibt; im Gegenteil liegen dort die Dinge fast sicher unendlich viel komplizierter. Immerhin aber sieht man, wie schon in diesem einfachsten Fall, aus einem einzigen Elektronensprung sich eine höchst komplizierte Struktur des Spektrums ergibt, ganz ähnlich der, die im sichtbaren Teil des Jodspektrums wirklich vorhanden ist: eine Gruppe annähernd äquidistanter kannelierter Banden. Dem nächst weiteren Elektronensprung entspricht ein analoges System von Banden in einem anderen kurzwelligeren Spektralbereich usw., ganz wie beim einatomigen Molekül auf die erste Serienlinie eine zweite und dritte folgte.

Für die Elektronenbahn ist auch hier wieder eine stabile Normallage vorhanden, die für das unerregte Molekül charakteristisch ist; dagegen sind auch im unerregten Gase immer gleichzeitig Moleküle von verschiedener Kernschwingungsenergie und Umdrehungsgeschwindigkeit vorhanden, die ja allein in ihrem Mittelwert durch die Temperatur bestimmt werden. Jedes solche Molekül befindet sich optisch gesprochen in einem andern Anfangszustand; es wird selbst bei Überführung in denselben

---

[1]) Läßt man auch Änderungen in der Rotationsenergie zu, entsprechend dem Übergang von m nach $m \pm 1$ in der Schlußgleichung von Anm. 1 Seite 35, so ist wiederum die Gesamtenergiedifferenz eine etwas andere, je nach dem Anfangswert von m, also etwa für den Übergang m nach $m + 1$, oder $m + 1$ nach $m + 2$. Es entstehen also auch auf diese Art kannelierte Banden, allerdings von etwas anderem Bau. Wie Herr Lenz so freundlich war mir mitzuteilen, scheinen im Joddampfspektrum die Banden eher den zuletzt beschriebenen Typus aufzuweisen.

Endzustand eine andere Linie der Bande absorbieren. Und daß tatsächlich alle Bandenlinien gleichzeitig absorbiert werden, liegt eben daran, daß die verschiedenen Anfangszustände an den verschiedenen Molekülen nebeneinander vorhanden sind. Daraus folgt andererseits aber auch, daß zur Absorption einer bestimmten Frequenz in jedem Augenblick nur relativ wenige Moleküle disponiert sind, und daß demgemäß das Absorptionsvermögen für die einzelnen Linien ein viel geringeres ist als etwa in den Resonanzlinien einatomiger Dämpfe.

Wird weißes Licht im Joddampf zur Absorption gebracht, so wird jedem Molekül, gleichviel in welchem Anfangszustand, Strahlung von einer Frequenz zugeführt, die es absorbieren kann unter Veränderung der Elektronenbahn und im allgemeinen auch noch der Kernschwingungsenergie. Bei der Rückkehr des Elektrons in die stabile Bahn können die anderen Zustandsparameter ebenfalls wieder den Anfangswert annehmen oder auch nicht — es wird dann je nachdem dieselbe oder eine andere Linie des kannelierten Bandenspektrums ausgesandt; im ganzen werden jedenfalls alle Linien der Absorptionsbanden in der Fluoreszenzemission wieder auftreten.

Ist dagegen das primäre Licht rein monochromatisch, so daß ihm nur eine wohldefinierte Frequenz zuzuschreiben ist, so wird es nur von ganz bestimmten Molekülen absorbiert, nämlich von solchen, die gerade die richtige Kernschwingungsenergie und Rotationsgeschwindigkeit besitzen. Durch die Absorption des Lichtes werden diese evtl. geändert, indem das Elektron gleichzeitig auf eine andere Bahn übergeht. Wird bei dessen Rückkehr in allen Punkten das Anfangsstadium wieder hergestellt, so wird die erregende Linie reemittiert. Geht aber dabei die Kernschwingungsenergie auf einen anderen zwischenliegenden Wert zurück, so erscheint in der Emission eine andere Linie, die sich von der ersten um ein ganzes Vielfaches von ν_k in der Schwingungszahl unterscheidet. Jede dieser neuen Linien liegt an homologer Stelle in einer anderen kannelierten Bande des Absorptionsspektrums; ihre relative Intensität hängt von der Wahrscheinlichkeit ab, mit der bei dem Elektronenrücksprung gerade die betreffende Energieänderung in der Kernschwingung vorkommt, und es werden im allgemeinen so viele derartige Linien vorhanden sein, als die Quantenzahl beträgt, um die sich bei der Absorption die Kernschwingungsenergie geändert hatte. War diese schon im Anfangszustand größer als 0, so sind, da dem Endzustand die Kernschwingungsenergie 0 zukommen kann, auch noch eine Anzahl Linien von höherer Frequenz als die der erregenden Linie, von „negativer Ordnungszahl“ möglich. Bei ihrer Aussendung wird ein größerer Energiebetrag abgegeben als während der Absorption aufgenommen wurde: dieser entstammt der Wärmeenergie, die in der Kernschwingung des Moleküls aufgespeichert war. Bei Zimmertemperatur und einer Kernschwingungszahl von der Größenordnung 200, wie sie sich für den Joddampf aus den Resonanzspektren ergibt, ist es sehr unwahrscheinlich, daß Quantenzahlen höher als 2 oder 3 in der Kernschwingungsenergie vorkommen, wenn man die spezifische Wärme des Joddampfes berücksichtigt. Auch ist wirklich am Joddampf bisher noch kein Resonanzspektrum mit mehr als 2 oder allenfalls 3 Gliedern negativer Ordnung beschrieben worden. Die spektrale Lage, relative Intensität und Gesamtzahl der Linien, bei einer bestimmten monochromatischen Erregungsfrequenz, muß immer die gleiche sein, da ja auf die erregende Schwingungszahl nur Moleküle reagieren, die sich gerade im betreffenden Anfangszustand befinden, und da diese alle in denselben Endzustand versetzt werden. Diese Anfangs- und Endzustände sind von den sonstigen Bedingungen, in denen sich das Gas befinden mag, etwa von der Temperatur, ganz unabhängig; nur die Zahl der Moleküle im richtigen Anfangszustand sollte mit der Temperatur variieren — und somit die Gesamtintensität aller Linien eines Resonanzspektrums. Dagegen muß die relative Intensität der verschiedenen Serien, die von verschiedenen erregenden Linien herstammen, mit der Temperatur variabel sein. In der Tat ändert sich infolge bloßer Temperaturerhöhung bei konstanter Dampfdichte das Aussehen des Absorptions- und des Fluoreszenzspektrums sehr merklich; und zwar rückt einerseits der Schwerpunkt der ganzen Bandengruppen nach größeren Wellenlängen, andererseits aber wird auch innerhalb jeder Bande die Energieverteilung auf die einzelnen Linien eine ganz andere.

Es muß nun auch noch bei monochromatischer Erregung der Einfluß einer Änderung in der molekularen Rotation berücksichtigt werden. Zunächst gilt hier das gleiche wie es eben für die Kernschwingung entwickelt wurde, aber mit einer wesentlichen

Einschränkung. Gemäß dem „Auswahlprinzip" kann sich das Impulsmoment selbsttätig unter Emission oder Absorption von Strahlung immer nur um 1 Quant im negativen oder positiven Sinne ändern, daher löst sich nicht jede einzelne Serienlinie wiederum in eine ganze Serie von Linien auf, sondern es können nur 1 oder höchstens 2 neue Linien hinzutreten, je nachdem sich das Impulsmoment mancher Moleküle bei der Emission um 1 Quant erhöht bzw. erniedrigt.

Tabelle 2.

Das Resonanzspektrum des Jods bei Erregung mit der grünen Hg-Linie 5460,74.

Ordnungszahl n	Wellenlänge Å λ	Wellenzahl cm^{-1} $\frac{1}{\lambda}$	Ordnungszahl n	Wellenlänge Å λ	Wellenzahl cm^{-1} $\frac{1}{\lambda}$
0	5460,74 5462,23	18 712,5 18 307,5	13	6396,08 6398,05	15 634,6 15 629,7
1	5526,55 5528,10	18 094,5 18 089,5	14	fehlt	—
2	fehlt	—	15	6560,56 6562,68	15 242,6 15 237,7
3	5658,71 5660,38	17 671,9 17 666,7	16	6645,0 6647,0	15 048,9 15 044,3
4	5726,59 5728,25	17 462,4 17 457,3	17	6731,2 6733,25	14 856,4 14 851,6
5	5795,79 5797,51	17 253,9 17 248,8	18	6818,63 6820,01	14 665,7 14 660,8
6	5866,14 5867,85	17 046,9 17 042,0	19	?	—
7	fehlt	—	20	6998,96 7001,39	14 287,8 14 282,8
8	6010,66 6012,50	16 637,1 16 632,0	21	fehlt	—
9	fehlt	—	22	7186,23 7188,68	13 915,5 13 910,7
10	6160,63 6162,48	16 232,1 16 227,5	23	7282,39 7284,92	13 731,8 13 727,0
11	6237,68 6239,56	16 031,6 16 026,8	24	fehlt	—
12	6316,16 6318,14	15 832,4 15 827,0	25	7480,4 7482,9	13 368,2 13 363,8
			26	fehlt	—
			27	7685,7 7688,5	13 011,0 13 006,0

Die Fig. 4 gibt schematisch das kannelierte Bandenspektrum des Joddampfes in Grüngelb wieder. Will man den Dampf wirklich monochromatisch erregen, so muß man dafür sorgen, daß die zur Verwendung kommende Spektrallinie sehr scharf ist, da sie sonst stets mehrere Linien des Joddampfabsorptionsspektrums gleichzeitig bedeckt. Auf die Breite der grünen Linie einer normal belasteten Hg-Hochdruckbogenlampe entfallen nicht weniger als 7 Joddampfabsorptionslinien, auf ein Intervall gleich dem zwischen den D-Linien kommen ihrer nahezu 100. Durch geeignete Vorsichtsmaßregeln kann man jedoch die Hg-Linie 5460,74 so schmal erhalten, daß sie wirklich nur eine einzige Linie des Joddampfes erregt. Das unter diesen Bedingungen aus-

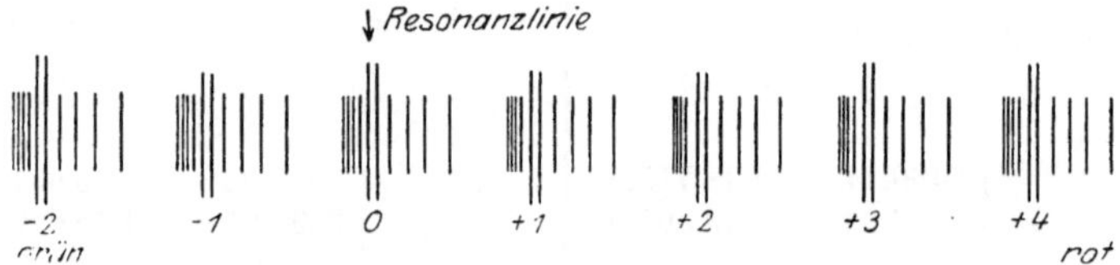

Fig. 4. Schematische Darstellung eines Joddampfresonanzspektrums.

gestrahlte Resonanzspektrum beginnt mit der Linie 0ter Ordnung, d. h. der erregenden Linie selbst, die als Resonanzlinie im früheren Sinne zu bezeichnen ist, und läßt sich von da nach größeren Wellenlängen zu bis zur 27ten Ordnung verfolgen[1]). Hier scheint es plötzlich abzubrechen, denn die auch noch weiter im Rot empfindliche photographische Platte zeigt darüber hinaus keine Andeutung einer Linie mehr: Bei Absorption der Linie 5460 würde also die Kernschwingungsenergie des betreffenden Moleküls um 27 Quanten vermehrt, indessen gleichzeitig das Leuchtelektron auf die nächste Quantenbahn springt. Glieder mit negativer Ordnungszahl sind anscheinend nicht vorhanden; auch von den positiven Ordnungen fehlen, wie die Tabelle zeigt, einige, die 2te, 7te usf., und das scheint sich in den anderen Resonanzspektren des Jod zu wiederholen. Eine theoretische Deutung für diese Unmöglichkeit gewisser Energieübergänge ist vorläufig nicht anzugeben. Die Resonanzlinie selbst ist ebenso wie alle anderen

[1]) Vgl. Anmerkung 1 auf Seite 35 nunmehr unter Berücksichtigung der quadratischen Glieder.

Linien dieses Resonanzspektrums auf der dem Rot zugewandten Seite von einer zweiten Linie begleitet. Der Abstand in den so gebildeten Dubletts ist, in der Skala der Frequenzen gemessen, über das ganze Spektrum hin konstant, mit einer Wellenzahl = 5. Auch das Intervall zwischen einem Linienpaar und dem nächsten ist in erster Annäherung immer dasselbe: $\Delta \frac{1}{\lambda} = \text{ca. } 200$. Genauer wird $\frac{1}{\lambda}$ nicht durch eine lineare, sondern durch eine quadratische Funktion der Ordnungszahl dargestellt[1]); Wood beschreibt die von der grünen Hg-Linie angeregte Serie durch die Formel $\frac{1}{\lambda} = \frac{1}{\lambda_0} - 212{,}5\, n + 0{,}637\, n^2$. Jedes Dublett der Serie liegt in einer der kannelierten Banden an homologer Stelle, wie das in der schematischen Figur durch die länger ausgezogenen Linien angedeutet ist:

[1]) Vgl. die Anmerkung auf Seite 40.

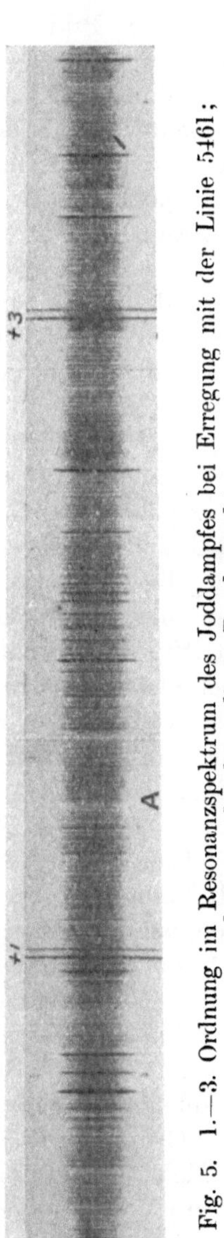

Fig. 5. 1.—3. Ordnung im Resonanzspektrum des Joddampfes bei Erregung mit der Linie 5461; darunter das kannelierte Bandenspektrum.

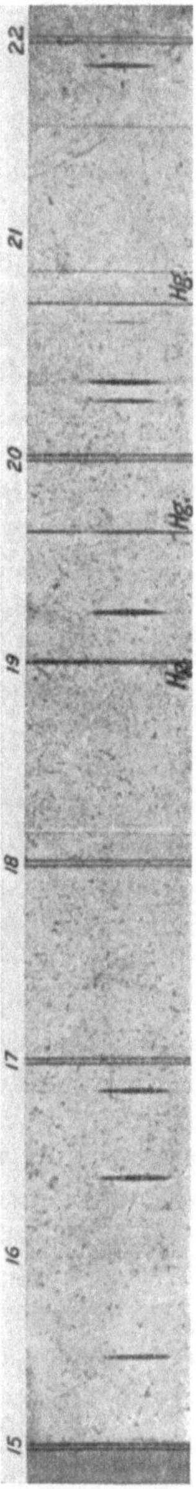

Fig. 6. 15.—22. Ordnung im Resonanzspektrum des Joddampfes bei Erregung mit der Linie 5461.

auch dies in Übereinstimmung mit dem aus theoretischen Überlegungen abgeleiteten Bilde. Eine andere Erscheinung dagegen bedarf noch der Erklärung: die beiden Dublettlinien sind entlang dem ganzen Spektrum von ungefähr gleicher Intensität, wenn das Fluoreszenzlicht keine größere Joddampfschicht zu durchsetzen braucht; andernfalls aber ist die kurzwelligere Komponente, in der 0ten Ordnung also die Linie von gleicher Frequenz wie die des erregenden Lichtes, sehr viel schwächer. Diese Linie wird somit vom Joddampf sehr viel stärker absorbiert als die sie begleitende Komponente; d. h., während beim Emissionsvorgang die beiden Übergänge — die sich nach unserer Annahme um einen Quantensprung in der Rotationsfrequenz unterscheiden — gleich häufig vorkommen, ist für den im entgegengesetzten Sinn verlaufenden Absorptionsprozeß der eine beträchtlich wahrscheinlicher als der andere. ([260])

Ähnliche Resonanzspektren, jedoch mit einem bzw. mit zwei Gliedern negativer Ordnung, erhält man, wenn man den Joddampf mit einer der beiden gelben Quecksilberlinien 5790,6 oder 5769,6 erregt; freilich liegen hier, insbesondere was die Konstanz der Dublettabstände betrifft, die Verhältnisse nicht immer ganz so klar, aber es ist ja auch nicht zu erwarten, daß wir bereits imstande sind, alle Einzelheiten vollkommen zu erfassen. Und wohl jede beliebige Spektrallinie im ganzen Gebiet von Grün bis Rot ruft im Joddampf eine analoge Linienserie hervor; nur ist ihr Aufbau häufig nicht leicht zu übersehen, weil meistens mehrere Jodabsorptionslinien gleichzeitig erregt werden. Ein typisches, von Wood ausführlich behandeltes Beispiel hierfür bietet die breite grüne Quecksilberlinie, wie sie von einer heißen Quecksilberlampe geliefert wird. Die 7 von ihr überdeckten Joddampflinien liegen so dicht zusammen, daß sie, zumal ja in der Fluoreszenzemission zwischen ihnen jedesmal noch 1 bis 2 Begleitlinien sich einschieben, selbst in einem stark auflösenden Spektrometer als eine einzige verbreiterte Linie erscheinen. Von jeder der darin enthaltenen 7 Resonanzlinien 0ter Ordnung, die, wie nochmals betont werde, jede einem andern Molekülanfangszustand bei der Absorption entsprechen, nimmt ein vollständiges Resonanzspektrum seinen Ausgang[1]); und da in diesem die konstante Frequenzendifferenz

[1]) Einige von diesen Resonanzspektren haben auch ein bis zwei Glieder negativer Ordnung.

jedesmal einen etwas anderen Wert hat, treten die einzelnen Linien in den höheren Ordnungen deutlich auseinander, bis schließlich am roten Ende die einzelnen Ordnungen sich gegenseitig überschneiden und ein schwer entwirrbares Bandenspektrum erscheint. ([253])

Die bisherigen Angaben bezogen sich durchweg auf gesättigten Joddampf von Zimmertemperatur, bei Abwesenheit jeder fremden Gasbeimischung. Setzt man dem Joddampf He zu, so werden die Linien des bei monochromatischer Erregung vorhandenen Resonanzspektrums geschwächt, und zwischen ihnen treten kannelierte Banden auf, zunächst aber von bei weitem nicht so kompliziertem Bau, wie sie das volle Absorptionsspektrum zeigt. Bei 2 mm He ist die Erscheinung schon deutlich zu erkennen; bei gesteigertem Partialdruck des Heliums werden die neuen Banden immer zahlreicher und intensiver, erstrecken sich nun auch viel weiter nach dem Rot zu als das ursprüngliche Resonanzspektrum; bei 10 mm Druck ist von diesem überhaupt nichts mehr zu erkennen; es bleibt nur das Bandenspektrum in der Emission wahrnehmbar. Dabei ist die Gesamthelligkeit der Fluoreszenz selbst bei 30 mm He nicht bedeutend geringer als im reinen Joddampf, es wird wesentlich die aufgenommene Energie infolge der Zusammenstöße mit den He-Atomen nicht mehr in den wenigen Resonanzlinien, sondern mit allen möglichen Frequenzen des Bandenspektrums ausgestrahlt. Selbst bei 80 mm He-Druck ist die Fluoreszenz noch sichtbar, aber schwach und vollkommen rot im Gegensatz zu der ohne He beobachteten grünen Farbe des Leuchtens. Im Sinne der klassischen Theorie, nach welcher jeder Emissionsfrequenz ein bestimmter Schwingungsmechanismus im Innern des Moleküls zugeschrieben wurde, sagt Wood: Die Kollisionen übertragen die Energie von dem einen ursprünglich erregten auf die anderen schwingungsfähigen Resonatoren des Moleküls; gemäß unserer hier durchgeführten Hypothese dagegen wird durch die Zusammenstöße das Auswahlprinzip durchbrochen: es können beliebige Quantensprünge in der Rotationsfrequenz vorkommen, natürlich desto zahlreicher, je häufiger die Zusammenstöße sind, und so wird das ja nur infolge der Gültigkeit des Auswahlprinzips auf eine relativ kleine Linienzahl beschränkte Resonanzspektrum in das vollständige kannelierte Bandenspektrum überführt. ([54]), ([245]), ([246])

Beimischung anderer fremder Gase zum Jod wirkt ähnlich, doch wird gleichzeitig die Gesamtintensität der Emission sehr viel früher merklich geschwächt, und zwar in desto stärkerem Grade, je elektronegativer oder von je höherem Molekulargewicht die betreffenden Gase sind. Das gilt schon für die schwereren Edelgase: 6 mm Argon bzw. 2 mm Krypton verursachen bereits eine deutliche Herabsetzung der Fluoreszenzhelligkeit. Über die Wirkung einiger weiterer Gase gibt die folgende Tabelle 3 einen Überblick, in der die Partialdrucke enthalten sind, bei welchen die Fluoreszenzstärke gegenüber der bei Abwesenheit jeder Verunreinigung herrschenden auf etwa $^1/_5$ gesunken ist.

Tabelle 3.

H_2	Luft[1])	CO_2	Äther	Jod
24	11	7	3	0,4 mm

Als letztes Gas in der Tabelle ist das Jod selbst angeführt; denn tatsächlich ist die Fluoreszenzfähigkeit des Joddampfes sehr stark von seinem Druck bzw., wenn für Sättigung gesorgt wird, von der Temperatur abhängig. Schon bei dem äußerst niedrigen Dampfdruck, der einer Temperatur von — 30° entspricht, ist die Fluoreszenz eben nachweisbar. Ihre Intensität steigt dann — bei immer gleicher Erregungsstärke — ebenso wie die Absorption annähernd proportional mit der Dichte bis zur Temperatur von ca. 0° ($p = 0{,}03$ mm); von hier nimmt sie sehr viel langsamer zu, bleibt zwischen 17 und 25° (0,2—0,3 mm) annähernd konstant, um bei weitersteigender Erwärmung schließlich rasch wieder zu sinken. Umgerechnet heißt dies, daß bei geringer Dichte (unter 0°) die pro Molekül ausgesandte Lichtintensität immer die gleiche ist, unabhängig vom Druck, und vermutlich wohl auch wieder gleich der absorbierten Energie; bei größerer mittlerer Annäherung der Moleküle hingegen — über 0° — sinkt dieser Nutzeffekt immer mehr, die Leuchtfähigkeit des Jodmoleküls scheint durch die zu große Nähe eines andern zerstört zu werden. ([263])

Beim Zusammenstoß eines erregten Jodmoleküls mit dem Atom eines Edelgases wird im allgemeinen von der über den

---

[1]) Die Kurven, welche die Helligkeit der Resonanzstrahlung von Hg-Dampf (siehe S. 19) und die Joddampffluoreszenz in ihrer Abhängigkeit vom Druck zugemengter atmosphärischer Luft darstellen, zeigen ganz denselben Verlauf. ([248])

Temperaturmittelwert erhöhten Kernschwingungsenergie ein Teil an das fremde Atom abgegeben, und zwar ist dem Impulssatz gemäß dieser Teil desto größer, je näher die Masse des kollidierenden Atomes derjenigen des Jodatoms kommt, er wächst also, wenn man vom Helium zu den schwereren Edelgasen übergeht. Ist durch solche Zusammenstöße die Energie des erregten Moleküls herabgesetzt, so wird es bei Rückkehr in den unerregten Zustand nur mehr Licht von geringerer Frequenz aussenden können; die Farbe der Fluoreszenz wird mehr ins rötliche umschlagen. Daß die Stärke dieses Effektes mit der Häufigkeit der Zusammenstöße wächst, ist ohne weiteres klar. Hierzu kommt aber — und zwar evtl. bei weitem überwiegend, wenn es sich um Beimischung elektronegativer Gase handelt — eine zweite Wirkung, nämlich ein elektrischer Starkeffekt, der durch das Übergreifen des molekularen elektrischen Feldes verursacht wird. Ist dies relativ schwach, so wird das erregte Jodmolekül in benachbarte Quantenzustände versetzt, wozu es verhältnismäßig kleiner Energie bedarf, die aber nach dem Auswahlprinzip selbsttätig nicht vorkommen würden; und in der Emission tritt an Stelle des Resonanzspektrums das Bandenspektrum. Sind dagegen die störenden Felder sehr stark — also desto mehr, je elektronegativer das kollidierende Molekül ist —, dann kann das erregte Jodmolekül in alle möglichen im feldfreien Raum überhaupt nicht vorkommenden Zustände überführt werden, sowohl was die Elektronenbahnen, als was die Kernschwingungsenergien und die Rotationsfrequenzen betrifft, die absorbierte Energie wird daher nicht mehr auf einzelne Linien oder Banden, sondern über das ganze kontinuierliche Spektrum verteilt: die primäre monochromatische Strahlung wird in „Wärmestrahlung“ verwandelt, die natürlich nicht mehr als sichtbare Fluoreszenz zu beobachten ist.

Danach erscheint es durchaus verständlich, daß auch in reinem Joddampf von Zimmertemperatur nach hinreichend langer photographischer Exposition bei monochromatischer Erregung zwischen den Resonanzlinien ganz schwach die kannelierten Banden wahrzunehmen sind; sie rühren von solchen Molekülen her, die zwar nicht mit anderen Jodmolekülen kollidiert, aber doch schon durch eine gewisse Annäherung an solche gestört worden sind. Diese Erscheinung wird desto deutlicher, je niedriger der Dampfdruck des Jods ist. Auch die Verschiebung der totalen

Fluoreszenzfärbung nach Rot bei Erregung mit weißem Licht, die im Joddampf von höherem Druck sich bemerkbar macht, mag teilweise so zu erklären sein — sie entspricht ja durchaus der Erscheinung, die bei sehr hohem Partialdruck von beigemischtem Helium gefunden wird, muß allerdings hier, wie gleich gezeigt werden soll, auch noch von einer anderen Ursache herrühren. Schließlich ist auf dieselbe Wirkung gegenseitiger Beeinflussung, aber von geringerem Grade, die Verbreiterung der Resonanzlinien zurückzuführen, die bei wachsendem Joddampfdruck aufzutreten scheint. Eine solche Verbreiterung ist zwar nicht direkt spektroskopisch gemessen, sie dürfte aber aus der Tatsache zu folgern sein, daß in einem mit Joddampf gefüllten Absorptionsrohr von Zimmertemperatur die von einem anderen Joddampfrohr kommende Resonanzstrahlung wesentlich stärker absorbiert wird, wenn das letztere auf 0° abgekühlt ist, als wenn es sich ebenfalls auf Zimmertemperatur befindet. Im ersten Fall werden in einer Schicht von 14 cm Dicke 43%, im zweiten nur 29% der eindringenden Intensität absorbiert. Da außerdem der grüne Teil des Spektrums prozentual stärker geschwächt wird als der rote, muß auch aus diesem Grunde in der Fluoreszenz des Jods mit wachsender Dampfdichte ein Farbumschlag eintreten[1]. ([263])

Brom ist noch bedeutend elektronegativer als Jod; daher ist im Bromdampf von Zimmertemperatur, obwohl das Absorptionsspektrum ganz analog dem des Jods aus kannelierten Banden besteht, keine Resonanzstrahlung oder sichtbare Fluoreszenz zu erregen. Erst bei Drucken, die vermutlich von der Größenordnung 0,001 mm sind, ist eine solche zu beobachten, dann aber wegen der geringen Zahl der Moleküle in der Volumeneinheit von so geringer Intensität, daß eine genauere Untersuchung bislang nicht möglich war. ([245])

Dem unerregten Na-Dampf wird außer der bekannten, mit den *D*-Linien beginnenden Hauptserie noch ein aus kannelierten Banden zusammengesetztes Absorptionsspektrum zugeschrieben,

[1]) Da jedes einzelne Resonanzspektrum sich wesentlich von der erregenden Linie aus nach Rot erstreckt, liegt selbstverständlich der Schwerpunkt der Fluoreszenzbande bei größeren Wellengängen als derjenige der Absorptionsbande.

das fast über das ganze sichtbare Gebiet hin eine große Zahl feinster Linien aufweist. Bestrahlt man den Dampf mit weißem Licht, so treten die gleichen Banden in der Emission auf — spektral unzerlegt wird deren Farbe meist als grün bis olivfarben beschrieben. Dies ist die ursprünglich von Wiedemann entdeckte Fluoreszenz des Natriumdampfes. Nach unserer bisherigen Auffassung scheint es schwer zu erklären, wie ein solches Bandenspektrum im einatomigen Natriumdampf zustande kommen soll. Nun sind aber die betreffenden Beobachtungen niemals in wirklich reinem Natriumdampf ausgeführt worden. Sie wurden stets in Metallgefäßen angestellt, die bei der Erwärmung auf 4—500°, wenn nicht ganz besondere Vorsichtsmaßregeln eingehalten werden, immer große Mengen okkludierter Gase entweichen lassen[1]). Auch gibt das Na selbst meist viel Wasserstoff ab, ferner enthält es, falls nicht sorgfältig gesäubertes, vielmals umdestilliertes Material zur Verwendung kommt, stets als Verunreinigung von der technischen Darstellung und Aufbewahrung her schwer destillierende Öle, die bei der Erhitzung sich in verschiedene Kohlenwasserstoffe zersetzen mögen. Dunoyer hat, indem er all diese Fehlerquellen nach Möglichkeit ausschied, gezeigt, daß in reinem Natriumdampf die grünliche Fluoreszenz ganz verschwindet und die Emission auch bei Erregung mit Sonnenlicht ausschließlich in gelber Strahlung von der Frequenz der D-Linien besteht. ([40]) Unter den gleichen Bedingungen verschwinden die kannelierten Banden auch im Absorptionsspektrum, das dann allein noch die Linien der Hauptserie aufweist[2]).

So ist man berechtigt, das kannelierte Bandenspektrum in der Fluoreszenz — und ebenso in der Absorption — nicht dem Na-Atom, sondern irgendwelchen, möglicherweise ganz unstabilen Verbindungen zuzuschreiben. Welcher Art diese Verbindungen sein mögen, kann heute noch nicht angegeben werden; nach Dunoyer dürfte am ehesten das Vorhandensein der erwähnten Ölrückstände für das Auftreten der Banden verantwortlich gemacht werden, ohne daß im geringsten festzustellen wäre, worin eigentlich die Wirkung der fraglichen Kohlenwasserstoffe

[1]) Wood gibt an, daß in seinem Versuchsrohr ein Druck von 1—2 mm geherrscht habe, ohne daß über die Natur der fraglichen Gase irgend etwas ausgesagt wird. Phys. Zeitschr. 7, 871 (1906).

[2]) Nach mündlicher Mitteilung, die Herr R. Ladenburg mir gemacht hat.

auf die Na-Atome besteht. Da demnach schon die Natur der strahlenden Moleküle uns noch unbekannt ist, müssen wir auf jeden Versuch, die Erscheinungen im einzelnen theoretisch zu deuten, verzichten, und uns im wesentlichen auf ihre Beschreibung beschränken.

Die im Sichtbaren liegenden Banden des Na-Dampfes erinnern in ihrem Linienreichtum und der ganzen Struktur sehr an die des Jods, so daß wir ihnen im wesentlichen wohl mit Recht eine gleichartige Entstehung zuschreiben müssen; doch sind auch charakteristische trennende Merkmale vorhanden. Es sind zwei Hauptgruppen von Linien zu unterscheiden, die durch eine auch bei hohem Dampfdruck noch durchsichtige schmalere Region im Gelbgrün (bei $\lambda = 5500$) getrennt sind. Die eine Gruppe erstreckt sich von hier über das Orange und Rot, anscheinend bis ins Ultrarot; die andere reicht nach kurzen Wellenlängen bis ins Blauviolett. ([237])

Bei Erregung mit monochromatischem Lichte zeigt es sich, daß wiederum so ziemlich jede Spektrallinie, wie sie von zwischen beliebigen Metallelektroden überspringenden Funken ausgeht, eine oder mehrere Linien der Absorptionsbanden bedeckt und neben der Eigenwellenlänge eine ganze Serie von anderen Linien zur Emission bringt. Dabei scheint es, daß jedes derartige Resonanzspektrum ganz in einer der beiden oben bezeichneten Bandengruppen verläuft, ohne in die andere überzugreifen. Ob man daraus schließen muß, daß die beiden Bandengruppen zwei verschiedenen, voneinander unabhängigen Elektronenbahnsprüngen zugehören, ist wohl noch nicht zu entscheiden. Ferner ist als besonders bemerkenswert hervorzuheben, daß bei intensiver Bestrahlung mit blaugrünem Licht, aus dem alles Gelb sorgfältig ausgefiltert ist, gleichwohl neben der Bandenemission, wenn schon wesentlich schwächer, auch die D-Linien in der Fluoreszenz auftreten, die doch fraglos dem Na-Atom zugewiesen werden müssen ([242]). Dagegen sind auch in diesem unreinen Na-Dampf durch Erregung mit D-Licht nur wieder die D-Linien selbst und keinerlei andere Frequenz in der Sekundäremission hervorzurufen[1]). Man kann sich das wohl nur so vorstellen, daß in dem Dampf sich stets eine Anzahl normaler Na-Atome vorfindet, die zu der gewöhnlichen

[1]) Phys. Z. 7, 873, 1906.

Resonanzstrahlung erregt werden können. Sollten sie in erregtem Zustand in den Verband eines jener Komplexmoleküle eintreten, denen wir die Bandenspektren zuschreiben, so wird die aus den *D*-Linien des primären Lichtes aufgenommene Energie analog dem vorher für den Joddampf vermuteten Vorgang durch Überführung in Schwingungen jeder beliebigen Frequenz der sichtbaren Emission ganz entzogen. Umgekehrt aber können jene Komplexmoleküle in einem Augenblick, in dem sie durch Bestrahlung mit blaugrünem Licht erregt sind, zerfallen, und es entstehen dann einfache erregte Na-Atome, die schließlich unter *D*-Linien-Emission in den Normalzustand zurückkehren.

Im Gegensatz zur Jodfluoreszenz sind nach Wood im Na-Dampf die durch monochromatisches Licht hervorgerufenen Resonanzspektren mit großer Annäherung äquidistant nicht in bezug auf die Frequenzen, sondern auf die Wellenlängen, und zwar hat der Abstand von Linie zu Linie in allen Fällen, gleichviel was die Frequenz der erregenden Linie, sehr annähernd dieselbe Größe: $\Delta\lambda =$ ca. 38 Å. (237) Natürlich ist in dem relativ nicht sehr großen Spektralbereich auch die Frequenzendifferenz einigermaßen konstant, doch zeigt sie einen ausgesprochenen Gang, und zwar so, daß sie nach dem Rot zu abnimmt; immerhin läßt sich auch diesmal wieder die Wellenzahl recht gut als eine quadratische Funktion der Ordnungsnummer darstellen, und so dürfte es ein bloßer Zufall sein, daß nur, weil die Konstante

Tabelle 4.

n	+4		+3		+2		+1		0		−1		−2		−3		−4		−5		−6
λ	5327		5288		5250		5212		5173,5		5136		5098		5060		5022		4984		4946
$\Delta\lambda$		39		38		38		38,5		37,5		38		38		38		38		38	
$\frac{1}{\lambda}$	18773		18911		19048		19187		19329		19470		19615		19763		19912		20064		20219
$\Delta\frac{1}{\lambda}$		138		137		139		142		141		145		148		149		152		155	
$\frac{1}{\lambda}$ berechnet	18774		18910		19047		19188		19329		19472		19617		19764		19912		20062		20214

des quadratischen Gliedes gerade das richtige Vorzeichen und die entsprechende Größe hat, die Konstanz der Wellenlängendifferenzen so sehr viel deutlicher in die Augen springt. Es muß auf diesen Punkt hingewiesen werden, weil bei den ganzen, auf den Bohrschen Anschauungen basierten Überlegungen immer nur die Differenzen von Schwingungszahlen, nicht aber von Wellenlängen eine Rolle spielen können. Im übrigen mag die Tabelle 4 auf Seite 49 ein Bild von den Verhältnissen geben. Sie gilt für die Erregung der Resonanz mit der grünen Mg-Linie 5173,5 (in der Tabelle 4 unterstrichen); n ist die ,,Ordnungsnummer''.

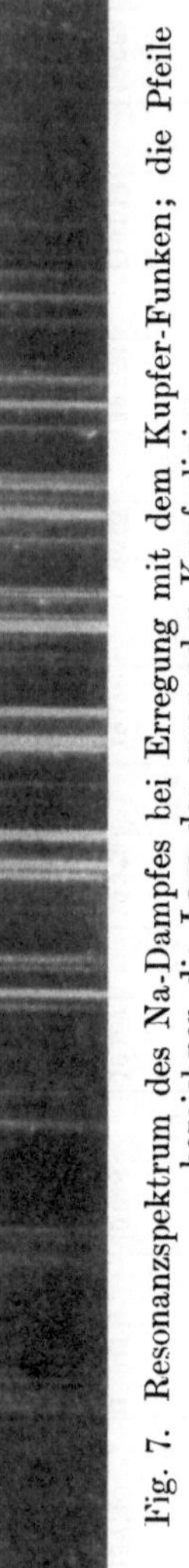

Fig. 7. Resonanzspektrum des Na-Dampfes bei Erregung mit dem Kupfer-Funken; die Pfeile bezeichnen die Lage der erregenden Kupferlinien.

Die letzte Zeile der Tabelle 4 ist berechnet nach der Formel:

$$\frac{1}{\lambda} = \frac{1}{\lambda_0} - 142{,}3\,n + 0{,}845\,n^2 .$$

Im übrigen muß betont werden, daß lange nicht in allen von Wood mitgeteilten Resonanzspektren die Konstanz der $\Delta\lambda$ so vollkommen ist, wie in dem gerade hier angegebenen Fall der Tabelle. Da abɛr anderseits die $\Delta\lambda$ in keinem Falle sehr stark von 38 abweichen, so folgt daraus, daß, wenn das erregende Licht gleichzeitig mehrere Frequenzen enthält, etwa aus einem Triplet besteht, sich dieses Triplet mit geringfügigen Verschiebungen über das ganze Resonanzspektrum wiederholt. Das gilt z. B. gerade für die grüne Mg-Linie, die aus 3 Komponenten: 5167,4 — 5173,5 — 5183,7 Å besteht; in der Tabelle ist der Übersichtlichkeit halber nur die mittlere Linie mit ihrem Resonanzspektrum angegeben. Fällt die erregende Linie mit einer Linie zusammen, die in dem mit einer andern Frequenz hervorgerufenen Resonanzspektrum vorkommt, so decken sich die beiden Spektra in ihrem ganzen

Verlauf. Erläutert werde dies durch die Resonanzspektra, die von der Ba-Linie 4934,0 und der Li-Linie 4972,3 erregt werden.

Tabelle 5.

Ba		4896,2	4934,0	4972,3	5011,0	5049,7	5088,4	5127,6	5167,1	5206,6
Li	4862,0	4896,2	4934,0	4972,3	5011,0	5049,9	5089,1	5128,2	5167,2	5207,0

Auffällig ist, daß bei der Li-Erregung die erste Linie negativer Ordnung ($\lambda = 4934,0$) intensiver auftritt als die Resonanzlinie selbst; überhaupt spielen die Glieder negativer Ordnung hier eine sehr viel größere Rolle als beim Joddampf — sie sind häufig zahlreicher als diejenigen positiver Ordnung: bei Erregung mit der Mg-Linie 5183,7 lassen sich 9 Glieder der ersten, dagegen nur 3 der zweiten Art feststellen. Ob zur Erklärung dieses Verhaltens die etwas höheren Temperaturen[1]) — etwa 500° — ausreichen, darüber läßt sich nichts aussagen, solange man über die Natur und daher auch über die spezifischen Wärmen der in Betracht kommenden Moleküle nichts weiß. Im übrigen liegen auch in anderer Hinsicht die Dinge noch viel komplizierter: nicht nur findet man zwischen den klar übersehbaren Serien, für die in den Tabellen Beispiele gegeben sind, fast immer noch eine ganze Reihe schwächerer Linien, die sich nicht in so einfacher Weise eingliedern lassen; sondern besonders im grüngelben Teil des Spektrums schließt sich oft an eine solche Serie eine enge Reihe von Linien, in die überhaupt keine Ordnung zu bringen ist. So folgt z. B. bei Erregung mit der blauen Bi-Linie auf ein Resonanzspektrum, das zwischen 4624 und 5017 Å 12 äquidistante Glieder aufweist, von diesen durch eine Lücke getrennt in dem Gebiet zwischen 5300 und 5530 Å noch einmal ein System von über 50 Linien meist geringerer Intensität.

Ein Teil der Unübersichtlichkeit in den ganzen Verhältnissen mag daher rühren, daß Wood bei diesen Versuchen noch nicht auf äußerste Schärfe der primären Linien geachtet hat; und so mögen wohl häufig mehrere Absorptionslinien des Na-Dampfes

[1]) Je höher die Temperatur, desto größer ist auch ceteris paribus die Zahl der Quanten in der Kernschwingungsenergie, die im Durchschnitt einem unerregten Molekül zukommt — von dieser Zahl aber hängt wiederum die Zahl der möglichen Glieder negativer Ordnung ab.

gleichzeitig angeregt worden sein; ja in vielen Fällen ist die erregende Linie, von irgendeiner Funkenentladung herrührend, ihrerseits von schwächeren Trabanten begleitet, die natürlich das Bild des Resonanzspektrums noch weiter verwirren. Aber dessen ungeachtet scheint es sicher, daß der Hauptgrund für die Kompliziertheit der Erscheinung in der Natur der leuchtenden Moleküle selbst zu suchen ist, für deren Wiedergabe eben unser einfaches Modell nicht im entferntesten ausreicht. So sind z. B. die verschiedenen Linien im kannelierten Bandenspektrum des (verunreinigten) Na-Dampfes sicher nicht alle von gleichartiger, sozusagen nur quantitativ verschiedener Herkunft: denn während einige von ihnen sich auch im sog. „magnetischen Rotationsspektrum" vorfinden, fehlen andere dort vollkommen — d. h., die Linien zeigen ganz ungleiche Zeemann-Effekte. Ebenso werden manche Linien des Absorptionsspektrums durch Zusatz fremder Gase von hohem Druck sehr stark beeinflußt (und gerade diese kommen hauptsächlich für die Resonanzerregung in Betracht), während andere sich relativ indifferent erweisen. H_2 von Atmosphärendruck vernichtet die Resonanz- und magnetischen Rotationsspektren vollständig; ein Teil des Bandenspektrums bleibt aber in der Absorption unverändert erhalten.

Der unreine Na-Dampf besitzt auch im Ultraviolett, in der Umgebung der zweiten Hauptserienlinie 3303 eine kannelierte Absorptionsbande, und Absorption von Licht in dieser Bande ruft eine Fluoreszenz hervor, die im selben Spektralgebiet liegt, aber bisher noch nicht genau untersucht, insbesondere auch nicht in Einzelbanden oder Linien aufgelöst worden ist. Die Emission der sichtbaren Bandenfluoreszenz läßt sich durch Absorption im Ultraviolett nicht hervorrufen. Im Absorptionsspektrum glaubt Wood auch noch in der Nachbarschaft der weiteren Hauptserienlinien des Na, bis hinauf zur achten, kannelierte Banden feststellen zu können, wie er denn überhaupt einen innigen Zusammenhang zwischen den Banden und den Serienlinien als durchaus erwiesen annimmt. Soll dieses zutreffen und gleichzeitig unsere Hypothese über die Herkunft der Banden zu Recht bestehen, so müßten auch in den fraglichen Komplexmolekülen noch die Elektronenbahnen der Na-Atome selbst im wesentlichen erhalten bleiben und die den Bahnübergängen entsprechenden einfachen Linien nur auf die am Anfang dieses

Kapitels angegebene Weise in die Banden auseinandergezogen werden. ([242])

Die Dämpfe der anderen Alkalimetalle dürften sich im wesentlichen dem Natriumdampf in ihren Fluoreszenzeigenschaften ganz ähnlich verhalten, sind aber noch weniger erforscht. Kaliumdampf zeigt ebenfalls sehr linienreiche kannelierte Banden in seinem Absorptionsspektrum, die sich von etwa 6350 Å bis weit ins Rot erstrecken; bei Erregung mit weißem Licht treten dieselben Banden als Fluoreszenz in der Emission auf; ob sie sich auch, in Analogie mit den Verhältnissen beim Na nach langen Wellen zu über das erste Hauptseriendublett (7665—7699 Å) hinaus ausdehnen, scheint nicht festgestellt; ebensowenig wurde bis jetzt eine Erregung mit monochromatischem Licht untersucht. ([254]) ([40]) Ungefähr das gleiche gilt für Rubidium, dessen Absorptions- und Fluoreszenzbanden zwischen 6400 Å und 7050 Å festgestellt wurden, im Rot aber sicher viel weiter reichen. ([32]) Nach Dunoyer allerdings soll es hier nicht gelingen, die Banden in Linien aufzulösen. Dagegen macht er die im Zusammenhang mit dem auf Seite 38 Gesagten interessante Mitteilung, daß bei Temperaturerhöhung das gesamte Aussehen des Emissionsspektrums sich total verändert: während unter 300° eine helle Bande im Rot bei weitem vorherrscht und daneben eine Bande im Orange und eine weitere im Grün kaum zu beobachten ist, gibt bei 400° die nun sehr intensive Bande im Orange der Fluoreszenzfarbe im wesentlichen ihren Charakter, während die Bande im Rot — hauptsächlich wohl durch Selbstabsorption — stark geschwächt ist. Am Zäsiumdampf endlich gelingt es trotz seiner intensiven Absorption vom Orange bis ins Ultrarot nicht, eine merkliche Fluoreszenz hervorzurufen; merkwürdigerweise ist bekanntlich auch am festen metallischen Zäsium im Gegensatz zu allen anderen Alkalimetallen kein selektiver und nur ein relativ sehr geringer normaler Photoeffekt zu erregen. Schließlich muß noch erwähnt werden, daß im Gegensatz zum Natriumdampf Kalium und Rubidium auch nach sorgfältigster Reinigung nicht einfache Linienresonanz, sondern stets die komplizierte Bandenfluoreszenz bei Erregung mit weißem Licht aufweisen. Falls man also nicht annehmen will, daß in diesen Fällen auch bei wiederholtem Umdestillieren im Vakuum noch merkliche Verunreinigungen zurückbleiben, so müßten die Bandenspektren vermutlich sehr labilen zweiatomigen Molekülen der Alkalimetalle selbst zugeschrieben werden. Im übrigen ist auch für das Natrium eine derartige Hypothese nicht unbedingt von der Hand zu weisen; auf die Rolle, die doch dann die fremden Gaszumischungen spielen müßten, soll bei anderer Gelegenheit nochmals zurückgekommen werden. ([41])

IV. Die Bandenfluoreszenz von Dämpfen und Gasen.

Die Trennung zwischen den im vorigen Kapitel besprochenen Erscheinungen und den jetzt zu behandelnden mag etwas äußerlich, rein phänomenologisch anmuten, der Gegensatz mag teilweise auch nur auf einer noch unzureichenden Kenntnis der wahren Verhältnisse beruhen — immerhin scheinen bei dem heutigen Stande des Wissens die hier unter der Bezeichnung Bandenfluoreszenz zusammengefaßten Phänomene nicht ohne weiteres als mit den Resonanzspektren wesentlich gleichartig anzusehen zu sein. Die charakteristischen Unterscheidungsmerkmale bestehen im folgenden: einerseits ist nicht das Aussehen des Emissionsspektrums grundsätzlich bedingt durch die Frequenz des erregenden Lichtes, so daß bei geringer Variation der letzteren auch jenes durchaus verändert wird. Sondern Bestrahlung mit jeder Wellenlänge eines unter Umständen ziemlich breiten, häufig nur nach der langwelligen Seite zu begrenzten Spektralgebietes ruft in dem Dampf immer dieselbe Fluoreszenzemission hervor. Dies wäre also etwa analog dem Falle der Joddampfresonanzstrahlung bei Anwesenheit von viel Helium, infolge deren auch bei monochromatischer Erregung immer das vollständige Bandenspektrum in der Emission auftritt. Anderseits aber gehören die erregenden Wellenlängen nicht auch dem Fluoreszenzspektrum mit an, oder zum mindesten, das Fluoreszenzspektrum erstreckt sich über weite Spektralbereiche, innerhalb deren das Licht nicht imstande ist, seinerseits die Fluoreszenz hervorzurufen; Erregungsverteilung und Fluoreszenzspektrum fallen in keiner Weise zusammen, was ja für jede Resonanzstrahlung das hauptsächliche Charakteristikum war.

Es kann sich also bei der Emission hier bereits nicht mehr im wesentlichen um die Umkehrung des Erregungsvorganges handeln, um ein Durchlaufen derselben Energiesprünge in entgegengesetzter Richtung. Vielmehr dürften im allgemeinen die Emissionsfrequenzen jetzt nicht mehr dem unerregten Atom bzw. Molekül zugehören und so auch in deren Absorptionsspektrum nicht vorkommen (d. h., die ihnen entsprechenden Elektronenendbahnen sind nicht die Bahnen der Elektronen im Normalzustand des Atoms, von denen aus die Absorptionsprozesse ihren Ausgang nehmen). Sondern durch die Absorption der primären Strahlung muß das Molekül in einen neuen „erregten Zustand" übergeführt werden, wobei vollständige Ionisierung oder sogar eine vorübergehende Bildung von komplexen Molekülen aus den erregten, chemisch ganz anders reagierenden Ausgangsmolekülen nicht ausgeschlossen sein mögen, und diesen Zwischengebilden muß dann die Fluoreszenz zugeschrieben werden.

Es sei jedoch nochmals ausdrücklich betont, daß die in diesem Kapitel zusammengestellten Fälle teilweise ganz verschiedenartig sein mögen, und daß eben nur vorläufig unsere Kenntnis im einzelnen nicht ausreicht, um sie richtig einzuordnen — einige werden sich vielleicht noch bei genauerer Untersuchung als eine Art von Resonanzstrahlung herausstellen.

Sehr bezeichnend für das eben Ausgeführte ist die Tatsache, daß der Hg-Dampf neben seiner Linienresonanz auch ein Bandenfluoreszenzspektrum auszusenden vermag. Der unerregte kalte Quecksilberdampf darf sicher als einatomig angenommen werden, und als solchem dürften wir ihm zunächst eine Bandenemission überhaupt nicht zuschreiben. Darüber könnte die bereits erwähnte Hypothese hinweghelfen, daß die durch Lichtabsorption erregten Hg-Atome zu Molekülverbänden zusammentreten. Eine solche durch die Erregung verursachte chemische Aktivierung und die daraus resultierende Möglichkeit einer Bildung von Komplexmolekülen nimmt z. B. J. Franck für das im Normalzustande vollkommen inerte He an. Im Falle des Hg darf aber eine alsbald hervortretende weitere Schwierigkeit nicht verschwiegen werden. Zur Erregung der Bandenfluoreszenz dienen nicht nur die bekannten Frequenzen des normalen Hg-Dampfabsorptionsspektrums, sondern Licht jeder Wellenlänge unterhalb 2500 Å — so die verschiedenen Linien des Cd-, Al- oder

Zn-Funkens. Und in der Tat besitzt der Hg-Dampf im kurzwelligen Ultraviolett eine anscheinend kontinuierliche Absorptionsbande, die bei hinreichender Dampfdichte sich bis etwa 2500 Å hin ausdehnt. Daß aber auch diese Absorptionsbande nur in irgendwie erregtem Hg-Dampf auftritt, müßte erst gezeigt werden.

Das Bandenfluoreszenzspektrum des Hg-Dampfes reicht vom Rot bis unterhalb von 3000 Å, mit einem ziemlich ausgesprochenen Minimum bei 3600 Å; für das Auge erscheint es als ein weißliches Grün. Selbst mit einem stark auflösenden Gitter gelingt es nicht, eine Linienstruktur in dem anscheinend kontinuierlichen Band nachzuweisen. Die spektrale Verteilung variiert möglicherweise ein wenig, sicher nicht wesentlich mit der Frequenz der angewandten Primärstrahlung; insbesondere treten die kurzwelligere und die langwelligere Teilbande, die bei 3600 Å aneinandergrenzen, stets gleichzeitig und mit gleicher relativer Helligkeit auf. Enthält das Spektrum der zur Erregung dienenden Lichtquelle Wellenlängen, die in der Nähe von 1850 Å liegen, so tritt in der Fluoreszenz neben den Banden auch noch die Resonanzlinie 2536,7 auf, und zwar ebenso wie im Absorptionsspektrum des kalten Dampfes mit einem schwächeren Begleiter bei 2539,3[1]). Auf die Möglichkeit, daß es sich hier um eine Erregung durch Absorption in der zweiten Resonanzlinie des Hg, welche bei 1849 liegt, handeln könnte, wurde bereits früher hingewiesen. ([241])

Auch durch das Licht der Hg-Bogenlampe ist die sichtbare Bandenfluoreszenz des Hg-Dampfes hervorzurufen, und zwar ist hier — vermutlich neben den noch kurzwelligeren Strahlen — an erster Stelle die Linie 2536,7 wirksam, die natürlich außerdem Resonanzstrahlung auslöst. Doch gehen die beiden Prozesse keineswegs parallel. Denn wie wir sahen, wird die Resonanzstrahlung nur durch den zentralen Teil der Linie 2536,7 erregt, der schon bei relativ geringen Dampfdichten ganz absorbiert wird, so daß der Reemissionsprozeß sich auf eine unendlich dünne Schicht zusammenzieht; und bei weiterer Erhöhung des Druckes (auf ca. 10 mm) wird auch diese Oberflächenresonanz vernichtet. Die Erregung der Resonanzlinie nicht durch ihre Eigenwellenlänge, sondern etwa durch das Licht des Al-Funkens findet bei größerer Dampfdichte gleichfalls nicht mehr statt, auch nicht in der Form

---

[1]) Vgl. die Anmerkung auf S. 19.

von Oberflächenresonanz. Dagegen ist die Bandenfluoreszenz bei niederen Drucken nur schwach, steigt mit wachsendem Druck stark an, und erreicht das Maximum der Intensität bei einer Dampfdichte, bei der die Resonanzstrahlung überhaupt nicht mehr wahrzunehmen ist. Andererseits ist auch das spektrale Gebiet der Hg-Lampenstrahlung, das für die Auslösung der Bandenfluoreszenz in Betracht kommt, nicht identisch mit dem die Resonanzstrahlung hervorrufenden; vielmehr sind jetzt die äußeren Teile der verbreiterten Linie, wie sie von einer heißen, das Linienzentrum umkehrenden Lampe geliefert wird, wirksam. Im übrigen muß hier offenbar weiter noch zwischen zwei verschiedenen Arten der Bandenerregung durch eine primäre Hg-Bogenlampe unterschieden werden, worauf später in anderem Zusammenhang zurückzukommen sein wird. Die Emissionsbande selbst scheint dabei spektral im wesentlichen immer den nämlichen Charakter zu besitzen, wie sie oben nach Wood für die Erregung mit dem Al-Funken geschildert wurde; doch zerfällt sie nach Philipps nicht in zwei, sondern in vier Maxima, von denen zwei in den sichtbaren, zwei in den ultravioletten Teil der Bande entfallen. Während die Bandenfluoreszenz gegen Druckerhöhung im Hg-Dampf selbst innerhalb gewisser Grenzen ziemlich unempfindlich ist, wird sie durch die Anwesenheit atmosphärischer Luft von einigen Millimetern Druck vollständig vernichtet. Geringe Mengen von fremden Beimischungen hingegen begünstigen das Auftreten des Leuchtens[1]). Ebenso verschwindet die Fluoreszenz bei Erwärmung des Dampfes auf über 500°, auch wenn man die Dichte konstant hält — d. h. es handelt sich hier um einen reinen Temperatureffekt; das Absorptionsspektrum ändert sich dabei nicht merklich, während durch die Beimischung fremder Gase die Absorptionsbanden starke Verschiebungen und Verbreiterungen erfahren. Diese beiden Tatsachen, daß die Bandenfluoreszenz oberhalb einer bestimmten Temperatur oder in Anwesenheit von Luft nicht zustande kommt, scheinen verhältnismäßig leicht verständlich, wenn man die Banden gewissen instabilen komplexen Molekülen des Hg zuschreiben will, deren Bildung eben durch jene Umstände verhindert oder doch erschwert wird.

Der Vollständigkeit halber muß noch erwähnt werden, daß nach Steubing die ultravioletten Banden, die im Absorp-

[1]) Vgl. hierzu Seite 73 unten.

tionsspektrum des Hg-Dampfes und ebenso in der Emission des Hg-Bogens zwischen 2340 und 2300 vorkommen, bei Erregung mit ihrer Eigenwellenlänge auch in der Fluoreszenz wiederkehren, somit als echte Resonanzstrahlung. Die Richtigkeit dieser Angabe wird aber von Wood, dem das reichste Erfahrungsmaterial zur Verfügung steht, entschieden bezweifelt. Immerhin wäre es denkbar, daß unter geeigneten, zufällig gerade nur von Steubing getroffenen Bedingungen diese Resonanzemission vorhanden ist; sicher irrtümlich ist dagegen die gleichfalls gelegentlich aufgestellte Behauptung, daß bei Bestrahlung mit Licht der Wellenlänge 2330 Å der Hg-Dampf auch ionisiert wird; denn zur Lostrennung des Elektrons vom Hg-Atom bedarf es der 10,4 Volt entsprechenden Energie, d. h. einer Strahlung, deren Wellenlänge 1188 Å beträgt. ([201])

Auch beim Joddampf läßt sich — freilich etwas anders als beim Hg — in seinem ultravioletten Fluoreszenzspektrum sehr charakteristisch der Unterschied gegenüber dem früher besprochenen Resonanzspektrum verfolgen. Bei niedrigem Druck des Joddampfes sind wieder bei geeigneter erregender Strahlung beide Emissionsarten nebeneinander zu erkennen — falls nämlich das primäre Licht sowohl die für die Erregung der Resonanzstrahlung nötigen langen Wellen als auch solche des äußersten Ultraviolett enthält. Denn obwohl das ultraviolette Bandenspektrum mit seinen Ausläufern bis ins Blauviolett hineinreicht, kann es doch in allen seinen Teilen nur durch Licht hervorgerufen werden, dessen Wellenlängen unterhalb 2300 Å liegen. Bei Einschaltung eines Glyzerinfilters in den Gang der erregenden Strahlen verschwinden sämtliche, auch die langwelligeren Banden dieser ultravioletten Fluoreszenz. Anderseits bleibt das Spektrum immer dasselbe, gleichviel, welches die Wellenlänge des erregenden Lichtes ist, wenn sie nur dem richtigen Spektralgebiet angehört — am vorteilhaftesten unterhalb 2000 Å: das Resultat wird bei Verwendung eines Hg-Bogens, eines Al- oder Zn-Funkens nicht wesentlich geändert. Das Spektrum besteht aus etwa 80 engen Banden, die zwischen 4600 und 2100 Å in nicht ganz regelmäßigen Abständen aufeinanderfolgen. Im kurzwelligsten Teil betragen die Abstände von einem Bandenzentrum zum nächsten ziemlich konstant ca. 20 Å (in Wellenzahl ca. 40.), die Bandenbreite etwa 10 Å. Mehr gegen das Sichtbare zu werden die Banden schmaler, ihre Ordnung unübersichtlicher; besonders charakteristisch erscheint eine Gruppe von sieben regelmäßig distanzierten sehr scharfen Banden zwischen 3315 und 3175 Å. ([131]) ([132])

Wiederum finden wir hier im Gegensatz zum Resonanzspektrum, das nur in einem relativ engen Druckintervall beobachtbar war, eine sehr große Unabhängigkeit der Bandenfluoreszenz von Druck und Temperatur: selbst bei Erhitzung auf ca. 1000° ist sie noch immer merklich unverändert, wobei allerdings nicht angegeben wird, ob bei den betreffenden Versuchen für Sättigung gesorgt war, bzw. um welche Dampfdichte es sich handelt. Einwandfrei festgestellt ist jedenfalls, daß, während bei Zimmertemperatur beide Effekte nebeneinander bestehen, bei den hohen Temperaturen der eine ganz verschwindet und nur der andere erhalten bleibt. Auch dies scheint dafür zu sprechen, daß die Emissionsfrequenzen der ultravioletten Fluoreszenz in der Absorption des unerregten Joddampfes keine Rolle spielen, da sonst bei hoher Dampfdichte schon durch Selbstabsorption die Leuchtintensität herabgesetzt werden müßte.

Bei Erregung mit Funkenlicht von möglicherweise noch bedeutend kleinerer Wellenlänge ($<$ 1500 Å?) findet Wood eine isolierte relativ schmale Bande, die sich von 3379,7 bis 3435,3, also in einem Gebiet, über das sich auch die allgemeine ultraviolette Fluoreszenz erstreckt, das in dieser aber keineswegs ausgezeichnet ist. Was diese neue Bande aber vor allem auszeichnet, ist, daß sie aus (mindestens) zwölf sehr scharfen und kräftigen Linien besteht, was um so auffälliger ist, als die Beobachtungen nicht im Vakuum, sondern in einer Atmosphäre von nicht einmal besonders gereinigtem N_2 angestellt wurden. Gleichzeitig ist eine allerdings wenig intensive sichtbare blaugrüne Emission zu erkennen. Anwesenheit von Sauerstoff zerstört auch hier wieder die Leuchtfähigkeit, immerhin aber ist diese Fluoreszenz gegen äußere Störungen offenbar viel weniger empfindlich als die Resonanzstrahlung. ([137])

Teile des ultravioletten Jodfluoreszenzspektrums können auch in den Dämpfen von Hg-Jodid und Jodoform bei Temperaturen über 300° unter den für das Jod selbst beschriebenen Erregungsbedingungen erhalten werden. Und zwar treten in beiden Dämpfen jene sieben charakteristischen Banden zwischen 3315 und 3175 Å auf; doch handelt es sich dabei nicht einfach um die Fluoreszenz von durch die hohe Temperatur aus der Verbindung freiwerdendem Jod. Denn das Hg-Jodid zum mindesten zeigt außerdem noch eine ganze Reihe feiner, linienartiger Banden (so z. B. fünf zwischen 4360 und 3600 Å), die in reinem Jod nicht vorkommen. Kaliumjodid endlich gibt ein gänzlich verschiedenes Fluoreszenzspektrum bei Erregung mit kurzwelligem ultraviolettem Licht: zwei unregelmäßige Bandengruppen, die eine von 4047 bis 3340 Å, die andere von 3075 bis 2940 Å. ([132])

Eine weitere Serie von Elementen, deren Dämpfe zur Bandenfluoreszenz erregt werden können, bietet die sechste Vertikalreihe des periodischen Systems: Schwefel, Selen und Tellur. Ihre Spektren zeigen untereinander eine unverkennbare Verwandtschaft; sie bestehen aus einer großen Zahl dicht aufeinanderfolgender Banden, die sich ihrerseits aus häufig noch nicht ganz auflösbaren Linien zusammensetzen — also im Aussehen zunächst stark an die „kannelierten" Resonanzbanden des Joddampfes erinnernd. Aber die Erregungsbedingungen sind hier andere als dort. Jetzt nämlich schließt sich die Erregungsverteilung jeweils nach kurzen Wellen zu an das Emissionsspektrum an, so daß beide sich wohl noch mehr oder weniger überschneiden, aber gerade die am stärksten erregend wirkenden Wellenlängen nicht auch in der Emission wieder auftreten; dies wird deutlich durch die Tabelle 6 erläutert.

Steubing, der diese Fluoreszenz aufgefunden hat, ist zwar der Meinung, daß ihre Erregung mit monochromatischem Licht nicht möglich sei — und in der Tat gelingt sie ihm nicht mit dem Quecksilberbogen — sondern daß das Spektrum des primären Lichtes

Tabelle 6.

	Absorptionsbanden	Erregungsverteilung	Fluoreszenzemission
Schwefel	2500—3000	2400—3200	2900—4500
Selen	3600—4021	3000—ca. 4500	ultraviolett bis rot Maximum im Blau
Tellur	4000— ?	ca. 4000—5000	blau bis rot Maximum im Blaugrün.

annähernd das ganze kontinuierliche Erregungsgebiet bedecken muß, wie etwa der Kohlenbogen oder beim Schwefel vorteilhafter der Eisenbogen, um überhaupt merkliche Intensität in der Emission zu erhalten. Doch sprechen folgende Tatsachen gegen eine derartige Annahme: nicht nur die Helligkeit, sondern auch die

Farbe der Fluoreszenz des Schwefels sowohl als des Tellurs wird als verschieden angegeben, je nach der Natur der primären Lichtquelle; d. h. daß doch wohl je nach den in der erregenden Strahlung

Tabelle 7.

		Eisenbogen	Ag-	Zn-	Messing-	Hg-	Kohle-Bogen	Fe-Al-Funke	Mg-Cd-Funke
Fluoreszenzfarbe	Schwefel	blau	violettblau	blauviolett	hellblau	?	blauviolett	nicht zu beobachten	
	Tellur	blauviolett					blaugrün		
	Selen	,,					himmelblau		

enthaltenen Wellenlängen die Banden der Fluoreszenz in ungleicher Weise hervorgerufen werden und daß vermutlich in jedem Fall bei hinreichender Dispersion die Fluoreszenzspektren einen anderen Aufbau zeigen. Ferner wird die sichtbare Fluoreszenz des Selens kaum merklich verändert, wenn in den Gang des von einem Kohlenbogen herrührenden erregenden Lichtes eine dicke Glasplatte eingeschaltet wird, die für alle Wellenlängen < 3200 Å ganz undurchlässig ist. Dagegen treten bei Abwesenheit dieser Glasplatte, vor allem aber bei Erregung mit einem Fe-Bogen in der Emission des Selendampfes neue ultraviolette Banden bis hinunter zu etwa 3000 $\mu\mu$ auf, die ihren Ursprung offenbar einer Absorption im kurzwelligeren bisher noch unerforschten Teile des Absorptionsspektrums verdanken.

Es besteht demnach eine deutliche Abhängigkeit des Fluoreszenzspektrums von der spektralen Energieverteilung in der Primärstrahlung. Erst weitere Untersuchungen mit monochromatischer Erregung müssen darüber Aufklärung bringen, ob es sich hier nicht um Erscheinungen handelt, die den Resonanzspektren des Joddampfes sehr ähnlich sind. Dagegen scheint es nicht zulässig, eine solche Deutung bereits darum für erwiesen zu halten, weil von den ca. 150 schmalen Banden, die im Fluoreszenzspektrum des Schwefeldampfes bei Erregung mit dem Fe-Bogen gemessen wurden, etwa 20 mit schwächeren Eisenlinien koinzidieren — vielmehr muß dies Zusammentreffen vorläufig als ein zufälliges gelten. Denn diese Linien treten im Absorptionsspektrum des Schwefeldampfes nicht hervor, es gelingt nicht durch sie selbst irgendeine Art von Resonanzstrahlung hervorzurufen (indem sie überhaupt gar nicht dem Erregungsgebiet angehören), und endlich fehlt bisher auch noch der Beweis, daß sie nicht gerade ebenso vorhanden sind, wenn statt des Eisenbogens eine andere primäre Lichtquelle verwandt wird. Von größerem Interesse in dieser Hinsicht dürfte es sein, daß beim Selen- und Tellurdampf einige Absorptionsbanden mit Fluoreszenzbanden zusammenzufallen scheinen und also „umkehrbar“ sind.

Verunreinigung durch fremde Gase beeinträchtigt die Fluoreszenzfähigkeit sehr stark, geringe Spuren von Luft, ebenso von Schwefelwasserstoff bzw. Selenwasserstoff, vernichten sie im Schwefel- und Selendampf vollkommen, während der Tellurdampf sich etwas weniger empfindlich erweist. Aber auch der eigene Dampfdruck ist von maßgebender Bedeutung, und zwar sowohl in seiner Abhängigkeit von der Temperatur als von der Dichte. Vor allem der sehr elektronegative Schwefeldampf ist nur in stark überhitztem Zustande zur Fluoreszenz zu erregen, anfangend bei Temperaturen von 250° und mit einem Optimum bei ca. 500°; unter diesen Bedingungen ist der Dampf, der bei höheren Drucken und tieferen Temperaturen bis zu achtatomigen Molekülen enthält, fast ganz zu S_2-Molekülen dissoziiert, und diesen allein mag also die sichtbare Lumineszenz zugehören. Tatsächlich treten auch unter anderen Versuchsbedingungen im Absorptionsspektrum des Schwefeldampfes ganz andere Banden hervor, sowohl an der Grenze des Violett (4300 bis 3700 Å) als im äußersten Ultraviolett (unter 2500 Å), die wohl den komplexeren Molekülen zugeschrieben werden müssen. Oberhalb 600° fällt bei konstant gehaltener geringer Dichte die Fluoreszenzhelligkeit des Schwefeldampfes wieder ab, wohl weil sich nun die S_2-Moleküle in S-Atome zu dissoziieren beginnen. Beim Selen sind die Verhältnisse durchaus analog, nur liegt hier das Optimum der Helligkeit oberhalb 600°; steigert man bei dieser Temperatur die Dichte des (überhitzten) Dampfes von ihrem günstigsten Wert auf das Fünffache, so verschwindet dabei die Fluoreszenz allmählich ganz — auch hier wohl hauptsächlich wieder infolge der Bildung von Komplexmolekülen. Beim Tellur endlich liegt die optimale Temperatur noch höher, sicher oberhalb 650°, doch ist hier der Einfluß von Druck und Dichte bei weitem nicht so hervortretend als beim Schwefel und auch noch beim Selen. ([36]) ([37])

Die Dämpfe von Arsen und Phosphor zeigen bei äußerst geringer Dichte und hoher Temperatur, wenn sie mit dem Licht des Eisenbogens erregt werden, ebenfalls sichtbare Fluoreszenz; nähere Angaben hierüber fehlen noch. ([37])

Die spektrale Lage der Anregungsgebiete sowohl als der Emissionsspektren rückt mit abnehmendem Atomgewicht innerhalb der 6. Vertikalreihe des periodischen Systems nach kleineren Wellenlängen zu (vgl. Tabelle 6), und diesem Schema ordnet sich nach Steubing auch noch der Sauerstoff ein, der als erstes Element in dieser Reihe über dem Schwefel steht, und dessen Fluoreszenzbanden im äußersten Ultraviolett, unterhalb 2000 Å, liegen. O_2 zeigt in seinem Absorptionsspektrum in der Gegend von 1890 bis 1850 Å eine Anzahl diskreter Banden, während unterhalb 1850 Å ein Gebiet fast vollkommener Undurchlässigkeit sich anschließt. Bei elektrischer Erregung erscheinen in der Emission zwischen 1919 und 1830 Å fünf Banden, deren jede etwas über 10 Å breit ist. Die nämlichen Banden lassen sich durch Bestrahlung mit sehr kurzwelligem Licht in atmosphärischer Luft als Fluoreszenz hervorrufen, und zwar ist unter diesen Umständen auch ihre Struktur deutlich zu verfolgen: sie bestehen aus je 11 feinen Teilbanden, die nicht ganz regelmäßig gruppiert sind und deren Breite zwischen 0,2 und 2 Å variiert. Die Intensität nimmt innerhalb jeder Bande im wesentlichen in der Richtung nach größeren Wellenlängen zu ab, ebenso wie sie auch beim Übergange von einer Bande zur anderen im gleichen Sinne sinkt. Ob in Wahrheit das Spektrum sich noch weiter nach dem Ultraviolett zu fortsetzt, konnte bislang wegen der allzu großen Absorbierbarkeit der Strahlen nicht festgestellt werden.

Tabelle 8.

Fluoreszenzbanden von O_2 nach Steubing.

	I	II	III	IV	V
λ	1831,2—1845,5	1848,0—1863,5	1864,0—1881,3	1882,0—1899,4	1900,0—1919,2

Struktur von Bande II.

λ	1848,0	1848,7	1849,4	1850,6	1851,9	1853,3	1855,2	1856,8	1858,9	1861,5	1863,3
Intensität	37	42	47	47	44	42	41	39	37	36	34
Breite in Å	—	—	0,2	0,7	0,9	1,0	1,5	1,5	1,4	1,6	1,0

Die sämtlichen Banden werden durch das Licht des Hg-Bogens erregt, in dessen Spektrum wohl allein die sehr intensive Linie 1848 in Betracht kommt; noch kurzwelligere Linien, auch wenn sie vom Bogen ausgesandt werden, dürften durch das Quarzglas der Lampe quantitativ absorbiert werden. Ist dem so, dann müßte die Bande I der Tabelle als von „negativer Ordnung“ bezeichnet werden. Das Fluoreszenzspektrum des O_2 wird in genau derselben Weise durch den Aluminiumfunken hervorgerufen, der in der Nähe von 1850 ein sehr intensives Triplett und noch unterhalb 1850 einige kräftige Linien in seinem Spektrum aufweist. Auch hier also zunächst wieder Unabhängigkeit des Emissionsspektrums von der genauen Wellenlänge des erregenden Lichtes. Ein gewisser Einfluß der letzteren ist aber auch hier wieder nicht ganz zu übersehen: wenn durch starke Belastung der als Primärlichtquelle verwandten Hg-Lampe Selbstumkehr der erregenden Linie 1848 verursacht wird, fängt der gerade bei dieser Linie beginnende Kopf der Bande II (cf. Tabelle) an zu verschwinden, so daß deren Grenze, je heißer die Lampe, immer weiter nach größeren Wellen rückt; dasselbe scheint sich, allerdings weniger deutlich, auch bei den anderen Fluoreszenzbanden zu wiederholen. Bemerkenswert ist schließlich noch, daß diese Fluoreszenzbanden mit ihrer feinen Linienstruktur bei den hohen Partialdrucken des O_2 in der Atmosphäre und ungestört durch die Anwesenheit des Stickstoffes auftreten, während in fast allen sonst bekannten Fällen hoher Druck vor allem elektronegativer Gase die Fluoreszenzfähigkeit vernichtet.

Auch die anderen Bestandteile der atmosphärischen Luft — Stickstoff und Wasserdampf — sollen durch eine sehr kurzwellige und daher stark absorbierbare Strahlung, die von Funken zwischen Al- oder Cu-Elektroden in Luft ausgeht, zu ultravioletter Bandenemission erregt werden, doch sind diese von Wood und einigen Mitarbeitern untersuchten Erscheinungen noch nicht ganz aufgeklärt; im allgemeinen diente zur Bestimmung der wirksamen Wellenlängen nur die Schwächung der Fluoreszenz beim Einschalten verschiedener Filter in den primären Strahl, nur in einem Falle (siehe unten) wurde sie mit Hilfe eines Reflexionsgitters zu ca. 1300 Å gemessen. ([251]) ([258])

Es handelt sich dabei zunächst um zwei dem Stickstoff zugeschriebene schmale Banden: 3536 und 3369 Å, die auch im Emissionsspektrum elektrisch erregten Stickstoffs bekannt sind; in gereinigtem Gas — bei Abwesenheit von Sauerstoff — erscheint daneben mit größerer Intensität als die beiden ersten eine langwelligere Bande 3778 sowie eine stets nur schwache Bande bei ca. 2300, deren Anregungsgebiet augenscheinlich bei etwas größeren Wellenlängen liegt, als für die drei anderen; denn sie wird im Gegensatz zu jenen auch noch beobachtet, und zwar merklich ungeschwächt, wenn das Funkenlicht durch ein Quarzfenster in den Beobachtungsraum eintritt; dagegen wird auch sie durch Einschalten einer Glasplatte in den erregenden Strahl ganz ausgelöscht: möglicherweise kommt also hier für die Erregung Licht der eigenen Frequenz in Betracht. ([136])

Hierzu treten bei Anwesenheit von Wasserdampf noch zwei weitere Banden, von denen die eine 2064 Å immer sehr lebhaft ist — für sie wurde die erregende Wellenlänge 1300 Å festgestellt — während die andere bei 2811 nur in sehr feuchter Luft und auch dann wenig lebhaft erscheint. Die beiden Banden gehören dem sog. Bandenspektrum des Wasserdampfes an, wie es z. B. in der Knallgasflamme zu beobachten ist. Es scheint nicht ausgeschlossen, daß unter denselben Versuchsbedingungen auch Kohlensäure zur Emission einer Bandenfluoreszenz erregt werden kann — doch sind die hierunter vorliegenden Ergebnisse noch nicht ausreichend. ([137])

An die eben besprochenen Erscheinungen würde sich ganz folgerichtig die Fluoreszenz der organischen Dämpfe anschließen lassen. Denn von dem primitiven Phänomen der reinen Resonanzstrahlung einfacher Atome ist über die Bandenfluoreszenz mehratomiger Moleküle hin der stetige Übergang geschaffen worden zu den Prozessen, wie sie an jenen höchst komplexen Kohlenwasserstoffmolekülen zu beobachten sind. So kann z. B. Anthrazendampf durch Licht von Wellenlängen zwischen 4000 und 3000 Å zur Emission einer Fluoreszenzstrahlung erregt werden, die bei spektraler Zerlegung aus einer von 3650 bis 4700 sich erstreckenden Bande mit mehreren deutlichen Maximis besteht. Innerhalb der Erregungsverteilung, die sich gleichzeitig als ein Gebiet hoher Absorption erweist, vermag jede Wellenlänge in ganz gleicher Weise die Aussendung des gesamten und unveränderten Fluoreszenzspektrums hervorzurufen, gleichviel ob sie dem Überschneidungsbereich von Emissions- und Erregungsverteilung angehört oder nicht. Starke Erhöhung des Dampfdruckes vermindert die Leuchtfähigkeit, Beimischung elektronegativer Gase vernichtet sie ganz, während indifferente Gase nur geringe Schwächung zur Folge haben — dies alles in weitgehender Analogie mit der Bandenfluoreszenz anorganischer Dämpfe. ([47]) Anderseits aber ist für die organischen Verbindungen das Verhalten in flüssiger Lösung, im festen und im gasförmigen Zustand so eng verknüpft, daß es nützlicher erscheint, das ganze Gebiet in einem späteren Kapitel zusammenfassend zu behandeln.

V. Leuchtdauer und Polarisation der Fluoreszenzstrahlung von Gasen und der Einfluß magnetischer Felder.

Nach der klassischen Theorie wird der durch ein quasielastisch gebundenes Elektron dargestellte Resonator, indem er auf irgendeine Weise, etwa durch Absorption von Strahlung seiner Eigenfrequenz, zum Schwingen gebracht wird, seinerseits Strahlung der gleichen Frequenz aussenden, solange der Schwingungsvorgang fortdauert. D. h. auch nach Aussetzen des Erregungsprozesses wird die Emission noch so lange anhalten, bis die Amplitude des Resonators infolge seiner Energieabgabe durch die Strahlung wieder unendlich klein geworden ist — falls nicht noch anderweitige Kräfte eine raschere Dämpfung verursachen. Nach Drude berechnet sich diese Abklingungszeit bei bloßer Strahlungsdämpfung für die Wellenlängen des sichtbaren Spektralgebietes von der Größenordnung 10^{-8} sec.; der Verlauf der Abklingungskurve ist exponentiell. Wenn wie bei der optischen Erregung von Resonanzstrahlung eine große Zahl von Resonatoren gleichzeitig in Schwingungszustand versetzt wird, so wird in diesen allen der Vorgang parallel ablaufen, der Abklingungsprozeß im ganzen Gasvolumen ist nur eine vielfache gleichzeitige Wiederholung des einzelnen Elementarprozesses.

Wesentlich anders liegen die Verhältnisse bei Zugrundelegung der Bohrschen Vorstellungsweise: jetzt absorbiert nicht mehr jeder Resonator eine allmählich wachsende Energiemenge, die dann als Strahlung, immer im Verhältnis zur eben vorhandenen Schwingungsamplitude wieder emittiert wird. Sondern jeder Elementarprozeß besteht in der einmaligen Aufnahme des Energiequants $h \cdot \nu$ unter gleichzeitiger Versetzung eines Elektrons von der Grundbahn auf die betreffende äußere Quantenbahn, und dann wieder in der einmaligen Abgabe des gleichen Energiequants, welche den umgekehrten Elektronensprung begleitet. Zwischen diesen beiden Momenten liegt ein Zeitintervall, in dem das Atom Energie weder absorbiert noch emittiert, und über dessen mögliche Länge zunächst sich gar nichts aussagen läßt. Vermutlich wird die Häufigkeit der Rückkehr aus dem erregten in den stabileren Anfangszustand sich nach einem Wahrscheinlichkeitsgesetz regulieren, ähnlich wie es beim Zerfall radioaktiver Elemente gilt, so daß in jedem Augenblick die Zahl der sich zurückbildenden, d. h. Licht emittierenden Atome proportional der Zahl eben vorhandener erregter Atome ist. So gelangt man, wenn, nachdem eine große Menge von Atomen erregt worden ist, die erregende Ursache plötzlich beseitigt wird, wieder zu einem Exponentialgesetz für den Abfall der Leuchtintensität; nun aber nicht mehr, weil jedes einzelne Atom für sich in dieser Weise abklingt, sondern allein darum, weil eine große Menge erregter Atome gleichzeitig vorhanden ist. Da jedoch beide Überlegungen zu der nämlichen Gesetzmäßigkeit führen, ist es nicht möglich durch experimentelle Messung der Abklingungsperiode zu einer Entscheidung zugunsten der einen oder der anderen zu gelangen.

Freilich ist es keineswegs sicher, ob man wirklich den eigentlichen Emissionsvorgang, im Bohrschen Atommodell also den Elektronensprung, als vollkommen momentan oder doch als zu vernachlässigend kurz gegenüber der „mittleren Lebensdauer" des erregten Atoms ansprechen darf. Diese scheint tatsächlich nur etwa 10^{-8} sec. zu betragen, und es ist nicht ohne weiteres zu verstehen, wie Wellenzüge von der Frequenz 10^{15} und von so hoher Interferenzfähigkeit, daß man zuweilen 10^{6} und mehr kohärente Wellen annehmen muß, in einer gegen 10^{-8} sec praktisch unendlich kurzen Zeit emittiert werden sollen. Doch ist ja über die Art, wie bei dem Elektronensprung im Außenraum die Wellen zustande kommen, in der Bohrschen Theorie vorläufig überhaupt noch nichts ausgesagt. Wenn aber die Dauer des Emissionsprozesses selbst im Vergleich mit der „mittleren Lebensdauer" nicht sehr klein ist, dann würden die beiden Vorgänge im wirklich beobachtbaren Abklingungsprozeß sich überlagern. Aber auch die Möglichkeit, eine derartige Superposition experimentell nachweisen zu können, muß vorläufig noch als sehr zweifelhaft erscheinen.

Es liegt kein Grund vor, anzunehmen, daß der Abklingungsvorgang — zum mindesten in den Fällen einfacher Linienemission — abhängig sein sollte von der Art der Erregung: ist das Elektron durch irgendeine Ursache auf eine äußere Quantenbahn gehoben worden, so wird die Wahrscheinlichkeit, daß es innerhalb einer bestimmten Zeit auf seine Normalbahn zurückgelangt, nicht durch die Vorgeschichte bedingt sein. Und weiter darf man wohl vermuten, daß wenigstens der Größenordnung nach die Leuchtdauer für die verschiedenen Serienlinien verschiedener Elemente dieselbe ist. An Kanalstrahlen — und zwar speziell an Wasserstoffkanalstrahlen — sind verschiedentlich Messungen der Abklingungsgeschwindigkeit vorgenommen worden. Man hat hier den Vorteil, daß die leuchtenden Moleküle sich in einer bestimmten Richtung mit großer und meßbarer Geschwindigkeit fortbewegen. Man braucht also nur in einem Beobachtungsraum, in dem infolge niedrigen Gasdrucks keine neuen Erregungsprozesse mehr möglich sind, den Abfall der Lichtintensität entlang dem leuchtenden Strahl zu messen. So erhält man für die Abklingungskurve wirklich einen exponentiellen Verlauf und berechnet eine mittlere Lebensdauer von ca. 10^{-8} sec.[1])

Bei der Lichterregung durch Absorption primärer Strahlung, also bei der Fluoreszenz, sind die Bedingungen für die direkte Messung der Leuchtdauer sehr viel ungünstiger. Die Verwendung eines Phosphoroskops, d. h. eine Beobachtung des Nachleuchtens nach mechanischer Abblendung der erregenden Lichtquelle, ist bei der Kürze der in Betracht kommenden Zeit ganz aussichtslos. Und die hier allein vorhandene thermische Bewegung der Moleküle besitzt zu geringe Geschwindigkeit, um in Analogie zu dem bei den Kanalstrahlen benutzten Verfahren das Leuchten in meßbarer Entfernung vom Punkte der Erregung noch verfolgen zu können. Mehrfache in dieser Richtung angestellte Versuche sind daher stets erfolglos gewesen und liefern nur eine obere Grenze für die Leuchtdauer.

Wenn man aus einem erhitzten, mit Na-Dampf gefüllten Gefäß durch ein enges Rohr die durch die Wärmebewegung in der Achsenrichtung dieses Rohres fortgeführten Moleküle austreten läßt, indes alle auf die kühl gehaltenen Rohrwände auftreffenden Moleküle sich kondensieren, entsteht ein von Dunoyer als

---

[1]) W. Wien, Ann. d. Phys. **60**, 597 (1919); A. J. Dempster, Phys. Rev. (2) **15**, 138 (1920). — Auf etwas anderem Wege erhält J. Stark gleichfalls für die Abklingungszeit in Kanalstrahlen als Grenzen $6 \cdot 10^{-7}$ bis $7 \cdot 10^{-10}$ sec. Ann. d. Phys. **49**, 731 (1916).

„eindimensionales Gas" bezeichneter Molekülstrahl. Erregt man in diesem durch ein in der Richtung senkrecht zur Fortbewegung der Moleküle scharf begrenztes Lichtbündel optische Resonanz (vgl. Fig. 8), so erscheint der leuchtende Streifen gegen den Strahlengang des primären Lichtes nicht verschoben noch auch an den Rändern unscharf verwaschen. D. h. die Abklingungsperiode muß so kurz sein, daß die erregten Moleküle keinen merklichen Weg längs des „Molekülstrahles" zurücklegen. (42) Das gleiche negative Ergebnis erhält man an einem Joddampfstrahl, der durch Sonnenlicht zur Fluoreszenz gebracht wird. (249) — In einem mit Hg-Dampf gefüllten Rohr, in welchem durch Licht der Wellenlänge 2536,7 Resonanzstrahlung hervorgerufen wird, ist diese auch außerhalb des primären Strahlenbündels noch zu beobachten; das wurde anfänglich im Sinne eines wahrnehmbaren Nachleuchtens gedeutet, als ob manche erregten Moleküle, ehe sie die aufgenommene Lichtenergie ganz abgegeben, durch die thermische Bewegung um eine meßbare Strecke fortgetragen würden. Bei einer Geschwindigkeit von 170 m pro Sek. würde das auf eine Abklingungszeit von etwa 10^{-5} sek. schließen lassen. Es liegt hier aber sicher eine falsche Deutung des experimentellen Befundes vor, und die Erscheinung ist nicht nur teilweise, sondern ganz auf sekundäre Resonanz zurückzuführen, indem im nicht ursprünglich bestrahlten Raum befindliche Atome die von den direkt erregten Atomen ausgesandte Strahlung absorbieren und dann ihrerseits reemittieren. Es ist das eine natürliche Folge der außerordentlich hohen Absorbierbarkeit der eigenen Resonanzstrahlung im Hg-Dampf auch von niedrigem Druck. (248)

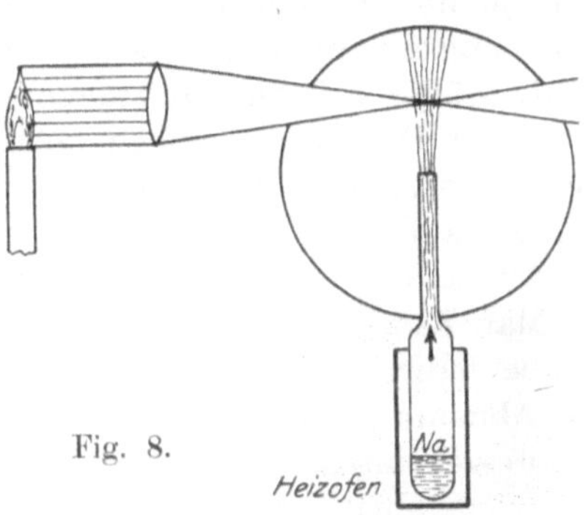

Fig. 8.

Fluoreszierender Molekülstrahl nach Dunoyer.

Im Joddampf dagegen, wo die Absorption in den Linien des Resonanzspektrums eine sehr viel geringere ist, spielt dies Phänomen keine merkliche Rolle, und so zeigt der Raum, von dem das Fluoreszenzlicht ausgeht, stets dieselbe scharfe Begrenzung wie das primäre Strahlenbündel. Die Lage dieser Begrenzung verschiebt sich auch bei mikroskopischer Beobachtung nicht im geringsten, wenn man unter Konstanthaltung aller anderen Bedingungen den Dampfdruck von 0,2 mm auf 0,03 mm Hg erniedrigt, was eine Erhöhung der mittleren freien Weglänge von 0,09 mm auf 0,6 mm zur Folge hat. Da diese Strecke bei 150 m/sek. Geschwindigkeit in $4 \cdot 10^{-6}$ sek. von den Molekülen durchlaufen wird, müßte bei einer mittleren Leuchtdauer von 10^{-6} sek. die genannte Druckerniedrigung noch eine merkliche Verschiebung der Leuchtgrenze verursachen. 10^{-6} sek. muß also als die experimentell aufgefundene obere Grenze für die Abklingungszeit der Jodfluoreszenz betrachtet werden. ([201])

Man hat dann weiter versucht, den wirklichen Wert dieser Größe indirekt abzuleiten, und zwar aus den Messungen über die Abnahme der „molekularen Fluoreszenzhelligkeit" (d. h. der Fluoreszenzintensität umgerechnet auf gleiche Molekülzahl pro Volumeneinheit; vgl. hierüber S. 44) bei wachsender Dampfdichte. Dabei wird vorausgesetzt, daß die relative Helligkeitsverminderung lediglich durch Zusammenstöße erregter Moleküle mit anderen Molekülen bedingt wird, indem jeder solche Zusammenstoß eine vollständige Vernichtung der Leuchtfähigkeit eines erregten Moleküles herbeiführt. Unter dieser Annahme ist die mittlere Abklingungszeit τ gleich der mittleren „Stoßzeit" (dem zwischen zwei Kollisionen liegenden Zeitintervall) bei dem Dampfdruck, für den die molekulare Fluoreszenzhelligkeit auf die Hälfte des Maximalwertes gesunken ist. Dieser Halbwertsdruck liegt für den Joddampf bei 0,078 mm Hg, und dem entspricht unter Zugrundelegung der gaskinetischen Moleküldimensionen: $\tau = 1{,}5 \cdot 10^{-6}$ sek. Auch die Oberflächenresonanzstrahlung des Hg nimmt mit wachsender Dampfdichte an Intensität ab: bei ca. 3 mm Druck sinkt sie auf die Hälfte der maximalen Helligkeit[1]), und falls man hier dieselbe Erklärungsweise durchführen will, kommt man zu einer Abklingungsdauer von gleicher Größenordnung. ([201])

Die so gefundenen Werte sind nun nach der vorher angegebenen oberen Grenze fast sicher zu groß; doch liegt die Vermutung nahe, daß für die leuchtenden Moleküle nicht die normalen Radien der

---

[1]) Die dafür vorliegenden Intensitätsschätzungen durch photographische Aufnahmen besitzen freilich nur qualitativen Wert.

kinetischen Gastheorie angesetzt werden dürfen, daß vielmehr die erregten Moleküle wesentlich größere Durchmesser besitzen, weil in ihnen die peripheren Elektronen sich auf Bahnen in größerem Abstand vom Kern bewegen. Dem entsprechen dann auch beim gleichen Dampfdruck kleinere freie Weglängen und kürzere Stoßzeiten. Mit Hilfe einiger freilich nicht von einer gewissen Willkür freien Annahmen über diese Verhältnisse kann man so aus den erwähnten Messungen am Joddampf zu einer Abklingungsperiode von der Größenordnung 10^{-8} sek. gelangen. Doch muß gegen das ganze Prinzip dieser Berechnung ein Einwand erhoben werden. Wenn die Schwächung der molekularen Fluoreszenzhelligkeit bei Steigerung der Dampfdichte nur der Verkürzung der mittleren Stoßzeiten zugeschrieben werden soll, dann muß genau die gleiche Wirkung erzielt werden, wenn bei konstanter Dichte die Temperatur erhöht wird: da hierbei die freien Weglängen sich praktisch nicht ändern, die Geschwindigkeiten aber mit der Wurzel aus der absoluten Temperatur steigen, müßte eine Verdoppelung der absoluten Temperatur — also etwa die Erwärmung von Zimmertemperatur auf etwas über 300° — dieselbe Schwächung der Fluoreszenzhelligkeit zur Folge haben, wie eine Druckerhöhung auf das $\sqrt{2}$fache, d. h. auf das 1,42fache bei konstanter Temperatur. Da in Wahrheit aber die Schwächung im ersten Fall weniger als 10%, im zweiten Fall über 30% beträgt, müssen hier zur relativen Intensitätsverminderung außer der Verkürzung der mittleren Stoßzeit noch andere Ursachen beitragen, und damit fällt die Grundlage für die Berechnung der Nachleuchtdauer[1]). ([181])

Eine andere Art von Überlegung könnte vielleicht in dieser Richtung weiter führen: es zeigt sich, daß die Stromstärke einer leuchtenden elektrischen Entladung im Joddampf beträchtlich (bis zu 30% bei den betreffenden Versuchen) verstärkt wird, wenn man den Joddampf durch gleichzeitige Belichtung zur Fluoreszenz erregt. Es könnte das so gedeutet werden, daß die erregten Moleküle ein geringeres Ionisierungspotential besitzen als im Normalzustande, und daß folglich Elektronen bereits nach Durchlaufen eines geringeren Spannungsgefälles imstande wären, sie

---

[1]) Nicht berücksichtigt ist z. B. bei der Auswertung der molekularen Fluoreszenzhelligkeit die Schwächung durch Selbstabsorption im Dampf, die bei großen Dampfdichten sehr beträchtlich sein kann.

durch Stoß zu ionisieren. ([53]) Faktisch wurde auch neuerdings die Ionisierungsspannung in fluoreszierendem Jod zu 7,5 Volt gefunden gegenüber 10 Volt für nicht erregten Joddampf, und diese Differenz von 2,5 Volt entspricht mit guter Annäherung der Energie $h \cdot \nu$, wenn man für ν die Frequenz der zur Fluoreszenzerregung verwandten grünen Quecksilberlinie einsetzt, d. h. also der Energie, die das Molekül aufnimmt, wenn es vom normalen in den erregten Zustand versetzt wird. ([33]) An sich ist es nun bei jeder dieser beiden Beobachtungen äußerst unwahrscheinlich, daß die im Verhältnis zur Gesamtzahl der Moleküle sehr geringe Menge von erregten Molekülen eine merkliche Wirkung ausübt — solange man nämlich die Zahl der erregten Moleküle wesentlich mit derjenigen der in jedem Augenblick gerade leuchtenden Moleküle identifiziert. Wenn aber das Zeitintervall, das zwischen dem Moment der Absorption und dem der Emission liegt, relativ lang ist, kann die Zahl der erregten Moleküle sehr viel größer werden, und so könnten jene Messungen über die elektrischen Vorgänge im Dampf evtl. Aufschluß über die Abklingungsdauer geben. Freilich scheint es auch nicht ausgeschlossen, daß der Einfluß der Belichtung auf die leuchtende Entladung irgend einer sekundären Ursache zuzuschreiben ist, während anderseits das niedrige Ionisierungspotential des fluoreszierenden Joddampfes noch nicht als hinreichend sichergestellt angesehen werden darf. Man ist somit für die Schätzung der Leuchtdauer der Fluoreszenz in Gasen bislang ausschließlich auf die Analogie mit den Kanalstrahlen angewiesen.

Ein Fall jedoch ist bekannt, in welchem die sekundäre Lichtemission, die in einem Gase durch primäre Lichtstrahlen ausgelöst wird, eine merkliche Zeit nach Aussetzen der Erregung anhält. Bei leuchtenden elektrischen Entladungen sind derartige Beispiele vielfach beobachtet worden, in denen die Leuchterscheinung nach Ausschalten der Spannung fortbesteht oder auch durch einen Gasstrom als leuchtende Wolke ganz aus dem elektrischen Feld herausgeblasen werden kann. Es handelt sich dabei wohl stets um durch den elektrischen Strom hervorgerufene chemische Umsetzungen, die sich unter Lichtemission zurückbilden; besitzen jene chemischen Neubildungen einige Stabilität, so wird das Leuchten auch nach Beseitigung der erregenden Ursache eine Weile weiterdauern.

Auf Seite 55 wurde die Bandenfluoreszenz des Hg-Dampfes beschrieben, die neben der Resonanzstrahlung, vor allem in Dampf größerer Dichte, bei Erregung mit einer Hg-Bogenlampe auftritt, und es wurde dort bereits auf eine weitere Verschiedenheit in dieser Bandenfluoreszenz je nach der besonderen Natur der Primärstrahlung hingewiesen. Ist nämlich die Hg-Bogenlampe relativ kühl, so daß die dem Linienzentrum unmittelbar benachbarten Teile der Linie 2536,7 nicht durch Selbstumkehr vernichtet werden, so wird diese Strahlung in einem Rohr, das mit Hg-Dampf von ca. 1 cm Druck gefüllt ist, in einer nicht sehr tiefen Dampfschicht absorbiert und erregt dabei die sichtbare Fluoreszenz — es handelt sich hier nicht um den eigentlich zentralen Teil der Linie und die von ihm hervorgerufene Resonanzstrahlung, die bei dem erwähnten Druck nur mehr als Oberflächenresonanz auftritt. Wird die Fluoreszenz in einem bewegten Strahl überdestillierenden Hg-Dampfes erzeugt, so wird sie im Gegensatz zu allen vorher mitgeteilten Beobachtungen von dem Strahl mitgenommen, und zwar deutlich verfolgbar über eine Strecke bis zu 50 cm; das bedeutet eine Nachleuchtdauer von der Größenordnung 10^{-3} sek. Diese Erscheinung ist nicht wahrzunehmen, wenn die Fluoreszenz durch das Licht eines Cd-Funkens oder auch durch die äußersten Teile der verbreiterten Linie 2536 — die bedeutend tiefer in den Hg-Dampf eindringen — hervorgerufen wird. Dabei sind, soweit das bisher vorliegende Material reicht, die beiden Arten der Bandenfluoreszenz spektral identisch. Was die Erregung im einen Fall besonders auszeichnet, ist noch völlig ungeklärt, doch spricht auch das Phänomen der langsamen Abklingung unbedingt wieder für die Auffassung, daß die Bandenfluoreszenz des Hg-Dampfes in der Tat nicht den einfachen Atomen, sondern irgendeiner chemischen Modifikation zugeschrieben werden muß. ([171])

Von besonderer Bedeutung ist es hier nun, daß die Erscheinung des Nachleuchtens nur dann mit einiger Lichtstärke zu beobachten ist, wenn der Dampfdruck im Rohr an der Beobachtungsstelle nicht zu niedrig ist; und zwar ist es dabei gleichgültig, ob infolge der herrschenden Temperatur der Hg-Dampf selbst die nötige Dichte hat, oder ob der Dampfdruck durch Zusatz fremder Gase — Luft, Stickstoff, Argon usw. — entsprechend erhöht wird. Je größer man diesen Druck wählt, desto intensiver wird das Nachleuchten, und auf desto kürzerer Strecke klingt es ab. Es hat also unbedingt den Anschein, als ob die durch das Licht erregten Atome oder Moleküle erst durch den Zusammenstoß mit anderen Molekülen zum Leuchten gebracht würden. Nach J. Franck sind zunächst die durch Aufnahme von Strahlung der Frequenz 2537 erregten Hg-Atome imstande, mit anderen Hg-Atomen Hg_2-Moleküle zu bilden. Kollidieren diese mit anderen Atomen, so springt das Elektron auf die Normalbahn zurück, wobei nun wie stets bei mehratomigen Molekülen keine Einzellinie, sondern eine Bande zur Emission gelangt; dadurch wird aber das Molekül instabil und zerfällt wieder. Wegen des hohen Atomgewichtes des Quecksilbers hätten die Hg_2-Moleküle ein größeres Trägheitsmoment als etwa die Moleküle des J_2, und wegen der dementsprechend kleinen Quanten der Rotationsenergie kämen die einzelnen Linien der Banden viel näher aneinander zu liegen ([51]) — so dicht, daß sie nicht mehr aufgelöst werden können. Für die Erregung der Banden durch andere Wellenlängen müßten wie gesagt noch besondere Hypothesen aufgestellt werden[1]).

Ein weiterer Umstand, der in gewisser Beziehung mit der Dauer der Fluoreszenz zu stehen scheint, ist die partielle Polarisation der von Gasen ausgesandten Fluoreszenzstrahlung, wie sie in bestimmten Fällen beobachtet wird. Wenn im Sinne der klassischen Theorie die Elektronen, deren Schwingungen im Molekül die Absorption und Emission monochromatischen Lichtes verursachen, im Molekül ohne bestimmte Vorzugsrichtung beweglich sind, dann muß, falls das erregende Licht linear polarisiert ist, die Schwingung des absorbierenden Elektrons vollständig dem elektrischen Vektor folgen. Also muß, wenn man in einer Richtung senkrecht zum Primärstrahl beobachtet, das Fluoreszenzlicht gleichfalls linear polarisiert sein, und seine Intensität muß ein Maximum besitzen für die Beobachtungsrichtung, die senkrecht zum elektrischen Vektor steht, während sie in Richtung dieses

[1]) Ebenso auch für das Vorhandensein der auf Seite 56 erwähnten Absorptionsbanden im unerregten Hg-Dampf; diese müßte man etwa stets, wenn auch in kleiner Zahl existierenden Hg_2-Molekülen zuschreiben; und solche nicht erst durch die Erregung mit der Resonanzfrequenz entstehende Moleküle könnten dann auch durch die Linien des Al-Funkens usw. zur Fluoreszenz gebracht werden Doch enthalten derartige Vermutungen vorläufig noch allzuviel Hypothetisches.

Vektors gleich Null wird. Sind dagegen die Elektronen im Molekül vollkommen anisotrop gebunden, so daß sie nur entlang einer bestimmten im Molekül festen Achse schwingen können, so wird, da ja im Gase stets Moleküle jeder beliebigen Orientierung vorhanden sein werden, auch bei linearer Polarisation der Primärstrahlung das Fluoreszenzlicht nicht mehr vollständig polarisiert sein. Immerhin aber werden diejenigen Moleküle, deren „Schwingungsachse" gerade parallel dem elektrischen Vektor des erregenden Lichtes steht, am stärksten, die mit hierzu senkrechter Schwingungsachse aber gar nicht erregt werden. Eine Integration ergibt, daß unter diesen Umständen das Fluoreszenzlicht in der Beobachtungsrichtung senkrecht zum Primärstrahl und senkrecht zum elektrischen Vektor noch zu 33% polarisiert ist, während in Richtung des elektrischen Vektors nicht mehr die Intensität Null, sondern eine $^2/_3$ so große Intensität der Fluoreszenzstrahlung zu erwarten ist wie senkrecht dazu, und zwar ohne jede Polarisation.[29]

Da im Bohrschen Modell keinerlei Annahmen darüber gemacht werden, in welcher Weise bei der Elektronenübergängen die Wellenzüge entstehen, fehlt hier zunächst das Analogon zu den obigen Ausführungen. Um aber überhaupt die Bedingungen, unter denen linear polarisiertes Licht absorbiert bzw. emittiert wird, deuten zu können, muß man irgendeine Beziehung zwischen der Bewegung der Elektronen und der Polarisation der daraus resultierenden Strahlungsprozesse voraussetzen, etwa in der Art, daß die Lage des elektrischen Strahlungsvektors irgendwie durch die Ebene der Quantenbahnen, zwischen denen das Elektron überspringt, bedingt wird. Die so definierte Richtung würde dann die Rolle spielen, die im klassischen Modell der möglichen Schwingungsrichtung des Resonanzelektrons zukam. Nur darf jetzt natürlich wieder nicht mehr bei beliebiger Orientierung der Moleküle je nach der Stellung der Schwingungsachse zum elektrischen Vektor von einer Erregung mit größerer oder kleinerer Amplitude gesprochen werden, sondern die Intensitätsunterschiede ergeben sich aus einer vermehrten oder verminderten Wahrscheinlichkeit der Elektronenübergänge in den verschieden orientierten Molekülen.

Es ist nun aber zum mindesten bei mehratomigen Molekülen, falls die Emissionsdauer nicht unendlich kurz ist und falls die

Schwingungsachse im Molekül feststeht und daher seine Bewegung mitmacht, auch noch die thermische Rotation zu berücksichtigen. Für den an sich schon unpolarisierten Anteil der Sekundärstrahlung bleibt diese ohne Bedeutung; der linear polarisierte Anteil hingegen, also 33% der Gesamtintensität in der einen Beobachtungsrichtung, muß dadurch weiterhin depolarisiert werden. In der Figur 9 sei Z die Richtung des Primärstrahles, X die des elektrischen Vektors, und Y die Beobachtungsrichtung. Beschränkt man sich der Einfachheit halber auf Rotationen um die drei Koordinatenachsen, so wird eine Drehung des Moleküls um die X-Achse die Polarisation unverändert lassen; eine Drehung um die Z-Achse wird die Polarisation auch nicht verringern, wohl aber die Intensität auf die Hälfte herabsetzen; endlich eine Drehung um die Y-Achse wird vollständige Depolarisation zur Folge haben. D. h. eine ohne Rotation streng linear polarisierte Strahlung wird jetzt nur noch zu $^3/_5$ polarisiert sein; eine exakte Durchführung der Rechnung unter Berücksichtigung aller möglichen Rotationsrichtungen führt zahlenmäßig zu einem etwas kleineren Wert, im Prinzip jedoch zum selben Resultat.

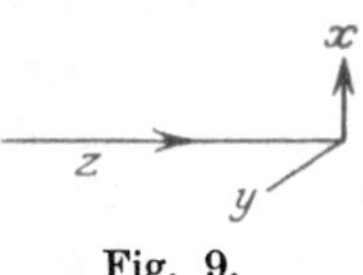

Fig. 9.

Der hier behandelte Grenzfall entspricht wohl kaum dem wahren Sachverhalt, zum mindesten nicht im allgemeinen. Die sichtbare Bandenfluoreszenz des Hg-Dampfes, ebenso des Anthrazens und vermutlich aller organischen Dämpfe ist ganz unpolarisiert; hier mögen eben offenbar zwischen der Absorption des polarisierten Primärlichtes und der Reemission der Fluoreszenz sich bereits komplizierte Zwischenprozesse einschalten. Anders steht es aber um die Resonanzstrahlung der Linie 2536,7 im Hg-Dampf (259) und der D-Linien-Oberflächenresonanz im Na-Dampf hoher Dichte, (43) die gleichfalls stets unpolarisiert sind. Diese Resonanzstrahlen werden in den betreffenden Dämpfen ungemein stark absorbiert, daher gelangt zum Auge des Beobachters fast nie die von dem ersten direkt absorbierenden Atom ausgesandte Strahlung, sondern diese wird noch ein zweites, drittes, evtl. noch viele Male absorbiert und reemittiert, ehe sie aus dem dampferfüllten Raume austritt, und da jeder dieser Prozesse mit einem beträchtlichen Grad von Depolarisation verbunden ist, so ist zum Schluß von einer Polarisation überhaupt nichts mehr zu erkennen.

Dagegen ist im Na-Dampf geringerer Dichte die D-Linien-Volumenresonanz zu einigen Prozent polarisiert (wohl verschieden je nach der meist nicht berücksichtigten Dampfdichte und der daraus resultierenden tertiären Resonanz), während dies merkwürdigerweise für die zweite Hauptserienlinie 3303 wieder nicht mehr gelten soll. ([212]) Am besten zu beobachten aber ist die Polarisation des Fluoreszenzlichtes in den Resonanzspektren der Alkalimetalldämpfe sowie des Joddampfes. Der Polarisationsgrad beträgt im allgemeinen — die Angaben schwanken je nach den Versuchsbedingungen nicht unbeträchtlich — zwischen 10% und 40%, falls das erregende Licht linear polarisiert ist und der elektrische Vektor sowie die Beobachtungsrichtung so liegen wie in der Figur. Ist das erregende Licht unpolarisiert, so wird der Polarisationsgrad auf etwa den halben Wert herabgedrückt, da nun von dem parallel der Y-Achse schwingenden elektrischen Vektor herrührend noch eine völlig unpolarisierte Komponente der Sekundärstrahlung hinzutritt.

Es bestand zunächst die Meinung, daß die aus der Molekülrotation resultierende Depolarisation mit der Drehgeschwindigkeit zunehmen müßte, d. h. also bei konstanter Temperatur mit abnehmendem Molekulargewicht oder für eine gegebene Molekülsorte mit wachsender Temperatur. Daß dies tatsächlich nicht zutreffen dürfte, zeigt eine einfache Überlegung: ohne irgendwelche speziellen Annahmen zu machen, muß die Rotationsfrequenz der Moleküle sicher von der Größenordnung 10^{11} in der Sekunde angesetzt werden. Wenn nun aber die Abklingungsperiode von der Größenordnung 10^{-8} sek. ist, macht demgemäß im Durchschnitt jedes Molekül, ehe es die aufgenommene Energie wieder emittiert, tausend volle Umdrehungen; da kann eine nochmalige Verdoppelung oder Verdreifachung der Rotationsgeschwindigkeit keinen Einfluß mehr haben. Darum ist auch bei der auf S. 76 angestellten Überlegung vorausgesetzt worden, daß die Dauer der einzelnen Rotation gegenüber der Abklingungsdauer immer sehr klein ist; auch dann wird, wie wir sahen, die Polarisation nicht vollkommen zerstört, und sie wird von der absoluten Größe der Rotationsfrequenz unabhängig. Das Experiment hat allerdings für die Alkalidämpfe eine gewisse Variation des Polarisationsgrades mit der Temperatur ergeben (vgl. Tabelle 9), die aber vermutlich wesentlich durch die gleichzeitige Veränderung der Dampfdichte hervorgerufen wird. Denn wenn man dafür sorgt, daß von einer bestimmten Temperatur ab der Dampf überhitzt ist, also die Dichte konstant bleibt, so ist die Abnahme der Polarisation bei weiterer Erwärmung eine sehr viel geringere (siehe die mit *K'* bezeichnete Horizontalreihe in der Tabelle).

Tabelle 9.

Polarisationsgrad p der Fluoreszenz bei unpolarisierter Erregung.

Temperatur	400°	350°	300°	250°	Untere Grenze der Fluoresz.	p extrapoliert
Rb	12	12,5	14,5	17,5	180°	24
K	8	16	21	19	215°	15
K' [1]	16,5	20	21	—		
Na	15,5	19	19	—	210°	10

Man sieht aus der Tabelle weiter, daß die relativen Werte für die Polarisationsgrade bei den drei Metalldämpfen je nach der Temperatur sehr verschieden sind, indem die Temperaturabhängigkeitskurven ganz ungleichartige Gestalt haben. Durch eine äußerst kühne Extrapolation dieser Kurven, die in Fig. 10 reproduziert sind, hat Dunoyer die Polarisationsgrade für die tiefsten Temperaturen berechnet, bei denen eben noch Fluoreszenz wahrzunehmen ist — die so erhaltenen Werte sind in der letzten Vertikalreihe der Tabelle zusammengestellt. Danach soll der Polarisationsgrad wirklich mit steigendem Molekulargewicht und somit abnehmender Rotationsgeschwindigkeit wachsen. Diese Schlußfolgerung ist aber ganz willkürlich; man braucht bloß darauf hinzuweisen, daß z. B. nach den bei 350° wirklich gemessenen Zahlen die Reihenfolge sich gerade umkehrt. Im übrigen darf nicht vergessen werden, daß man gar nicht weiß, welchen Molekülen die komplizierten

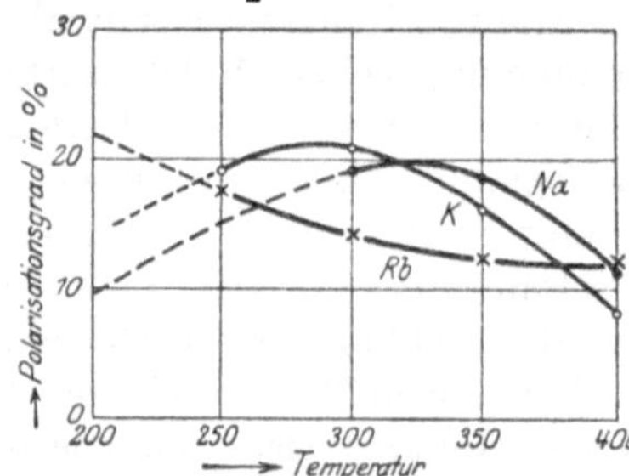

Fig. 10. Polarisation der Fluoreszenzstrahlung von Alkalidämpfen nach Dunoyer.

[1]) K' ist Kaliumdampf, der oberhalb 300° überhitzt ist; in den anderen Fällen immer Sättigung.

Bandenspektren zugehören, die in der Fluoreszenz der Alkalidämpfe beobachtet werden, und wie diese Moleküle selbst sich mit der Temperatur ändern mögen. (40)

Mit Rücksicht hierauf liegen die Dinge beim Joddampf wesentlich einfacher. Der Polarisationsgrad der Jodfluoreszenz ist, wenn das erregende Licht linear polarisiert ist, von der Größenordnung 16 bis 20%, also trotz des höheren Atomgewichts und der tieferen Temperatur merklich geringer als für die Dämpfe der Alkalimetalle. Er ist immer derselbe, gleichviel welches die Wellenlänge des erregenden Lichtes sein mag; und er ist bei Erregung mit monochromatischem Licht über alle Linien des Resonanzspektrums hin konstant; insbesondere ist die mit der erregenden Linie der Frequenz nach identische „Resonanzlinie" in keiner Weise vor den übrigen ausgezeichnet. (250) Dieses Resultat bestätigt sich auch für die Resonanzspektren des Na-Dampfes. (230) Das erschien als einigermaßen merkwürdig, solange man die Emission jeder Einzellinie einem besonderen Schwingungsmechanismus zuschrieb, also eine Übertragung der Schwingung von dem direkt erregten Resonator auf die übrigen annehmen mußte, bei der dann wohl der Polarisationszustand verändert werden konnte. Dagegen ergibt es sich aus unserer jetzigen Auffassung als selbstverständliche Folgerung, da ja alle Frequenzen des Resonanzspektrums durch das Überspringen des Elektrons zwischen den nämlichen Quantenbahnen verursacht werden und sich nur dadurch unterscheiden, daß die gleichzeitigen sprunghaften Variationen der Kernschwingungsenergie jedesmal andere sind. Anderseits ist es wieder ganz natürlich, daß, wenn durch Zusammenstöße erregter Jodmoleküle mit He-Atomen ihr innerer Zustand modifiziert wird, was die Überführung des Resonanzspektrums in das vollständige Bandenspektrum zur Folge hat, dadurch auch der Polarisationsgrad des emittierten Lichtes herabgesetzt wird; tatsächlich sinkt dieser, wenn dem Jod Helium von einigen Millimetern Druck zugemischt wird, auf etwa zwei Drittel des in Abwesenheit des He beobachteten Wertes. Im Gegensatz hierzu soll eine Zufügung von Stickstoff selbst von 12 mm Druck die Polarisation der Na-Dampffluoreszenz in keiner Weise beeinflussen.

Die Unabhängigkeit des Polarisationsgrades von der Temperatur ist für Joddampf bei konstanter Dichte innerhalb ziemlich weiter Grenzen sichergestellt: nämlich von 0—350°, was einer

Erhöhung der molekularen Rotationsgeschwindigkeit auf etwa das 1,5fache entspricht. Doch auch, wenn bei konstanter Temperatur durch lokale Abkühlung im Beobachtungsraum die Dampfdichte erniedrigt wird, bleibt dies beim Joddampf ohne Einwirkung auf die Polarisation — ungleich dem Verhalten der Alkalidämpfe, und obwohl, wie wir früher sahen, in anderer Beziehung mit wachsender mittlerer Annäherung die Jodmoleküle sich in ihrer Fluoreszenzfähigkeit durchaus beeinflussen. ([246]) ([181])

Endlich ist am Joddampf auch die zu erwartende Verschiedenheit in der Intensität der Fluoreszenzstrahlung direkt festgestellt worden, wenn mit polarisiertem Licht erregt wird und man einmal in der Richtung senkrecht zum elektrischen Vektor ($\parallel Y$ in Fig. 9), das andere Mal in der Richtung des elektrischen Vektors ($\parallel X$) beobachtet; im ersten Fall ist die Helligkeit größer, und zwar um den Betrag, der dem polarisierten Anteil bei dieser Beobachtungsrichtung zukommt — etwa 17%. ([52])

Für die Resonanzlinien des Na- und Hg-Dampfes erhält man im Magnetfelde denselben Zeemaneffekt, den die betreffenden Linien auch sonst in der Emission und Absorption aufweisen. Umgekehrt folgt aus dem „inversen Zeemaneffekt" in den Absorptionslinien, daß, wenn man den zur Fluoreszenz erregten Dampf einer Resonanzlampe in ein Magnetfeld bringt, die Leuchtintensität infolge der veränderten Absorptionsverhältnisse sich wesentlich ändert; und diese Variation hängt in hohem Grade ab von der Natur der zur Erregung verwandten Lichtquelle. Ist nämlich in deren Spektrum die erregende Linie bereits sehr schmal, dient also etwa zur Erregung schon eine erste Resonanzlampe, so wird bei der geringsten Verschiebung der Absorptionslinien durch das Magnetfeld in der zweiten Resonanzlampe überhaupt keine Energie mehr absorbiert[1]). Ist dagegen die erregende Linie breit, indem das Primärlicht etwa von einer heißen Lampe herkommt, so kann jetzt infolge der nämlichen magnetischen Verschiebungen sogar die Absorptionslinie mit einer Stelle größerer Helligkeit im primären Spektrum koinzidieren und so die Resonanzstrahlung selbst an Intensität gewinnen. ([128]) Bei dem allen handelt

[1]) Auf Grund des Umstandes, daß bei Verwendung dieser Versuchsanordnung durch weitere Erhöhung der magnetischen Feldstärke die Absorption und Reemission in der zweiten Resonanzlampe wieder vermehrt wird, gelingt es, die Dublettnatur der Hg-Linie 2536,7 nachzuweisen.

es sich nur um sekundäre Effekte und nicht um eine direkte Wirkung des Magnetfeldes auf die Fluoreszenzstrahlung. Ganz anders ist das Verhalten der Joddampffluoreszenz. Wohl zeigen auch die feinen Absorptionslinien des Joddampfes, aus denen die Absorptionsbanden sich zusammensetzen, teilweise einen äußerst geringen Zeemaneffekt[1]), der in der Aufhellung des Gesichtsfeldes sich äußert, falls Licht zwischen gekreuzten Nichols ein Joddampfabsorptionsrohr durchsetzt und dieses sich in einem starken Magnetfeld befindet; es tritt dann bei spektraler Zerlegung das sog. magnetische Rotationsspektrum in die Erscheinung. Im übrigen wird aber dabei selbst bei hoher Feldstärke das Absorptionsspektrum in keiner Weise merklich geändert; eine etwaige Beeinflussung des Emissionsvorganges kann hier also nicht wieder ebenso erklärt werden wie oben. ([263])

Gleichwohl wird bei konstant bleibender Erregung die Fluoreszenzhelligkeit des Joddampfes schon durch ein Feld von 5000 Gauß sehr deutlich geschwächt, durch 30 000 Gauß wird sie (bei einer Temperatur von 0°) auf ca. 10% herabgesetzt, bei etwa 50000 Gauß scheint sie ganz zu verschwinden. Die Schwächung ist, wenigstens in Feldern unter 20 000 Gauß, im grünen Teil des Spektrums bedeutender als im gelb-roten, so daß also eine relative Intensitätsverschiebung nach langen Wellen zu erfolgt. Überdies verlieren aber in allen Teilen des Spektrums die intensiveren Linien prozentual mehr an Helligkeit als die schwächeren. Abgesehen hiervon ist eine Strukturänderung im Bau des Resonanzspektrums nicht zu erkennen. Bei niedrigen Dampfdrucken bzw. bei niedriger Temperatur (0°) ist die Wirkung sehr viel beträchtlicher als bei höheren Temperaturen. Dies wurde zunächst nicht als eine eigentliche Abhängigkeit des Effektes vom Wärmezustand oder von der Dampfdichte angesprochen, sondern als Folge der größeren „molekularen Fluoreszenzhelligkeit" bei geringer Dichte. Die dabei — ebenso wie in den besonders empfindlichen intensivsten Linien — auftretenden größeren Schwingungsamplituden sollten der magnetischen Wirkung stärker unterworfen sein. Eine solche Deutung ist nicht aufrecht zu erhalten, wenn entsprechend der Bohrschen Auffassung größere Intensität nicht

---

[1]) Bei 20 000 Gauß ist die Verschiebung der Linien sicher unter 0,01 Å, also direkt nicht nachweisbar.

durch die Verstärkung des einzelnen Elementarprozesses, sondern durch die Vergrößerung der Zahl solcher an sich immer gleich verlaufender Prozesse verursacht wird. Warum, wenn eine größere Zahl von Molekülen in den erregten Zustand versetzt wird, ein relativ größerer Teil von ihnen durch das Magnetfeld gestört werden sollte, erscheint ebensowenig erklärbar wie bislang der ganze Effekt. Sicher ist nur das eine, daß nicht die unerregten Moleküle bereits durch das Feld beeinflußt werden, da ja das Absorptionsspektrum keine Änderung aufweist, sondern daß erst, wenn die Elektronen auf die äußere Quantenbahn versetzt sind, sie durch die magnetische Wirkung teilweise verhindert werden, auf dem normalen Wege — unter Aussendung des Resonanzspektrums — auf die Anfangsbahn zurückzukehren. Gerade ebenso wirkt aber die Verminderung des mittleren Abstandes der Moleküle untereinander, die Steigerung der Dampfdichte; und die beiden im gleichen Sinne verlaufenden Effekte setzen sich nicht einfach additiv zusammen. ([206a]) ([207])

Abschließend bleibt noch die Bedeutung elektrischer Felder für die Fluoreszenzstrahlung der Gase zu erwähnen. Ein Starkeffekt konnte niemals aufgefunden werden, nicht an den Resonanzspektren des Joddampfes, aber auch nicht an der Resonanzstrahlung des Hg-Dampfes. ([162]) Es ist hier kaum anders zu erwarten, da auch bei elektrischer Erregung die ersten Hauptserienlinien keinen merklichen Starkeffekt zeigen; die Wirkung eines äußeren elektrischen Feldes auf das Elektron wird eben erst dann bedeutend, wenn es sich in größerer Entfernung vom Kern, auf einer der weiter nach außen liegenden Quantenbahnen befindet. So ist es vielleicht nicht ausgeschlossen, daß sich ein Starkeffekt wird nachweisen lassen, wenn es gelingt, die Hauptserienlinien höherer Ordnung in der Resonanzstrahlung etwa des Na-Dampfes daraufhin zu untersuchen. Auch eine Schwächung der Jodfluoreszenz durch äußere elektrische Felder ist nicht zu beobachten.

VI. Die Fluoreszenz und Phosphoreszenz fester und flüssiger Lösungen.

Während die Fähigkeit zu fluoreszieren anfänglich nur einer geringen Zahl von Substanzen zugeschrieben wurde, ist das Auftreten der Erscheinung später an einer immer wachsenden Menge von Körpern beobachtet worden, bis schließlich C. G. Schmidt erklärte, unter geeigneten Versuchsbedingungen könne wohl jede Substanz zur Photolumineszenz erregt werden. In ihrer etwas paradoxen Allgemeinheit ist diese Behauptung sicher nur dann aufrecht zu erhalten, wenn man unter „geeigneten Versuchsbedingungen" in vielen Fällen die Überführung in den gasförmigen Zustand versteht. Daß bei geeigneter Wahl von Druck und Temperatur in allen Gasen irgendeine Art von Fluoreszenzstrahlung hervorgerufen werden kann, ist nach den Ausführungen der vorangehenden Kapitel zum mindesten sehr wahrscheinlich. Im festen oder flüssigen Zustande dagegen scheinen die Elemente oder einfache Verbindungen, wie sie etwa in reinen Salzen vorliegen, nicht zu sekundärer Lichtemission gebracht werden zu können. Damit vielmehr nicht — wie ja auch schon in Dämpfen von hoher Dichte — durch die große gegenseitige Nähe der Atome das Phänomen unterdrückt wird, müssen ganz bestimmte Bedingungen erfüllt sein, über die freilich heute noch allgemein Gültiges kaum zu sagen ist. Durchweg handelt es sich um sehr komplexe Moleküle, sehr häufig um feste oder flüssige Lösungen, in denen die eigentlich „wirksamen", als Träger des Leuchtprozesses anzusehenden Atome in sehr geringer Menge enthalten sind, in denen aber auch das Lösungsmittel eine ausschlaggebende Rolle nicht nur für die Art, sondern überhaupt für das Zustandekommen der Lumineszenz spielt. Niedrige Konzentration der wirksamen Substanz ist vielfach eine wesentliche Vorbedingung. In anderen Fällen ist allein eine bestimmte Kristallstruktur (Zinksulfid, Platinzyanüre) oder eine bestimmte Art der chemischen Bindung (Uranylsalze im Gegensatz zu den Uranosalzen, manche aromatische Isomere) notwendig. Endlich bei der Temperatur der flüssigen Luft zeigen so ziemlich alle organischen Substanzen (Papier, Knochen, Horn usw.) deutliche Phosphoreszenzfähigkeit — es mag auch hier wieder, wie sonst durch niedere Dichte, infolge der geringeren Wärmebewegung die gegenseitige Störung durch Nachbarmoleküle vermindert werden, doch sind diese Dinge bisher noch sehr wenig erforscht.

Überhaupt ist man trotz der zahlreichen über Photolumineszenz im Lauf der Zeit ausgeführten Untersuchungen heute noch weit entfernt, nicht nur von einer vollständigen Theorie dieser

Erscheinungen, sondern es sind sogar kaum noch allgemeine Gesetze bekannt, die für das gesamte in Betracht kommende Gebiet gültig sind. Fast alle einschlägigen sog. Gesetze sind, wie Kayser sich ausdrückt, nur Regeln, die mit einiger Annäherung für beschränkte Gruppen zutreffen, aber keiner Erweiterung fähig sind. Daß dem so ist, daran ist neben der außerordentlichen Kompliziertheit der Erscheinungen und häufig auch der Substanzen, an denen diese beobachtet werden, hauptsächlich der Umstand schuld, daß die überwiegende Zahl der Arbeiten über das Gebiet nur rein qualitative Untersuchungen enthalten, die meist keinen Vergleich der verschiedenen Resultate untereinander zulassen. Immerhin soll zunächst hier ein Versuch gemacht werden, eine Reihe von Gesetzmäßigkeiten zusammenzustellen, die sich teils auf die Bedingungen beziehen, unter denen an festen und flüssigen Körpern überhaupt Photolumisnezenz hervorzurufen ist, teils auf die Art, wie die Erscheinungen generell verlaufen. In weiteren Kapiteln sind dann die einzelnen Hauptgruppen fluoreszierender und phosphoreszierender Substanzen zu behandeln. Eine solche Einteilung hat freilich den Nachteil, daß Wiederholungen manchmal nicht ganz vermieden werden können, doch dürfte es der einzige Weg sein, um später zu einer wirklichen Theorie des Phänomens vorzudringen.

Fluoreszenz und Phosphoreszenz. Im vorstehenden wurden die Ausdrücke Fluoreszenz und Phosphoreszenz gebraucht, ohne eine Unterscheidung wesentlich zu betonen; tatsächlich besteht ein solcher prinzipieller Unterschied auch nicht. Entsprechend der üblichen Nomenklatur bezeichnet Phosphoreszenz ein länger andauerndes Nachleuchten, während man unter Fluoreszenz eine Lichtemission versteht, die nur während der primären Erregung anhält und mit deren Aussetzen sofort aufhört. Das „sofortige Aussetzen" des Leuchtens ist natürlich nur ein relativer Begriff, und so kann jede „Fluoreszenz" möglicherweise durch Erhöhung der Empfindlichkeit des verwandten Phosphoroskops sich als „Phosphoreszenz" herausstellen. Gleichwohl sollen der Bequemlichkeit halber die beiden Ausdrücke im folgenden im üblichen Sinne beibehalten werden, und zwar derart, daß unter Fluoreszenz allgemein die Lichtemission während der Erregung verstanden wird. Nach dieser Definition sind offenbar alle phosphoreszierenden Körper auch fluoreszent, indem sie bei fortdauernder Primärbelichtung ebenfalls ihr typisches Sekundärlicht ausstrahlen. Tatsächlich übersteigt sogar die Fluoreszenzintensität phosphoreszenzfähiger Körper ihre Phosphoreszenzintensität meist um ein Vielfaches; die Helligkeit des Leuchtens sinkt in dem Augenblick, in dem die Primärerregung aussetzt, sprungweise auf einen Bruchteil ihres ursprünglichen Wertes herab, um weiterhin kontinuierlich immer schwächer werdend abzuklingen. In diesen Fällen enthält die Substanz relativ wenige „Zentren", welche die absorbierte Strahlungsenergie über längere Zeit aufgespeichert zu erhalten vermögen, während die Mehrzahl der Atome praktisch momentan aus dem erregten wieder in den unerregten Zustand zurückkehrt.

Die Dauer des Nachleuchtens, wenn schon durch andere unbekannte Bedingungen beeinflußt, steht in einem engen Zusammenhang mit der Beweglichkeit der Moleküle; sie nimmt — ceteris paribus — mit dem Wachsen dieser Beweglichkeit ab, was nach der in der Einleitung angedeuteten Lenardschen Theorie wohl verständlich erscheint. Denn die durch die Wärmebewegung hervorgerufene gelegentliche Annäherung der Moleküle soll die Rückkehr der abgespaltenen Photoelektronen zur Folge haben. Daraus folgt, daß flüssige Lösungen, in denen die Moleküle große Beweglichkeit besitzen, stets nur Fluoreszenz zeigen; wird jedoch die Bewegungsfreiheit der Moleküle herabgesetzt, etwa durch Zusatz von Gelatine, so läßt sich die Fluoreszenz stetig in Phosphoreszenz überführen: an einer plastischen gelatinösen Lösung von Äsculin z. B. läßt sich Nachleuchten von mehreren Sekunden beobachten, während Äsculin in wässeriger Lösung nur fluoresziert. Das gleiche Resultat läßt sich erzielen durch Einfrieren von alkoholischen Lösungen fluoreszierender Substanzen. Wird in einem festen phosphoreszierenden Körper die Molekularbewegung durch Erwärmung erhöht, so wird dadurch die Dauer des Nachleuchtens im allgemeinen abgekürzt; wird die Temperatur erniedrigt, so wird die aufgespeicherte Energie immer langsamer abgegeben, bei hinreichender Abkühlung evtl. unendlich langsam, so daß kein Nachleuchten mehr wahrnehmbar ist, bis die Temperatur wieder erhöht wird. Diese untere Grenztemperatur liegt in manchen Fällen relativ hoch, etwa oberhalb der normalen Lufttemperatur, und auf diese Weise erklärt sich die Erscheinung der Thermolumineszenz. Erst bei Erhitzung kann die vorher aufgenommene Lichtenergie als Fluoreszenz wieder emittiert werden. Dabei ist bei gleicher vorangegangener Erregung die Gesamtmenge der ausgestrahlten Energie, die abgegebene „Lichtsumme", immer die gleiche, unabhängig davon, ob der Vorgang durch Erwärmung beschleunigt oder durch Abkühlung verlangsamt wird. Dies wird durch die Zahlen der Tabelle 10 belegt, die sich auf Zinksulfid (nach Lenard) beziehen. ([110])

Tabelle 10.

Temperatur während des Ausleuchtens	Lichtsumme (willkürliche Einheiten)
Erst 30°, dann 70°, zuletzt ganz kurz 250°	61
Von Anfang an 250°	59
Von Anfang an 1300° (nur $^1/_{10}$ sec)	62

Helligkeit der Emission. Man erkennt hiernach, daß es vorteilhaft ist, als Maß für den Erregungszustand eines phosphoreszierenden Körpers nicht die augenblickliche Leuchtintensität zu wählen, die ja von den zufälligen äußeren Bedingungen abhängt und nur die Zahl der gerade in den Normalzustand zurückkehrenden Moleküle angibt, sondern die zu dem Zeitpunkt im Phosphor vorhandene Lichtsumme, d. h. die in Kalorien anzugebende Gesamtenergie, die noch aufgespeichert ist und im weiteren Verlauf ausgestrahlt werden kann ([111]). Auch unter konstant gehaltenen äußeren Bedingungen sind momentane Leuchtintensität und Lichtsumme nur dann als gleichwertiges Erregungsmaß anzusehen, wenn immer derselbe Bruchteil aller erregten Moleküle in der Zeiteinheit in den unerregten Zustand zurückkehrt — eine Voraussetzung, die aber nicht allgemein zutrifft. Dagegen fallen die beiden Größen zusammen, wenn die Leuchtdauer praktisch unendlich kurz ist, also für nur fluoreszierende Substanzen. In solchen sind immer unerregte, erregungsfähige Moleküle in großer Menge vorhanden, auch wenn in jedem Augenblick eine sehr große Anzahl in den erregten Zustand überführt wird; daher ist für sie innerhalb beliebig weiter Grenzen die Lumineszenzhelligkeit proportional der Intensität der Primärstrahlung. ([133]) ([111]) Dagegen enthalten, wie später weiter ausgeführt werden soll, manche Phosphore nur relativ wenige Moleküle (die Lenardschen „Zentren"), die sich aktiv an dem Leuchtvorgang beteiligen. Ist dann überdies noch die Leuchtdauer, die „mittlere Lebensdauer der erregten Moleküle", eine große — für manche Erdalkaliphosphore beträgt die Abklingungszeit selbst bei Zimmertemperatur Tage, ja Monate — so muß bald ein Zustand erreicht sein, in dem praktisch alle Zentren erregt sind: dann sind keine Moleküle mehr vorhanden, die durch Absorption strahlende Energie in potentielle Energie verwandeln können. Bei sehr geringer Intensität der Primärstrahlung besteht also auch hier Proportionalität mit der Phosphoreszenzhelligkeit, diese kann aber bei größerer Stärke des erregenden Lichtes einen gewissen Sättigungswert nicht überschreiten: dann ist der Phosphor „voll erregt". Je langsamer die Abklingung vor sich geht, desto geringere Primärintensitäten genügen zur vollen Erregung; je kräftiger die erregende Strahlung, in desto kürzerer Zeit wird die volle Erregung erreicht (Tabelle 11). ([110]) Daraus folgt umgekehrt, daß für langsam abklingende Phosphore auch eine gewisse Anklingungszeit existiert, eine Periode, während deren bei konstanter Beleuchtungsintensität die Lumineszenzhelligkeit allmählich bis zu einem Maximalwert zunimmt. Die Anklingungsdauer ist desto länger, je langsamer der Phosphor nach Aussetzen der Erregung abklingt.

Tabelle 11.
(Ca-Bi Phosphor nach Lenard.)

Erregende Intensität	Dauer der Erregung in Sekunden						
	1	5	10	20	40	60	300
	Lichtsumme nach beendeter Erregung in willkürlichen Einheiten						
1						38	43
3,6					41		
31	31	41	43	45	45		
124	38	48	48		48		
280			48				

Abklingung. Warum verschiedene Substanzen ähnlicher Art so sehr ungleiche Abklingungszeiten aufweisen, darüber läßt sich vorläufig kaum eine Hypothese aufstellen. Es tritt aber sogar häufig der Fall ein, daß ein und derselbe Körper mehrere sich evtl. überlagernde Phosphoreszenzbanden zeigt, für deren jede die Abklingungszeit eine andere ist und in anderer Weise von der Temperatur abhängt. Beispiele werden hierfür mehrfach im Zusammenhang mit den Erdalkaliphosphoren zu besprechen sein; auch an festen Farbstofflösungen ist dieselbe Erscheinung zu beobachten. Es ist vielfach versucht worden, teils theoretisch, teils empirisch, Gesetze für die Abklingung zu finden, nach welchen die Lumineszenzhelligkeit in jedem Augenblick als Funktion der seit Abschluß der Erregung verflossenen Zeit dargestellt werden kann. Daß dies nur Sinn hat, wenn man mit Hilfe spektraler Zerlegung mehrfache gleichzeitig vorhandene Banden unterscheidet, ist ohne weiteres klar, gleichwohl aber von vielen Beobachtern nicht berücksichtigt worden. Eine weitere Komplikation folgt aus dem Umstand, daß ein Teil des emittierten Lichtes seinerseits sekundäre Phosphoreszenz erregen kann; so besitzt z. B. der Flußspat neben seiner relativ rasch abklingenden sichtbaren Phosphoreszenz sehr intensive, langsam abklingende ultraviolette Phosphoreszenzbanden, die spektral gerade mit dem Erregungsgebiet der sichtbaren Bande zusammenfallen. Ist diese nun nach abgeschlossener Erregung etwa durch Erhitzung vollkommen zum Verlöschen gebracht worden, so wird sie ohne wiederholte Bestrahlung von außen durch die eigene Ultraviolettemission neu erregt, so daß also die Abklingung der sichtbaren Bande allein betrachtet einen höchst komplizierten Verlauf zu nehmen scheint. Ebenso kann im umgekehrten Sinne die auslöschende Wirkung von sichtbaren oder ultraroten Strahlen, von der weiterhin noch die Rede sein wird, die Abklingungskurve beeinflussen. Als Folge dieser Wirkung ist es vermutlich zu erklären, daß alle Phosphore mit ultraroten Emissionsbanden keine langsam abklingenden Phosphoreszenzbanden im sichtbaren Gebiet aufweisen.

In vielen Fällen läßt sich die Abklingungskurve über lange Zeiten hin mit guter Annäherung durch die Formel:

$$\frac{1}{\sqrt{J}} = \text{const.}\, t$$

(J = Intensität, t = Zeit seit dem Aussetzen der Erregung)

darstellen, die auch von Nichols und Merrit und anderen theoretisch begründet worden ist. Doch genügt sie nie für den ersten stets sehr viel schneller abfallenden Teil der Kurve, und auch für spätere Zeitintervalle, wenn man diese nur groß genug wählt, ist sie nicht exakt. Erscheint für eine gegebene Temperatur die lineare Beziehung zwischen der reziproken Wurzel aus der Intensität und der Zeit auch erfüllt, so geht die Gerade für die gleiche Substanz bei veränderter Temperatur in eine konkave oder konvexe Kurve über; das letztere wäre selbst durch Superposition mehrerer Geraden $\frac{1}{\sqrt{J_\nu}} = \text{const.}$ nicht möglich. In der Tat sind auch die theoretischen Voraussetzungen, die der Ableitung dieser Formel zugrunde liegen und denen gemäß die Intensität des Leuchtens in jedem Augenblick proportional dem Quadrat der Zahl erregter Moleküle sein soll, keineswegs mit den experimentellen Resultaten vereinbar. In besserer Übereinstimmung mit dem Experiment scheint die zuerst von J. Becquerel aufgestellte rein empirische Gleichung:

$$J^{-x} = a + b\,t,$$

wo a und b für jedes Material charakteristische Konstanten sind; dagegen muß x für ein und dieselbe Substanz bei verschiedenen Temperaturen verschiedene Werte annehmen. So ist z. B. für Balmainsche Leuchtfarbe bei 35°: $x = 3$, bei 22°: $x = 5$; bei 0°: $x = 8$ einzusetzen. (88)

In Wahrheit existiert nach Lenard wohl selbst für eine einfache Bande eines Phosphors kein einfaches Abklingungsgesetz, vielmehr sind in der Regel an der Emission einer solchen Bande eine ganze Reihe verschieden gearteter Zentren mit verschiedener mittlerer Lebensdauer im erregten Zustande beteiligt, d. h. also mit verschiedenen Abklingungsperioden, deren jede einzelne sich durch eine e-Funktion darstellen läßt. Danach wäre die Gesamtabklingungskurve als eine Superposition zahlreicher e-Funktionen anzusehen. Hieraus folgen auch ohne weiteres die wirklich beobachteten Unterschiede in der Abklingung eines nicht voll erregten Phosphors je nach der Erregungsart: bei kurz dauernder Bestrahlung und relativ großer Primärintensität werden nämlich hauptsächlich die rasch an- und abklingenden Zentren, bei länger anhaltender Bestrahlung dagegen erst auch die langsam abklingenden Zentren erregt. Freilich besteht selbst bei voller Erregung des Phosphors noch eine gewisse Verschiedenheit in der Form der Abklingungskurve, je nachdem ob diese Erregung schnell durch große oder langsamer durch geringere Primärintensität hervorgerufen wurde.

Die Fig. 11 bis 13 veranschaulichen die Abklingung eines typischen, lange nachleuchtenden Körpers, eines CaBi-Phosphors nach Lenard; und zwar gibt Fig. 11 den sehr schnellen Abfall der Leuchtintensität J im Vergleich mit der sehr wenig sich ändernden Lichtsumme während der ersten Minute, in Fig. 12 sind

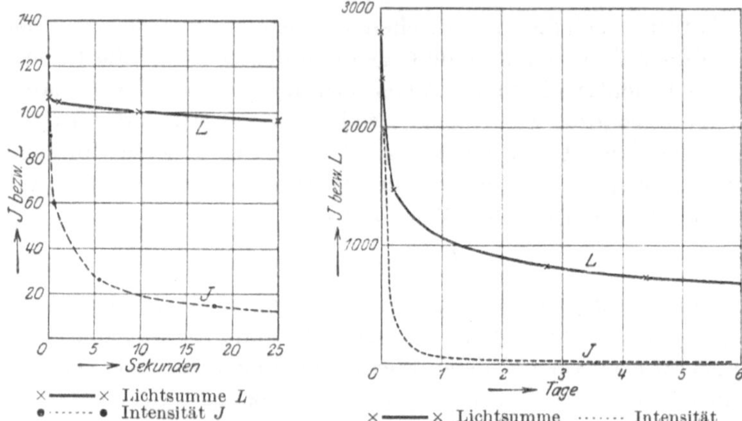

Fig. 11. Abklingen eines CaBi Phosphors nach Lenard.

Fig. 12. Abklingung eines CaBi-Phosphors nach Lenard.

sowohl J als die entsprechende jeweils noch vorhandene Lichtsumme L im Verlaufe von acht Tagen als Funktion der Zeit dargestellt; Fig. 13 endlich gibt — der Übersichtlichkeit halber

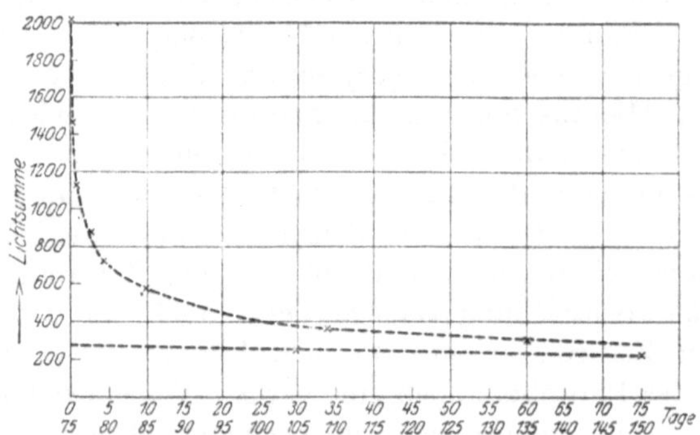

Fig. 13. Abklingen eines CaBi-Phosphors nach Lenard.

für L allein — die Fortsetzung der Kurve Fig. 12 über die lange Periode von 150 Tagen: man sieht, daß hier die Abnahme von L eine sehr geringe geworden ist, was einer minimalen Leuchtintensität entspricht; doch kann diese natürlich jederzeit durch Beschleunigung der Abklingung, etwa durch Erhitzung verstärkt werden. (114)

Bei einigen sehr rasch abklingenden Substanzen, deren Nachleuchten nur mit Hilfe des Phosphoroskops beobachtet werden kann, scheint die Abklingungskurve einen prinzipiell anderen Verlauf zu nehmen, indem sie, statt sich asymptotisch der Nullachse zu nähern, gegen Schluß zu immer steiler wird; das gilt für die Uranylsalze, aber auch für einige andere natürlichen Minerale, so den Kalzit, und dieses anormale Verhalten wird dadurch besonders auffallend, daß die Substanzen durch Röntgenstrahlen zur Emission genau derselben Phosphoreszenzbanden erregt werden können, aber mit beträchtlich längerer Nachleuchtdauer und mit durchaus normalem Abklingungsprozeß. Für die Deutung solcher Erscheinungen fehlt noch jede Erklärungsmöglichkeit. (146) (149) (154) (233) (235)

Einfluß der Konzentration. Da es sich bei den hier besprochenen photolumineszierenden Stoffen meistens um Lösungen[1]) handelt, existiert in Hinsicht auf die Helligkeit der emittierten Strahlung neben der Intensität der Primärbeleuchtung noch eine zweite charakteristische Variable: Die Konzentration der wirksamen Substanz in der Lösung. Hier zeigt es sich zum mindesten für die beiden Gruppen, über die bisher allein quantitative Untersuchungen vorliegen, nämlich die Erdalkalisulfidphosphore und die ihnen analogen Körper einerseits und die Lösungen organischer Verbindungen anderseits, daß bei geringer Konzentration die emittierte Energie der Konzentration proportional ist, d. h. also — insoweit die Absorption der wirksamen Strahlung nicht von den neutralen Molekülen des umgebenden Mediums herrührt: es wächst sowohl die Absorption proportional mit der Zahl der vorhandenen Moleküle, als auch: es ist die emittierte Energie der absorbierten proportional, der Nutzeffekt ist konstant. Quantitativ geprüft ist dies Gesetz z. B. für Rhodamin in Wasser bei Konzen-

---

1) Wie Lenard betont, liegt eine gewisse Härte darin, die ganz unhomogene Verteilung der wirksamen Metallatome in den Erdalkalisulfiden und ähnlicher phosphoreszierender Substanzen als „feste Lösungen" zu bezeichnen. Da es jedoch schwierig ist, für den wirklichen Zustand solcher Verbindungen einen passenden Namen anzugeben, sei der Kürze halber diese Ausdrucksweise hier beibehalten.

trationen zwischen 10^{-9} und 10^{-6}. (119) (133) Steigert man jedoch die Konzentration immer mehr, so wird ein Optimum der Emissionsintensität (bei konstanter Erregungsbeleuchtung) erreicht, und dann nimmt sie nicht nur relativ, sondern absolut wieder ab. Bei phosphoreszierenden Körpern liegt für ein und dieselbe Substanz das Optimum je nach dem Beobachtungszeitpunkt bei ganz verschiedenen Konzentrationen, es wird für die langsam abklingenden Zentren viel früher erreicht als für die nur momentan leuchtenden (s. Fig. 14). (114) Das erklärt sich daraus, daß bei größerer Dichte des wirksamen Metalls sich nur noch die letzteren zu bilden vermögen, so daß also auch die den ersteren zukommenden besonderen Absorptionsbanden nicht weiter hervortreten. Dagegen gilt bei den fluoreszierenden Substanzen im allgemeinen das Beer-sche Gesetz — die Absorption wächst auch bei hoher Konzentration proportional mit dieser, hier handelt es sich also um eine tatsächliche starke Abnahme der Emissionsfähigkeit, analog wie bei Dämpfen von zu hoher Dichte. So ist an einer gesättigten Lösung von Fluoreszeinnatrium überhaupt keine Fluoreszenz wahrzunehmen, auch nicht an der vom erregenden Strahl getroffenen Oberfläche; erst bei 25facher Verdünnung ungefähr sind die ersten Spuren von Lichtemission zu erkennen. (187) Ebenso verlieren die Erdalkaliphosphore ihre Lumineszenzfähigkeit vollständig, wenn man den Gehalt an wirksamem Metall über ein gewisses Maß steigert.

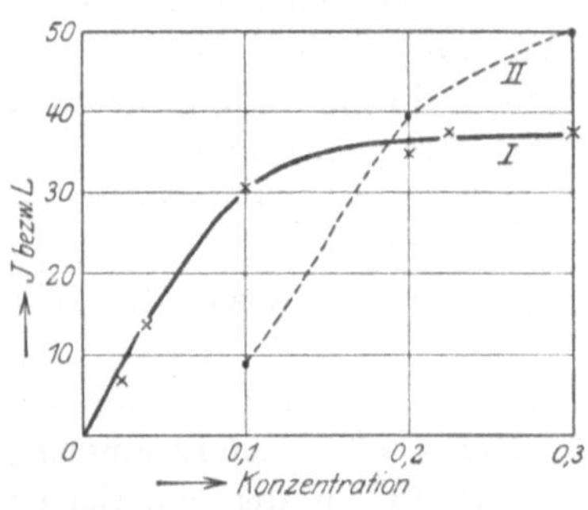

I Nachleuchten gemessen durch die Lichtsumme L
II Fluoreszenzhelligkeit während der Erregung

Fig. 14. Abhängigkeit der Lumineszenzstärke von der Konzentration (CaBi-Phosphor nach Lenard).

Anderseits läßt sich das Auftreten von Photolumineszenz bis zu sehr geringen Konzentrationen hinab verfolgen. Die kleinsten, sonst kaum noch nachweisbaren Spuren von Verunreinigungen vermögen Fluoreszenz zu verursachen, und es steht zu erwarten, daß in vielen Fällen die einem Körper zugeschriebene Leuchtfähigkeit in Wahrheit durch unbekannte minimale Zusätze verursacht wird — wie das etwa für die Erdalkaliphosphore, zahlreiche

Mineralien, auch aromatische Verbindungen schon nachgewiesen wurde. Die am weitesten getriebenen quantitativen Messungen zeigen, daß man die von 10^{-14} g Fluoreszein pro ccm Wasser hervorgerufene Fluoreszenz noch mit Sicherheit wahrnehmen kann; bei dieser Verdünnung befinden sich nur noch einige tausend Moleküle im Kubikzentimeter.

Spektrale Lage der Lumineszenzbanden. Im Gegensatz zu den Gasen treten bei flüssigen und festen Substanzen wie in den Absorptionsspektren auch in der Emission an die Stelle scharfer

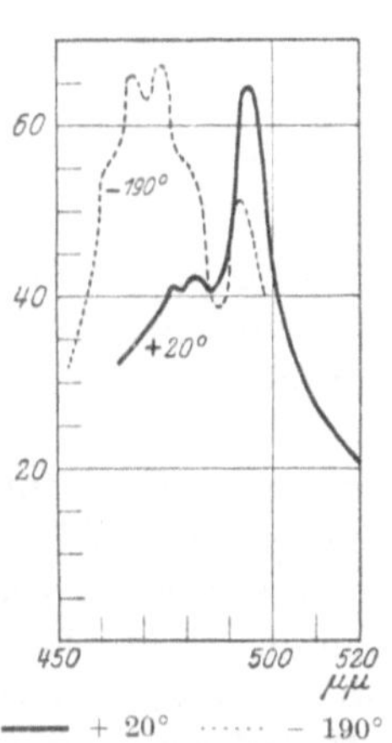

Fig. 15. Fluoreszenzbande eines Sr Bi Na-Phosphors.

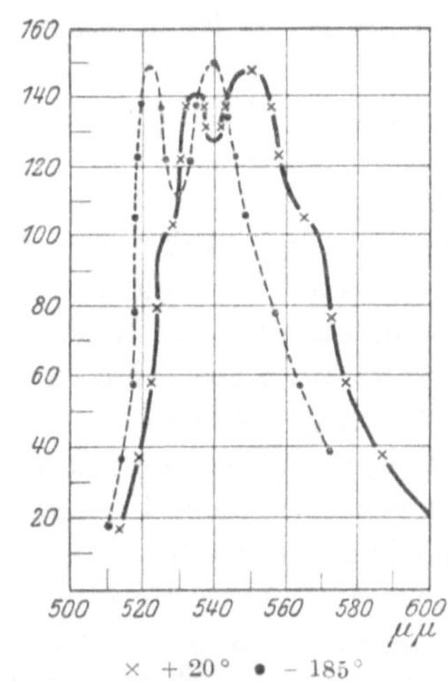

Fig. 16. Fluoreszenz von Fluoreszein in alkoholischer Lösung.

Linien mehr oder weniger verwaschene Banden, als eine Folge der Störungen in den stationären Elektronenbahnen durch die Nähewirkung fremder Moleküle. Der Elementarprozeß muß zwar auch hier wieder als streng monochromatisch angesehen werden, nur sind eben im Ablauf der einzelnen Prozesse relativ große Verschiedenheiten möglich. In manchen Fällen, so bei den Uranylsalzen, ziehen sich bei tiefen Temperaturen die Banden in ziemlich scharfe Linien zusammen, wobei es sich zeigt, daß jede anscheinend kontinuierliche Bande sich aus zahlreichen sehr viel schmaleren Einzelbanden zusammensetzt. Aber auch wo dies nicht der Fall ist, wie bei den Erdalkalisulfidphosphoren oder vielen Lösungen von Benzolderivaten, werden bei Abkühlung die Banden, die übrigens gleichfalls meist Andeutungen einer Struktur erkennen lassen, merklich enger. Ausnahmen von dieser Regel, wie z. B. im Fall des Resorufins, dessen Emissionsbande unterhalb — 165° sich wieder merklich zu verbreitern scheint, sind wohl durch das Auftreten neuer benachbarter Banden zu erklären. Gleichzeitig tritt häufig eine spektrale Verschiebung der Banden nach kleineren Wellenlängen bei Temperaturerniedrigung auf (Fig. 15 u. 16). ([154]) Gesetzmäßigkeiten, die sich auf den Zusammenhang zwischen der Wellenlänge der Lumineszenzbanden und der Konstitution der leuchtenden Substanzen beziehen, können, da es sich dabei immer nur um Regeln für kleine Gruppen von Körpern handelt, besser in den betreffenden Einzelkapiteln besprochen werden.

Der größte Teil der bisher untersuchten Photolumineszenzbanden liegt im sichtbaren Gebiet, doch ist die Zahl der im Ultraviolett liegenden vermutlich nicht geringer; dagegen ist ultrarote Photolumineszenz nur in seltenen Fällen gefunden worden — die obere Grenze bildet eine Bande des CaNi-Sulfidphosphors bei etwa 915 $\mu\mu$. ([163]) ([164])

Absorption und Erregung. In Übereinstimmung mit den quantentheoretischen Überlegungen, die in den ersten Kapiteln ausführlich behandelt wurden, muß die Frequenz des erregenden Lichtes immer ebenso groß oder größer sein als die der Lumineszenzstrahlung; das letztere ist der Fall, wenn — wie wir es hier im allgemeinen annehmen müssen — der Emissionsvorgang nicht einfach die Umkehrung des Absorptionsvorganges ist, sondern ein Teil der aufgenommenen Energie auf andere Weise verbraucht wird. Eine Abweichung von diesem Gesetz ist nur insoweit möglich, als bei der Emission noch innere Wärmeenergie des Moleküls zur Verfügung steht: so erklärte sich das Auftreten von Gliedern negativer Ordnung in den Resonanzspektren. Diese jetzt erst auf Grund theoretischer Voraussetzungen hergeleiteten Gesetzmäßigkeiten sind in der Hauptsache empirisch bereits sehr viel früher aufgefunden worden und bilden den Inhalt der „Stokesschen Regel". Eine gewisse Verwirrung hat hier jedoch die Einführung der sog. „Erregungsverteilung" angerichtet als eines besonderen für die lumineszenzfähigen Körper charakteristischen Begriffes. Die Stokessche Regel wurde ursprünglich in der strengen Form ausgesprochen: die Wellenlänge des erregenden Lichtes ist immer kleiner als die des erregten. Als sich dann zahlreiche Ausnahmen herausstellten, die wir jetzt als durch die Energie der Wärmebewegung verursacht ansehen, modifizierte man den Satz dahin: die Erregung ist innerhalb eines bestimmten Spektralgebietes möglich, das sich wohl mit dem Gebiet der Emissionsbande überschneiden kann, aber der Schwerpunkt der Emissionsbande liegt immer bei größeren Wellenlängen als derjenige der „Erregungsverteilung". Was nun in älteren Arbeiten als Erregungsverteilung angegeben wird, ist fast ausnahmslos eine Überlagerung der zufälligen Energieverteilung im Spektrum des erregenden Lichtes und der Absorptionsbanden der leuchtenden Substanz. Wenn man aber für alle Wellenlängen die Intensität des einfallenden Lichtes auf dieselbe Einheit reduziert und die Wirkung dann auf die Menge der absorbierten Energie bezieht, zeigt es sich, daß kaum noch von einer spezifischen Erregungsfähigkeit einer bestimmten Lichtart die Rede sein kann.

Sehr deutlich tritt dies in der Fig. 17 hervor, die einen der wenigen quantitativ ganz durchphotometrierten Fälle nach Nichols und Merrit wiedergibt: I ist die Absorptionskurve des Eosins in wässeriger Lösung; II die Fluoreszenzbande; III die scheinbare Erregungsverteilung bei Bestrahlung mit dem spektral zerlegten Licht einer Nernstlampe; endlich IV das spezifische Erregungsvermögen der einzelnen Wellenlängen bezogen auf gleiche absorbierte Energie. Die letzte Kurve zeigt keinerlei selektive Maxima, sie läuft beinahe parallel der Abszissenachse, sogar mit einem schwachen Anstieg nach den langen Wellen zu, wo die absolute Erregungsstärke wegen der geringen Absorption nur mehr klein ist. Man möchte daher geneigt sein, diesen Anstieg als durch Versuchsfehler bedingt anzusprechen; doch ist neuerdings von anderer Seite das Resultat bestätigt worden in der allgemeinen Form, daß innerhalb einer Absorptionsbande eine Strahlungsart die Fluoreszenz relativ desto stärker erregt, je weniger sie absorbiert wird; das wird im Zusammenhang mit dem Einfluß der Konzentration auf die Fluoreszenzhelligkeit dahin gedeutet, daß die Erregung desto eher zur Lichtemission führt, je geringer die Konzentration nicht der erregungsfähigen, sondern der wirklich erregten Moleküle ist, d. h. daß gerade deren allzugroße gegenseitige Annäherung die Emission stört. ([105]) Da die Abweichung der Kurve III von I ganz durch die nach violett rasch abfallende Energieverteilung im Spektrum der Nernstlampe verursacht wird, sieht man aber auf alle Fälle, daß hier eine besondere Erregungsverteilung als etwas vom Absorptionsspektrum zu Unterscheidendes nicht vorhanden ist. Besonders muß noch betont werden, daß die Emissionsbande, unabhängig von der Wellenlänge des erregenden Lichtes, immer dieselbe bleibt. ([152])

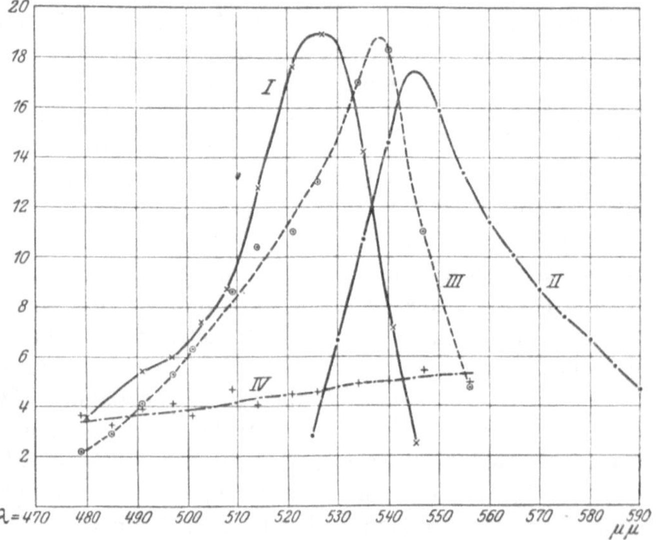

× Absorptionsspektrum. ⊙ Unkorrigierte Erregungsverteilung bei Erregung mit dem spektral zerlegten Licht einer Nernstlampe. + Erregungsverteilung bezogen auf gleiche absorbierte Energie. • Fluoreszenzspektrum.

Fig. 17. Eosin in wässeriger Lösung.

Etwas anders liegt die Sache, wenn in einem lumineszenzfähigen Körper nebeneinander verschiedene Molekülarten existieren, die, sei es spektral, sei es in anderer Beziehung, verschiedenartige Lumineszenzbanden emittieren und auch ungleiche Absorptionsbanden besitzen. Dann wird in Wahrheit auch wieder die Erregungsverteilung für jede einzelne Molekülsorte mit deren besonderem Absorptionsspektrum koinzidieren; betrachtet man aber den Körper als Ganzes, so wird von seinen verschiedenartigen Emissionsbanden die eine nur in dieser, die andere nur in jener Absorptionsbande oder Gruppe von Absorptionsbanden erregt werden, und so scheint es hier rationell, doch, wie es z. B. Lenard für die Erdalkaliphosphore tat, die Bezeichnung der Erregungsverteilung einzuführen: denn nicht im ganzen Absorptionsgebiet der Substanz, sondern nur in bestimmten Teilen desselben kann die einzelne Lumineszenzbandenart erregt werden.

Allgemein aber gelten hinsichtlich der Stokesschen Regel nunmehr folgende zwei Gesichtspunkte: einmal muß aus energetischen Gründen die Wellenlänge des erregenden Lichtes geringer sein als die des erregten, wobei gewisse nicht allzugroße Überschreitungen dieser Grenze infolge der inneren Wärmeenergie der Moleküle vorkommen können; soweit aber die Strahlen überhaupt erregend wirken, ist ihre spezifische Wirkungsfähigkeit immer dieselbe. Dagegen liegen zweitens wohl bei allen photolumineszenzfähigen Substanzen Gebiete starker optischer Absorption bei kleineren Wellenlängen als die Lumineszenzbanden; daher kommt es, daß die absolute Erregungsfähigkeit des Lichtes sehr schnell abnimmt, wenn man von kürzeren Wellen her zu den Frequenzen der Emissionsbande selbst übergeht.

Emissionsbanden und Absorptionsbanden. Obschon eine klare Gesetzmäßigkeit noch nicht angegeben werden kann, steht es außer Zweifel, daß zwischen den Fluoreszenz- bzw. Phosphoreszenzbanden einerseits und den Absorptionsbanden anderseits ein enger Zusammenhang besteht. Unter ähnlich konstituierten Benzolderivaten sind diejenigen, die lebhaft fluoreszieren, stets durch eine starke Selektivität in der Absorption ausgezeichnet, die bei den nicht fluoreszenzfähigen fehlt; und häufig ist die Struktur in den Banden der Emission und Absorption ganz analog. An den Erdalkaliphosphoren lassen sich je nach der Herstellungsart die einzelnen Phosphoreszenzbanden vorzugsweise „herauspräparieren", und gleichzeitig treten dann immer auch ganz bestimmte wohl definierte Absorptionsbanden auf — daß die Lenardschen „Dauererregungsbanden" mit Absorptionsbanden der Substanz identisch sind, hat zuerst Walter bewiesen (Tab. 12). Beim Rubin aber erscheint das aus relativ sehr schmalen Banden bestehende Fluoreszenzspektrum als eine direkte Umkehrung des Absorptionsspektrums. Nur enthält dieses neben den linienartigen Banden noch mitten zwischen ihnen, aber offenbar nicht zu ihnen gehörend, eine breite verwaschene Bande, die in der Emission keine Rolle spielt; dagegen kann in der verwaschenen Bande absorbiertes

Licht die Fluoreszenzemission der schmalen Banden erregen. Ähnlich sind die Verhältnisse bei den Uranylsalzen[1]).

Tabelle 12.

Phosphor	Maximum		Minimum	
	der Erregung	der Absorption	der Erregung	der Absorption
CaBi	420 $\mu\mu$	415 $\mu\mu$	385 $\mu\mu$	390 μ
SrBi	440	430	395	400
BaB	460	450	420	420

Stark hat die Hypothese aufgestellt, daß zum mindesten auch für die fluoreszierenden organischen Substanzen in Wahrheit Absorptionsbanden und Emissionsbanden genau zusammenfallen. Die tatsächlich stets beobachtete Verschiebung des Fluoreszenzmaximums gegenüber dem Erregungs- bzw. dem Absorptionsmaximum soll dadurch erklärt werden, daß die Wellenlängen, die dem wahren Maximum der Emission entsprechen, im Inneren der Substanz auch am stärksten absorbiert werden, so daß sie nicht imstande sind, dieselbe zu verlassen. Stark nennt dies „latente" Fluoreszenz. Anderseits verdanken die durch innere Absorption weniger geschwächten Frequenzen dem Umstand, daß die der latenten Fluoreszenz angehörenden Strahlen bei ihrer Absorption immer wieder das totale Fluoreszenzspektrum hervorrufen, eine dauernde Verstärkung ihrer Intensität. Diese beiden Überlegungen sind fraglos zutreffend und erklären auch die häufig beobachtete Abhängigkeit der Fluoreszenzfarbe von der Konzentration und der Schichtdicke der leuchtenden Substanz. Doch läßt sich nicht recht einsehen, warum hierdurch das Maximum der Emission stets nach längeren und nicht ebensogut nach kürzeren Wellenlängen verschoben werden sollte; eher müßte man eine Wirkung erwarten ähnlich der Linienumkehr in leuchtenden Gasen. Eine solche Aufspaltung einer einfachen Fluoreszenzbande in zwei Teilmaxima infolge von Selbstumkehr ist tatsächlich auch beobachtet worden. Und schon die Kurven der Fig. 17, noch mehr aber Fälle wie die des Äskulins, dessen Absorption in wässeriger Lösung oberhalb 450 $\mu\mu$ überhaupt nicht mehr merklich ist, und das im ganzen Blau und selbst im Violett noch gut durchsichtig ist, während das

[1]) Einzelheiten über diese Fragen werden in den folgenden Kapiteln mitgeteilt.

Fluoreszenzmaximum bei 460 $\mu\mu$ liegt, scheinen der Starkschen Auffassung entschieden zu widersprechen.

Auslöschung und Tilgung von Phosphoreszenz. Ebenso wie durch Licht gewisser Wellenlängen Phosphoreszenz hervorgerufen werden kann, sind bestimmte Teile des Spektrums imstande, die einmal erregte sekundäre Emission zu schwächen bzw. auszulöschen. Dies gilt jedoch nur für die eigentliche Phosphoreszenz, nicht für die Fluoreszenz während der Bestrahlung, also nach der Lenardschen Bezeichnungsweise nicht für die Momentan-, sondern nur für die Dauerprozesse; und auch in diesen wieder sind die Zentren größter Dauer hauptsächlich ausgezeichnet. Die Fähigkeit, Phosphoreszenz auszulöschen, besitzen anscheinend stets die roten und angrenzenden ultraroten Strahlen, doch dehnt sich die Wirkung häufig über das gesamte sichtbare Spektrum bis ins Ultraviolett hinein aus; dabei treten dann an einzelnen Stellen des Spektrums Maxima und Minima des Effektes auf, die anscheinend auch wieder mit den besonderen Absorptionsverhältnissen zusammenhängen[1]). So wird die Phosphoreszenz des Flußspates ziemlich gleichmäßig durch die Strahlen des ganzen ultraroten und sichtbaren Gebietes ausgelöscht; dagegen zeigt die Auslöschungsverteilung der Erdalkaliphosphore, des Zinksulfids und anderer im allgemeinen an der Grenze des Ultrarot zwei relative Maxima und steigt dann weiter nach dem Violett hin stark an; in der Richtung nach längeren Wellen zu hat sie gewöhnlich ein ziemlich scharf begrenztes Ende, so daß noch langwelligeres Ultrarot (etwa oberhalb 1,5 μ) den Effekt nicht mehr hervorruft. Für verschiedene Banden derselben Substanz ist wie die Erregungsverteilung so auch die Auslöschungsverteilung eine andere, doch ist sie unabhängig von der Frequenz des Lichtes, mit der die Bande hervorgerufen worden ist. Im Gebiet kürzerer Wellenlängen überlagert sich in der Regel Erregung und Auslöschung, so daß die gleichen Strahlen, die den noch nicht erregten Phosphor zum Leuchten bringen, auf denselben Phosphor im Zustand voller Erregung auslöschend wirken.

Die Auslöschung ist unter Umständen begleitet von einem kurzen hellen Aufleuchten der betreffenden Bande, und da dies durchaus an das beschleunigte Abklingen eines Phosphors bei

[1]) Siehe weiter unten.

Erwärmung erinnert, glaubte zunächst Becquerel bei der Entdeckung des Phänomens und nach ihm einige andere, daß es sich beide Male um die nämliche Erscheinung handelt, hier also etwa um eine „molekular-lokale Temperaturerhöhung". In Wahrheit sind aber die Verhältnisse komplizierter. Die Auslöschung ist nämlich durchaus nicht immer von jener „Anfachung" begleitet, vor allem im ersten Teil der Abklingungsperiode, in der wesentlich die Zentren kürzerer Dauer mitwirken, fehlt diese häufig; Lenard unterscheidet daher prinzipiell zwischen „Tilgung" und „Ausleuchtung". Bei der letzteren bleibt die totale ausgestrahlte Energie dieselbe, während bei der ersteren ein Teil der Lichtsumme — wenigstens für die betreffende Bande — verloren geht; wie diese Energie in anderer Form wieder auftritt, darüber ist noch nichts bekannt. Genauere Untersuchungen haben gelehrt, daß auch die spektrale Verteilung für die Tilgung und die Ausleuchtung nicht identisch ist: die vorhin erwähnten selektiven Maxima gehören der Tilgungsverteilung an, die Kurve der Ausleuchtungsverteilung reicht meist weiter ins Ultrarot und verläuft dann im Sichtbaren ohne derartige Singularitäten. Der diesen Erscheinungen im einzelnen zugrunde liegende Mechanismus ist noch ziemlich unklar, doch ist das folgende im Auge zu behalten ([87]) ([109]) ([113]).

Fluoreszenzabsorption. Ganz allgemein hat das erregte Molekül optisch nicht mehr dieselben Eigenschaften wie das unerregte; sein Absorptionsspektrum ist ein anderes geworden, und die Absorption von Licht in dem erregten Molekül muß, auch wenn es sich beide Male um die gleiche Frequenz handelt, ganz andere Wirkungen hervorrufen als vorher im unerregten Zustand ([111]) ([117]). Bei sehr rasch erfolgender Rückkehr in den Normalzustand, also etwa bei den schnell abklingenden Fluoreszenzprozessen in Gasen oder in Flüssigkeiten, macht sich dies nach außen nicht weiter bemerkbar. Die Zahl der erregten Moleküle ist dann im Verhältnis zur Gesamtzahl so klein, daß sie bei der ja immer nur als Integraleffekt zu beobachtende Absorption gar keine Rolle spielt. Wenn aber eine Absorptionsbande einer gegebenen Substanz nur von einer bestimmten Molekülsorte herrührt, die von vornherein in nicht sehr großer Menge vorhanden ist und die überdies, einmal in den erregten Zustand versetzt, sich nur sehr langsam wieder zurückbildet, so muß eben infolge des Absorptions- oder des mit diesem vollkommen identischen Erregungsprozesses die betreffende Absorptionsbande geschwächt werden, evtl. ganz verschwinden. Lenard hat hierfür die Bezeichnung „erregende Absorption" eingeführt. In dem erregten Zustand besitzt das Molekül wiederum bestimmte Absorptionsbanden; wieso das Molekül, wenn in diesem Licht absorbiert wird, in den Normalzustand zurückkehrt, wurde im 1. Kapitel ausgeführt[1]); gleichzeitig muß dann aber auch die für das erregte Molekül charakteristische „auslöschende Absorption" verschwinden. Wenn vorher erwähnt wurde, daß häufig dieselben Wellenlängen je nachdem erregend oder auslöschend wirken können, so ist das nun natürlich in der Weise zu verstehen, daß das betreffende Spektralgebiet dem Absorptionsspektrum sowohl des unerregten als des erregten Moleküls angehört, und je nachdem die Absorption in dem einen oder im anderen erfolgt, bewirkt sie Erregung oder Auslöschung. Erregende und auslöschende Absorption sind beide an Erdalkaliphosphoren wirklich beobachtet worden. ([111])

Es ergibt sich nun ohne weiteres, daß die Suche nach der sog. „Fluoreszenzabsorption" erfolglos bleiben mußte. Eine irrtümliche Analogie zum Kirchhoffschen Gesetz führte zu der Erwartung, daß, wie eine leuchtende Flamme diejenigen Spektrallinien, die sie emittiert, auch absorbiert, so auch eine fluoreszenzfähige Substanz die Wellenlängen ihres Emissionsspektrums im erregten, leuchtenden Zustande stärker absorbieren sollte als im unerregten. Der Irrtum liegt darin, daß ja auch in der Flamme nicht den erregten Molekülen, etwa den eben emittierenden Na-Atomen die Absorption der D-Linien zuzuschreiben ist, sondern daß gleichzeitig in der Flamme eine weit größere Anzahl unerregter und darum für die D-Linien absorptionsfähiger Na-Atome vorhanden sind. Folgerichtig wäre demnach die Vermutung, daß die Absorptionsbanden der photolumineszierenden Körper stets mit den Emissionsbanden zusammenfallen sollten, wie das von Stark angenommen wird. Daß dies im allgemeinen nicht zutrifft, liegt an der besonders komplizierten Konstitution der hier in Betracht kommenden Moleküle; hierauf sowie auf eine gewisse Ähnlichkeit dieses Verhaltens mit den im Gebiet der Röntgenstrahlen beobachteten Erscheinungen wurde schon im Einleitungs-

---

[1]) Vgl. Seite 8.

kapitel hingewiesen. Über die tatsächliche Existenz einer Fluoreszenzabsorption hat längere Zeit eine ziemlich lebhafte Kontroverse bestanden, bis schließlich alle im positiven Sinne gedeuteten Resultate als durch Versuchsfehler vorgetäuscht nachgewiesen worden sind. ([80]) ([89]) ([239]) Den schärfsten direkten Beweis für ihr Nichtvorhandensein hat J. Becquerel erbracht, indem er zeigte, daß der Brechungsexponent und somit auch der Absorptionskoeffizient des Rubins bis in die unmittelbare Nachbarschaft seiner außerordentlich schmalen Fluoreszenzlinien hinein ganz unabhängig davon ist, ob der Rubin zum Leuchten erregt ist oder nicht. ([18])

Photoeffekt und Ionisation. Während in einem Gas Resonanzpotential und Ionisierungsspannung prinzipiell verschiedene Größen sind und daher auch die Erregung der Resonanzstrahlung niemals Ionisierung zur Folge haben kann, liegen bei festen Körpern die Dinge wesentlich anders. Hier erfolgt die vollständige Abtrennung eines Elektrons, wenn es nur aus seiner normalen Bahn entfernt worden ist, sehr viel leichter, wie das schon durch die an manchen Metallen bis ins Ultrarot hineinreichende lichtelektrische Wirkung bewiesen wird. Auf einen möglichen inneren Zusammenhang zwischen lichtelektrischer Empfindlichkeit und Photolumineszenzfähigkeit haben zuerst Elster und Geitel hingewiesen; sie fanden, daß sowohl fluoreszierende natürliche Minerale als manche künstliche Phosphore, z. B. Balmainsche Leuchtfarbe, in relativ hohem Grade photoelektrisch erregbar sind. Weiter behandelt wurde die Frage von Lenard und seinen Mitarbeitern gelegentlich ihrer Untersuchungen über die Erdalkaliphosphore. Es zeigte sich, daß alle diese Körper nicht nur unter der Wirkung sichtbaren Lichtes Elektronen emittieren, sondern daß die langwellige Grenze der lichtelektrischen Erregbarkeit desto mehr nach dem roten Ende des Spektrums zu verschoben ist, je weiter die Phosphoreszenz-Erregungsbanden sich ins Gebiet langer Wellen erstrecken: die Spektralbereiche, innerhalb deren beide Phänome hervorgerufen werden können, scheinen, wie durch die Tabelle 13 illustriert wird, zusammenzufallen. Hierzu kommt noch, daß die einzelnen Bestandteile der Phosphore, die, jeder für sich genommen, nicht phosphoreszieren, auch nicht im Sichtbaren lichtelektrisch empfindlich sind, und daß es überhaupt außer den am stärksten oxydabeln reinen Metallen sonst keine

Tabelle 13.

Name des Phosphors	Lichtelektrische Stromstärke in willkürl. Einheiten — Ungefähre Wellenlänge in $\mu\mu$					Ungefähre Grenzwellenlänge der Phosphoreszenzerregbarkeit
	300—480 (blauviolett)	360—600 (blaugrün)	> 470 (Fluoreszenz-gelatinefilt.)	> 500 (gelb)	> 600 (rot)	
$BaCuLi_7BO_4$	35	60	22	15	0	520 $\mu\mu$
$BaBiK_2B_6O_{10}$	42	60	18	4	0	520
SrBiNa	35	45	8	0	0	470
CaBiNa	70	83	0	0	0	440
CaPbNa	60	45	0	0	0	370

Körper geben dürfte, die bei Bestrahlung mit so langwelligem Licht Photoelektronen aussenden; insbesondere aber sind nichtfluoreszierende Verbindungen von Metallen mit stark elektronegativen Elementen wie Schwefel oder Sauerstoff, die stets Bestandteile der Phosphore bilden, nur im äußersten Ultraviolett lichtelektrisch erregbar. ([117])

Wenn nun aber auch diese Parallelität den Ausgangspunkt für die lichtelektrische Theorie der Photolumineszenz gebildet hat, so ist es gleichwohl keine notwendige Folgerung aus dieser Theorie, daß das Auftreten sekundärer Lichtemission stets von einer nach außen wahrnehmbaren Elektronenemission begleitet sein müßte. Denn die jene hervorrufenden Photoelektronen sollen ja nach Lenards Anschauung, sofern sie nicht sofort zurückkehren (Momentanprozeß), nach ihrer Abspaltung vom „wirksamen" Atom an einem anderen Atom des gleichen Zentrums oder im Bohrschen Sinne: auf einer anderen möglichen Bahn im Molekül selbst festgehalten werden, verlassen also nicht einmal die Sphäre des eigenen Molekülkomplexes. Anscheinend werden nur vereinzelte Elektronen durch die ihnen mitgeteilte Energie so weit aus dem Anziehungsbereich ihres Moleküls hinausgeführt, daß sie imstande sind, die Oberfläche der lumineszierenden Substanz zu verlassen.

Natürlich kommen für einen äußeren Photoeffekt nur die unmittelbar an der Oberfläche gelegenen Moleküle in Betracht, während die Erregung auch in tieferen Schichten vor sich gehen kann. Das Freiwerden von Elektronen im Inneren müßte sich durch Erhöhung der elektrischen Leitfähigkeit geltend machen. Eine solche ist nun im allgemeinen nicht oder doch nur in geringem Grade zu beobachten. Sie wird dagegen — wiederum bei den

Erdalkaliphosphoren, der Zinkblende und ähnlichen Körpern — sehr bedeutend, sobald man hohe elektrische Felder, mehrere 1000 Volt pro Zentimeter, verwendet[1]; und zwar hat diese Wirkung ein stark ausgeprägtes Maximum bei den Wellenlängen, die auch für die Hervorrufung der Phosphoreszenz vorzüglich in Betracht kommen, also bei den Wellenlängen der erregenden Absorption. Am voll erregten Phosphor verschwindet der Effekt, dann aber vermögen die Wellenlängen der „auslöschenden Absorption", die an der unerregten Substanz ganz wirkungslos sind, die elektrische Leitfähigkeit zu steigern. Es ist also nicht so, daß die bei der Erregung abgespaltenen Elektronen frei werden und dann beliebig den elektrischen Kraftlinien zu folgen vermögen, vielmehr gelangen sie alsbald in eine neue, ebenfalls verhältnismäßig stabile Lage. Nur während sie sich auf dem Wege von der unerregten auf die erregte Bahn oder umgekehrt von dieser nach jener befinden, können sie von einem starken äußeren elektrischen Feld erfaßt und aus dem Molekülverband losgerissen werden. Umgekehrt kann aber auch durch plötzliches Anlegen eines hohen Feldes an einen erregten Phosphor die Abklingung beschleunigt werden, gerade wie durch die Bestrahlung mit auslöschendem Licht: es erfolgt ein Aufblitzen der Phosphoreszenz und in der nachfolgenden Periode eine merkliche Schwächung der Intensität. Da sich dieser Effekt ohne neue Erregung mehrmals wiederholen läßt, werden offenbar nicht alle Elektronen der erregten Zentren vom Felde erfaßt und aus ihrer „erregten Bahn" ausgelöst; und da diese Auslösung ein Aufleuchten zur Folge hat, d. h. eine Rückkehr in die Normalbahn, so werden offenbar wiederum nicht alle Elektronen, die auf dem Weg von der einen zur anderen stabilen Bahn sich befinden, durch das Feld ganz aus dem Molekül abgetrennt und in „Leitungselektronen" verwandelt werden. Gerade diese Gruppe von Phänomenen erscheint als deutliches Zeichen dafür, wie sehr viel komplizierter die ganzen Prozesse hier verlaufen müssen als bei den relativ einfachen Vorgängen der Resonanzstrahlung. ([71]) ([72]) ([73]) ([74])

[1]) Anmerkung bei der Korrektur: Entsprechend der neuesten Arbeit von B. Gudden und R. Pohl ist die Anwendung hoher Felder zur Erzielung dieses Effektes nur bei der Untersuchung von Pulvern nötig. An homogenen Krystallen treten die selektiven Maximen des lichtelektrischen Leitungseffektes auch schon bei den niedrigsten Feldern hervor. (Z. f. Phys. **5**, 176, 1921.)

Weniger leicht ist es für die andere Hauptgruppe der photolumineszierenden Substanzen, die fluoreszierenden organischen Verbindungen, einen Zusammenhang zwischen sekundärer Lichtemission und Photoeffekt nachzuweisen. Eine Schwierigkeit liegt darin, daß, während flüssige, etwa wässerige oder alkoholische Lösungen im allgemeinen die stärkste Fluoreszenz aufweisen, an Flüssigkeiten eine äußere lichtelektrische Elektronenemission bei Bestrahlung mit Wellenlängen oberhalb 200 $\mu\mu$ überhaupt nicht vorzukommen scheint[1]). Effekte, die man früher an Lösungen von Anilinfarbstoffen gefunden zu haben glaubte, gehören tatsächlich den festen Körpern an, die sich mit der Zeit als kolloidale Häute an der Oberfläche ausscheiden. An den ungelösten Substanzen ist nun vielfach von Stark mit Sicherheit lichtelektrische Wirkung beobachtet worden, deren spektrale Erregungsgrenze mehr oder weniger mit dem langwelligen Ende der Fluoreszenzerregbarkeit für die gleichen Körper in Lösung zusammenfällt. Doch ist nicht zu vergessen, daß diese festen Substanzen meist nur sehr schwach, oft gar nicht fluoreszieren, und daß anderseits im gelösten Zustand das Lösungsmittel für die Fluoreszenzfähigkeit selbst so wie für das Absorptionsspektrum von maßgebendem Einfluß ist; so erscheint es einigermaßen willkürlich, hier noch nach quantitativen Zusammenhängen zwischen den Eigenschaften der gelösten und ungelösten Substanz zu suchen. Endlich ist es außer jedem Zweifel, daß die Fluoreszenzerregung mancher Lösungen in einem Spektralgebiet möglich ist, innerhalb dessen die betreffenden festen Körper sicher nicht lichtelektrisch empfindlich sind. Auch ein „innerer" Photoeffekt, d. h. eine Ionisierung fluoreszierender flüssiger Lösungen bei Bestrahlung mit fluoreszenzerregendem Licht kann im allgemeinen mit Sicherheit nicht nachgewiesen werden; manche im Sinne des erwarteten Effektes gedeutete Resultate müssen durch andere Wirkungen erklärt werden. In erster Linie kommt hier eine Erhöhung der Leitfähigkeit infolge von Erwärmung oder auch eine an den Elektroden auftretende Polarisation in Betracht. Allerdings hat Volmer gezeigt, daß die Lösungen vieler aromatischer Substanzen in Hexan durch äußerst kurzwelliges Licht ($\lambda < 220\ \mu\mu$) stark

[1]) Vermutlich, weil der in der Grenzschicht vorhandene Dampf die relativ langsamen Elektronen auffängt und so ihren Austritt verhindert.

ionisiert werden, doch führte er gleichzeitig den Nachweis, daß die in diesen Lösungen lebhafte Fluoreszenz hervorrufenden Strahlen größerer Wellenlänge keinerlei Steigerung der Leitfähigkeit verursachen. Um derartige Erscheinungen verständlich zu machen und doch die Vorstellung nicht aufzugeben, daß die Lichtemission die Rückkehr eines abgetrennten Elektrons in seine Ruhelage begleitet, hat J. Stark den Begriff der „partiellen Abtrennung" des Elektrons mit unmittelbar darauffolgender Wiederanlagerung eingeführt und damit eine Idee vorweggenommen, die in weiter ausgeführter Form und allgemeinerer Anwendung in der Bohrschen Theorie eine Hauptrolle spielt. Denn der Übergang eines Elektrons von der stabilen auf eine äußere Quantenbahn ist ja nichts anderes als eine solche Lockerung oder eingeleitete Abtrennung dieses Elektrons.

Mit den zuletzt besprochenen Problemen hängt bis zu einem gewissen Grade die andere Frage zusammen, ob die Fluoreszenzfähigkeit einer Lösung wächst, wenn durch irgendwelche Mittel ihre Ionisation bzw. Dissoziation vermehrt wird. Auch diese Frage ist experimentell noch nicht mit absoluter Sicherheit beantwortet, doch ist sie eher zu verneinen. Selbst Buckingham, der in erster Linie die Hypothese von der Parallelität zwischen Fluoreszenzhelligkeit und Dissoziation verteidigt, muß zahlreiche Ausnahmen von der Regel zugeben, die er nur durch komplizierte Zusatzhypothesen zu erklären imstande ist. Nach Knoblauch sind in manchen Fällen Ionen, in anderen neutrale Moleküle Träger der Fluoreszenz, und nur bei den ersteren wäre dann natürlich der Dissoziationsgrad für die Intensität der Lichtemission von Bedeutung. R. Meyer endlich bestreitet überhaupt jeden prinzipiellen Zusammenhang zwischen den beiden Erscheinungen, wobei er in sehr einleuchtender Weise darauf hinweist, daß in vielen Fällen die alkoholischen Lösungen bei gleicher Konzentration weit heller fluoreszieren als die wesentlich stärker dissoziierten wässerigen Lösungen der nämlichen Körper. Analog scheint sich auch in festen Lösungen, z. B. in Gläsern, die Fluoreszenzhelligkeit mit der Ionisation bzw. der Leitfähigkeit in keiner Weise parallel zu ändern. Schließlich muß doch wohl betont werden, daß bei allen in Betracht kommenden Versuchen die Veränderung des Dissoziationsgrades durch Zusatz von irgendwelchen Basen oder Säuren oder durch Erwärmung herbeigeführt wurde und infolgedessen Veränderungen der Substanzen selbst oder doch der Löslichkeitsverhältnisse durchaus nicht unwahrscheinlich sein dürften.

Temperaturabhängigkeit. Vom Einfluß der Temperatur auf die spektrale Lage der Banden und die Abklingungsdauer ist schon früher gesprochen worden. Für den Zusammenhang zwischen der Bandenhelligkeit und dem Temperaturzustand ist keine allgemeine Regel aufzustellen, etwa in dem Sinne, als wüchse bei Abkühlung stets die Intensität oder umgekehrt. Vielmehr besitzen gewöhnlich die Banden ein mehr oder minder ausgeprägtes Optimum der Intensität in einem bestimmten Temperaturintervall, außerhalb dessen sie evtl. überhaupt nicht auftreten; und zwar liegen diese Temperaturgebiete selbst für zwei Banden einer Substanz zuweilen weit auseinander, so daß ein solcher Körper beim Erwärmen sein Emissionsspektrum vollständig verändern kann. Viele Substanzen, die bei Zimmertemperatur keine merkliche Lumineszenzfähigkeit besitzen, phosphoreszieren intensiv, wenn man sie auf die Temperatur der flüssigen Luft abkühlt.

Polarisation und Zeemaneffekt. Das Lumineszenzlicht von Flüssigkeiten, amorphen und regulär-kristallisierten festen Körpern ist niemals polarisiert, auch nicht, wenn das erregende Licht polarisiert ist[1]). Daß gleichwohl, zumal bei sehr schräger Beobachtungsrichtung, teilweise Polarisation der Fluoreszenz vorhanden ist, rührt lediglich daher, daß das Licht bei Austritt aus dem leuchtenden Medium in die Luft partiell reflektiert wird. Die Größenordnung der gemessenen Polarisation stimmt durchaus mit der aus den einschlägigen Fresnelschen Formeln berechneten überein: sie beträgt für einen Austrittswinkel von 80° gegen die Normale etwa 35%. Ganz anders liegen die Verhältnisse bei doppeltbrechenden Kristallen: hier existieren sicher Vorzugs-

---

[1]) Anmerkung bei der Korrektur: Entgegen dieser bislang von allen Autoren vertretenen Ansicht ist nach einer eben veröffentlichten Mitteilung von F. Weigert (Verh. d. D. phys. Ges. (3) (**1**, 100, 1920) die mit polarischem Licht erregte Fluoreszenzstrahlung von Farbstofflösungen und Uranglas sehr erheblich polarisiert; und zwar nimmt in flüssigen Lösungen der Polarisationsgrad bei Gelatinezusatz zu, und er ist an und für sich desto größer, je schwerer die fluoreszierenden Moleküle sind: er beträgt z. B. für Eosin in Wasser 15%, in Gelatine 22%, für J_4-Fluoreszein in Gelatine 36%. Wie das mit den oben folgenden quantitativen Angaben in Einklang zu bringen ist, lässt sich vorläufig nicht entscheiden.

richtungen für die Schwingung des elektrischen Lichtvektors sowohl in der Absorption als in der Emission. Für die zahlreichen Fälle, in denen die Absorptions- und Emissionsgebiete spektral sich nicht decken, ist es bei dem wohl vielfachen, aber nur qualitativen Material, das zurzeit vorliegt, ziemlich aussichtslos, Gesetzmäßigkeiten herleiten zu wollen. Für den Rubin und die Uranylsalze hingegen, bei denen das eine Spektrum als die Umkehrung des anderen erscheint, ergibt sich ein sehr deutlicher Gegensatz gegenüber der Resonanzstrahlung der Gase: wohl ist die Polarisationsvorzugsrichtung für eine bestimmte Bande in Emission und Absorption die gleiche, aber die Polarisation der Fluoreszenzstrahlung in einer solchen Bande ist immer dieselbe, gleichviel ob das erregende Licht polarisiert war oder nicht. Verschiedene Banden des Fluoreszenzspektrums weisen zueinander senkrechte Polarisationsrichtungen auf, und wenn solche Banden gleichzeitig durch denselben Primärstrahl erregt werden, ändert sich ihre relative Intensität nicht bei beliebiger Veränderung in der Polarisationsrichtung des primären Lichtes.

Eine Einwirkung des Magnetfeldes auf die verwaschenen Lumineszenzbanden der meisten Substanzen ist natürlich nicht zu beobachten; sie existiert auch nicht für die Banden der Uranylsalze, die bei der Temperatur der flüssigen Luft äußerst schmal werden.([19]) Dagegen zeigen die linienartigen Phosphoreszenzbanden des Rubins den gleichen Zeemaneffekt wie die entsprechenden Absorptionslinien. ([38]) Ein Starkeffekt ist unter keinen Umständen an noch so schmalen Fluoreszenzlinien fester Körper zu erwarten; denn die Schärfe solcher Linien ist gerade nur durch ihre geringe Empfindlichkeit gegen äußere elektrische Felder zu erklären. ([134])

Lambertsches Gesetz. Die Photolumineszenzemission gehorcht nicht dem Lambertschen Gesetz, vielmehr ist die gesamte von einer dünnen leuchtenden Fläche ausgehende an das Auge des Beobachters gelangende Intensität ebenso wie bei einem leuchtenden durchsichtigen Gas unabhängig vom Emanationswinkel, d. h. die scheinbare Flächenhelligkeit nimmt mit der zunehmenden Verkürzung proportional zu — selbstverständlich nur für glatte Oberflächen, bei denen allein der Austrittswinkel eindeutig definiert ist. Im allgemeinen wird, wenn man etwa eine fluoreszierende Flüssigkeit von der Luftseite aus betrachtet, diese Erscheinung dadurch stark beeinträchtigt oder sogar ins Gegenteil verkehrt, daß gerade bei schräg austretenden Strahlen ein großer Teil durch Totalreflexion an der Grenzschicht zwischen der Flüssigkeit und dem angrenzenden Medium (Luft) für die Beobachtung verloren geht. Vermeidet man diese Fehlerquelle durch geeignete Wahl des zweiten Mediums, so erhält man für die Flächenhelligkeit als Funktion des Austrittswinkels die Punkte der Fig. 18, welche sehr gut mit der durch Berechnung gefundenen ausgezogenen Kurve zusammenfallen.

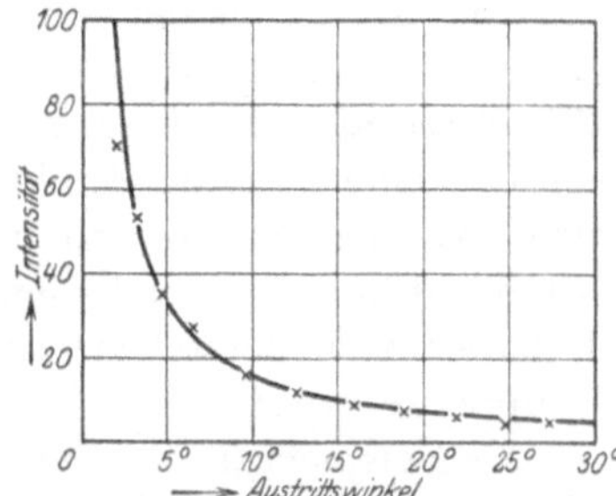

Fig. 18. Fluoreszenzhelligkeit als Funktion des Austrittswinkels.

VII. Die Gruppe der Erdalkaliphosphore.

Die Gruppe von phosphoreszierenden Substanzen, die im Laufe der Zeit bei weitem am eingehendsten untersucht worden ist, sind die Erdalkalisulfide. Schon der erste überhaupt bekannte Phosphor, der sog. Bologneser Stein, war nichts anderes als Bariumsulfid mit irgendwelchen Verunreinigungen, deren Natur und wesentliche Wirksamkeit allerdings lange unbekannt blieb. Erst von Boisbaudran und Verneuil wurden — zwei Jahrhunderte später — die Bedingungen für die Leuchtfähigkeit eines Erdalkalisulfids gefunden, bis schließlich durch die Arbeiten Lenards und seiner Schüler der Gegenstand in quantitativer Weise klargestellt wurde[1]). Danach besteht ein Erdalkaliphosphor stets aus dem Sulfid des betreffenden Erdalkalimetalles, dem eine minimale Menge eines Schwermetalles beigemengt und das mit diesem in einem indifferenten und farblosen Flußmittel zusammengeschmolzen ist. Als „wirksame" Metalle dienen: Cu, Pb, Mg, Bi, Ag u. a. m., als schmelzbarer Zusatz eine große Reihe von Salzen, wie Na_2SO_4, NaCl, Na_2HPO_4 usw., und die entsprechenden Verbindungen anderer Metalle wie des K, Li,

[1]) Für die in diesem Kapitel behandelten Fragen kommen hauptsächlich die Arbeiten ([108]) bis ([117]) in Betracht.

Ca. So ist die in der experimentellen Technik viel verwandte Balmainsche Leuchtfarbe nichts anderes als Ca-Sulfid mit einem Wismutzusatz. Doch sei schon hier erwähnt, daß die Erdalkalisulfide keine absolute Sonderstellung einnehmen; vielmehr lassen sich aus den Selenverbindungen sowie aus den Oxyden und Karbonaten der Erdalkalien Phosphore mit durchaus analogen Eigenschaften herstellen; und auch das Zinksulfid ist zu dieser Gruppe zu rechnen. (79) (98) (165) (188)

Als Beispiele für die genaue Zusammensetzung von Erdalkaliphosphoren mögen die folgenden neben vielen anderen von Lenard angegebenen Phosphore in ihrer „normalen" Konzentration dienen:

$$3\,g\ CaSO_4 + (0{,}5\,g\ Na_2SO_4 + 0{,}06\,g\ NaFl) + 0{,}0013\,g\ Sb$$
$$4\,g\ SrSO_4 + (0{,}1\,g\ Na_2SO_4 + 0{,}1\,g\ Na_2B_4O_7) + 0{,}00018\,g\ Cu$$
$$3\,g\ BaSO_4 + 0{,}1\,g\ K_2B_6O_{10} \qquad + 0{,}00024\,g\ Bi.$$

Aus Gründen der Übersichtlichkeit hat Lenard eine abgekürzte Bezeichnungsweise eingeführt, in der Form, daß z. B. der dritte der angeführten Phosphore durch das Symbol $BaBiK_2B_6O_{10}$ gekennzeichnet wird[1]). Bei den verschiedenen Versuchen werden häufig andere Konzentrationen verwandt, deren prozentualer Gehalt an wirksamem Metall dann stets auf die „normale" Zusammensetzung bezogen wird. Bezüglich der Einzelheiten über die praktische Herstellung der Phosphore muß auf die Originalarbeiten verwiesen werden[2]). Wesentlich ist, um wirklich quantitativ reproduzierbare Resultate zu erhalten, daß die Ausgangsmaterialien möglichst rein sind. Das Erdalkalisulfid wird mit dem Zusatz zu einem Pulver verrieben, mit einigen Tropfen der Metalllösung versetzt und zur Rotglut erwärmt, wobei das Sulfat nach der Formel $4\,CaO + 4\,S = 3\,CaS + 1\,CaSO_4$ zum größeren Teil in Sulfid übergeführt wird. Dauer und Temperatur der Erhitzung sind von wesentlichem Einfluß auf die Eigenschaften des Phosphors, worauf später zurückgekommen werden soll.

---

[1]) Häufig wird, wenn die Natur des Zusatzsalzes nicht besonders betont zu werden braucht, hierfür noch kürzer die Bezeichnung „Ba Bi-Phosphor" verwandt. Die „normale" Zusammensetzung ist empirisch als für die Nachleuchtfähigkeit am günstigsten bestimmt.

[2]) Genaue Angaben z. B. bei W. E. Pauli, Ann. d. Phys. **34**, 739 (1911).

Tabelle 14.

Präparationsmasse	Zusammensetzung des Füllmaterials in %			Lichtsumme bei 0,023 normal Bi
	$CaSO_4$	CaS	CaO	
Gewöhnl. Präp.	39	61	0	252
mit Zusatz von $CaSO_4$	75	25	0	232
	89	8	3	4
Reines $CaSO_4$ ...	100	0	0	0

Nur der vollständige Phosphor, der alle drei Bestandteile enthält, ist photolumineszenzfähig: fehlt etwa das wirksame Metall oder das Flußmittel, so ist die Substanz nicht zu sekundärer Lichtemission anzuregen. Ein Teil des Sulfides kann, wie Tabelle 14 zeigt, unbeschadet der Leuchtfähigkeit durch Sulfat ersetzt werden, doch ist das Vorhandensein eines gewissen Prozentsatzes von Sulfid unbedingt nötig. Augenscheinlich sind nur relativ wenige komplexe Moleküle, bestehend aus Sulfid, Metall und Zusatz, als „Zentren" aktiv am Vorgang des Energieumsatzes beteiligt, während der Rest nur als Füllmaterial dient. Hierfür spricht schon neben anderen Gründen die früher erwähnte Tatsache, daß innerhalb gewisser Grenzen die Phosphoreszenzhelligkeit dem Metallgehalt proportional ist. Dabei dürften die einzelnen Komponenten, aus denen sich die Zentren zusammensetzen, in der Weise an dem Vorgang beteiligt sein, daß die Photoelektronen dem wirksamen Metall entstammen; die Schwefelatome dienen zur Aufspeicherung der Energie, indem sie die vom Metall abgespaltenen Elektronen festhalten; das Wesentliche in der Wirkung des schmelzbaren Zusatzes endlich scheint die enge Verbindung der Metallatome mit den Molekülen des Erdalkalisulfides zu sein.

Doch dürfte dem Zusatzsalz noch eine andere Bedeutung zukommen, wie aus der folgenden sehr bemerkenswerten Tatsache hervorgeht: Erdalkalisulfide mit einer Beimischung „wirksamen" Metalls, an denen durch Licht keine Phosphoreszenz hervorgerufen werden kann, zeigen intensive Phosphoreszenz bei Erregung mit Kathodenstrahlen, und zwar treten in der Emission anscheinend dieselben Banden auf, die an der gleichen Substanz mit Zusatzsalz auch bei Erregung mit Licht beobachtet werden ([25]) ([28]). Also nicht die Emissionsfähigkeit wird durch das Zusatzsalz verursacht, sondern lediglich wird die Bildung solcher „Zentren" ermöglicht, die imstande sind, Licht zu absorbieren und die absorbierte Energie auf den

Emissionsmechanismus zu übertragen[1]). Im übrigen nimmt Lenard nicht nur für die einzelnen Banden eines Phosphors verschiedenartig konstituierte Zentren an, sondern auch die Emission ein und derselben Bande ist einer großen Zahl ungleich gebauter Zentren zuzuschreiben, die sich als solche teils durch verschiedene Erregungsverteilung, teils durch verschiedene Leuchtdauer bemerklich machen.

Durch Messung der gesamten Strahlung, die ein voll erregter Phosphor von bekannter Zusammensetzung abgibt, läßt sich die Energie bestimmen, die von jedem einzelnen Zentrum aufgespeichert werden kann, vorausgesetzt, daß ein Zentrum immer nur ein Atom des wirksamen Metalles enthält. So ist die von einem Gramm eines voll erregten 0,01 normalen CaBi-Phosphors ausgestrahlte Lichtmenge äquivalent $11{,}3 \cdot 10^4$ Erg, und da ein solcher Phosphor $0{,}000218 \cdot 10^{-2}$ g Bi oder $61{,}8 \cdot 10^{14}$ Atome des Metalls pro Gramm Gesamtmasse enthält, so kommt auf jedes Zentrum eine maximale Energieaufspeicherung von $18{,}4 \cdot 10^{-12}$ Erg. Nimmt man nun weiter an, daß nach der Forderung der Lichtquantentheorie je ein Quantum der emittierten Lichtenergie (deren Wellenlänge in unserem Falle 445 $\mu\mu$ beträgt, entsprechend einer Frequenz $= 6{,}74 \cdot 10^{14}$) einem Elektron entstammt, oder mit anderen Worten, daß jedes der abgespaltenen Photoelektronen bei der Rückkehr in die Ruhelage ein Energiequantum von der Größe $h\nu = 4{,}44 \cdot 10^{-12}$ Erg. auf das Emissionselektron überträgt, so kommt man zu dem Schluß, daß jedes Atom des wirksamen Metalles bei voller Erregung vier Elektronen verloren hat.

Messungen über die erregende Absorption und die von einem vollerregten Phosphor aufgespeicherte Lichtsumme zeigen, daß der Nutzeffekt des bei der Phosphoreszenz stattfindenden Energieumsatzes von der Größenordnung 1 ist; d. h. angenähert die gesamte von den Phosphoreszenzzentren absorbierte Energie wird als Lumineszenzstrahlung wieder emittiert. Genau gleich der Einheit könnte entsprechend der Quantenhypothese der Ökonomiekoeffizient natürlich nur sein, wenn die erregende und die sekundäre Strahlung von gleicher Wellenlänge sind; andernfalls muß er stets kleiner als 1 sein, und das Verhältnis wird desto ungünstiger, je relativ größer die Frequenz des erregenden Lichtes ist.

[1]) Dieser Einfluß mag vielleicht in der Lockerung des Photoelektrons durch die Nähewirkung der Salzmoleküle bestehen.

Jeder Erdalkaliphosphor weist mehrere voneinander unabhängige Emissionsbanden auf, deren spektrale Lage durch das Erdalkalimetall und das wirksame Metall bestimmt wird, und die wir nach dem Vorgang Lenards mit den Buchstaben des griechischen Alphabets bezeichnen. Dabei ist eine einheitliche Bande definiert als „ein Komplex emittierter Wellenlängen, welcher gemeinsame Eigenschaften besitzt in bezug auf Temperatur, Erregkarkeit durch bestimmte Wellenlängen und Schnelligkeit des An- und Abklingens, so wie auch auf das Erscheinen bzw. Nichterscheinen bei Anwesenheit bestimmter Zusätze". Phosphore mit verschiedenem Erdalkalisulfid oder Metall besitzen niemals gemeinsame Emissionsbanden, die mit Rücksicht auf die eben genannten Eigenschaften identisch wären. Dagegen sind Phosphore, die bei gleichem Erdalkalisulfid verschiedene, doch chemisch ähnliche wirksame Metalle enthalten — wie Cd, Pb, Ag und Zn; oder Bi und Sb; Mn und Ni — durch Emissionsbanden charakterisiert, die bei verschiedener spektraler Lage sich in ihren sonstigen Eigenschaften gleichartig verhalten[1]). Läßt man umgekehrt das wirksame Metall unverändert und untersucht die differenzierende Wirkung der einzelnen Erdalkalisulfide, so zeigen sich meist die analogen Emissionsbanden nach längeren Wellen zu verschoben, wenn man vom Ca zu Sr und Ba übergeht. Im gleichen Sinne wachsen aber auch die Dielektrizitätskonstanten der Phosphore, so daß das Verhältnis $\frac{\lambda}{\sqrt{D}}$ konstant bleibt, wenn λ die Wellenlänge größter Intensität in der Emissionsbande und D die Dielektrizitätskonstante des Phosphors darstellt. Es existieren allerdings auch Ausnahmen von dieser Regel, doch gilt sie im allgemeinen, und zwar, wie das eine Beispiel der Tabelle 15 zeigt, nicht nur für die im sichtbaren Gebiet, sondern auch für die im Ultraviolett und im Ultrarot gelegenen Banden. Eine Folge davon ist, daß ultraviolette Phosphoreszenz (bis unterhalb 300 $\mu\mu$), die bei Ca-Sulfidphosphoren relativ häufig beobachtet wird, bei Sr-Phosphoren nur selten, bei Ba-Phosphoren überhaupt nicht auftritt, weil die entsprechenden Banden hier wegen der höheren Dielektrizitätskonstante weiter ins Sichtbare gerückt sind.

[1]) Vergleiche hierzu: Anmerkung bei der Korrektur, S. 119.

Tabelle 15.

Zusammenhang zwischen der Lage der Emissionsbanden und der Dielektrizitätskonstante.

Bande	α		β		ϱ		ν	
Phosphor	λ	$\frac{\lambda}{\sqrt{D}}$	λ	$\frac{\lambda}{\sqrt{D}}$	λ	$\frac{\lambda}{\sqrt{D}}$	λ	$\frac{\lambda}{\sqrt{D}}$
CaPb	540	190	420	148	600	246	366	129
SrPb	550	186	450	152			380	130
BaPb	580	180	550	171	795	244		
CaBi	445	157	520	183				
SrBi	470	159	550	186				
BaBi	540	168	600	186				

Tritt im Phosphor an Stelle des Schwefels Sauerstoff oder Selen (Erdalkalisauerstoff- bzw. Erdalkaliselenphosphore), so rücken die analogen Banden im ersten Fall nach kleineren, im zweiten nach größeren Wellenlängen[1]). Doch konnte an keinem Selenphosphor bisher mehr als eine Emissionsbande aufgefunden werden; und auch diese tritt — an sich schon wenig intensiv — sofort gegen die entsprechende Bande des Sulfidphosphors zurück, wenn das Material Spuren von Schwefel enthält, wenn also z. B. als schmelzbarer Zusatz eine Schwefelverbindung wie Na_2SO_4 verwandt wird.

Die Natur des Salzzusatzes ist bei gegebenem wirksamem Metall und Erdalkalisulfid von relativ geringer Bedeutung für die spektrale Lage der Erregungs -und Emissionsbanden sowie für die Energieverteilung innerhalb der einzelnen Banden. Immerhin kommen Verschiebungen einer Bande bis zu 20 $\mu\mu$ vor, wenn verschiedene Salze als Flußmittel verwendet werden. Viel wichtiger aber ist der Einfluß auf die relative Intensität der verschiedenen Banden eines Phosphors und auf die Nachleuchtdauer; und zwar sind diese Wirkungen unabhängig voneinander; d. h. ein bestimmtes Salz mag sowohl Intensität als Leuchtdauer einer Bande erhöhen oder aber die eine vermindern und gleichwohl die andere steigern. Dabei wirken chemisch ähnliche Salze — etwa alle Sauerstoffsalze des Na oder die Cl-Salze aller Alkalimetalle — meist im selben Sinne. Wie im übrigen die beiden ersten der auf Seite 110 angeführten Beispiele lehren, ist es oft

[1]) Vgl. Tabelle 17 auf Seite 120.

vorteilhaft, statt eines einfachen Salzes ein Gemisch aus zwei Salzen zu verwenden.

Ähnlichen Einfluß auf die Eigenschaften der Phosphoreszenzbanden wie der Salzzusatz haben auch die Temperatur und die Dauer des Glühens bei der Herstellung des Phosphors. So lassen sich durch geeignete Präparationsweise Phosphore mit nur einer einzigen gewünschten Emissionsbande herstellen, was für das Studium vor allem solcher Banden, die unter normalen Umständen nur relativ geringe Intensität besitzen oder sonst schwer zu beobachten sind, sehr vorteilhaft ist: ein CaAg-Phosphor von der Zusammensetzung 2 g CaS + 0,1 g K_2SO_4 + 0,0002 g Ag zeigt bei einer Glühdauer von 20 Minuten nur seine ultraviolette Emissionsbande bei 355 $\mu\mu$, der SrNi-Phosphor, dessen Bestandteile: 3 g Sr + 0,07 g $CaFl_2$ + 0,07 g K_2SO_4 + 0,00006 g Ni 25 Minuten geglüht worden sind, nur die ultrarote Bande bei 790 $\mu\mu$.

Nicht nur besitzt im allgemeinen jeder Phosphor mehrere unabhängige Emissionsbanden, die verschieden gebauten Zentren zugeschrieben werden müssen, sondern jede einheitliche Bande kann weiterhin in mehrfacher ungleichartiger Weise erregt werden, und auch hier wieder muß man mindestens teilweise irgendwie differenzierte Zentrenmoleküle annehmen, in denen der gleiche Emissionsakt durch andere primäre Vorgänge hervorgerufen wird. Lenard unterscheidet dreierlei „Erregungsprozesse“: den „Momentanprozeß“, dem eine sofort verlöschende Fluoreszenz entspricht; und den „Dauerprozeß“ mit langsam abklingender Phosphoreszenz. Schließlich existiert noch der sog. „Ultraviolettprozeß“; in diesem aber handelt es sich vermutlich nicht um eine direkte Phosphoreszenzerregung durch das Licht, bei der ja der ganze Energieumsatz innerhalb eines Zentrums vor sich geht. Vielmehr wird durch die auffallende Strahlung zunächst ein Photoeffekt an indifferenten Molekülen, etwa des Füllmaterials, ausgelöst, und die so erzeugten langsamen Kathodenstrahlen rufen erst bei ihrem Auftreffen auf die empfindlichen Zentren Phosphoreszenz hervor; für diese Auffassung spricht es, daß im Ultraviolettprozeß, der überhaupt nur durch Licht sehr kurzer Wellenlängen angeregt werden kann, die Wirkung mit abnehmender Wellenlänge stetig zunimmt und daß ebenso wie bei eigentlicher Kathodenstrahlphosphoreszenz fast nur die Zentren relativ kurzer Dauer in Aktion treten, und zwar desto ausschließlicher, je langsamer die Kathodenstrahlen sind: die An- und Abklingungsdauer ist gering, volle Erregung wird überhaupt nicht oder doch nur sehr schwer erreicht. Da im übrigen trotz ungleicher Erregung beim Ultraviolettprozeß die nämlichen Zentrensorten beteiligt sind wie beim Dauerprozeß, so ist die Abhängigkeit von der Temperatur und sonstigen Einflüssen im wesentlichen die gleiche.

Experimentell lassen sich die einzelnen Prozesse mit den zugehörigen Erregungsverteilungen leicht feststellen, indem man auf eine Schicht der phosphoreszierenden Substanz ein kontinuierliches Spektrum als erregendes Licht projiziert. Bei den Wellenlängen, die den Momentanprozeß auslösen, erhält man sofort mit dem Einsetzen der Belichtung voll beginnende und auch mit ihr wieder verschwindende Fluoreszenz; lang nachleuchtende und auch langsam anklingende Phosphoreszenz tritt nur bei den Stellen der Dauererregung auf, während endlich im Ultraviolett sich ein Spektralgebiet anschließt, in dem kurzes Nachleuchten beobachtet wird, das beim Fortschreiten nach kleineren Wellen zu an Dauer allmählich zunimmt.

Für den Momentanprozeß gilt alles früher im allgemeinen über Fluoreszenz Gesagte; seine Erregungsbanden sind flach und verwaschen und liegen meist im Ultraviolett oder im kurzwelligen Gebiet des sichtbaren Spektrums. Die Helligkeit der Emission ist von der Temperatur nur sehr wenig abhängig, nimmt jedoch in der Regel mit fortschreitender Abkühlung ein wenig zu, wobei gleichzeitig die Intensitätsverteilung in der Bande sich verschiebt und ihr Schwerpunkt nach kürzeren Wellenlängen rückt (vgl. Fig. 15 auf S. 93). Die Erregungsverteilung des Dauerprozesses dagegen besteht aus mehreren, meist drei oder vier, ziemlich schmalen Spektralgebieten, deren Wellenlängen sich umgekehrt verhalten wie die Wurzeln aus den ganzen Zahlen:

$$\lambda_1 : \lambda_2 : \lambda_3 = \frac{1}{\sqrt{2}} : \frac{1}{\sqrt{3}} : \frac{1}{\sqrt{4}} = 100 : 81{,}7 : 70{,}8 \;{}^{1})$$

In der Fig. 19 sind nach Lenard die Erregungsmaxima mit d_1, d_2, d_3 bezeichnet[2]), die flach verlaufende Kurve m gibt das

[1]) Vergl. hierzu die Anmerkung bei der Korrektur, Seite 119.

[2]) Neuerdings wurde in einigen Fällen noch eine vierte d-Bande d_4 aufgefunden.

Erregungsgebiet des Momentanprozesses an, die ungefähre spektrale Lage der Emissionsbande endlich ist durch die schraffierte Fläche angedeutet. Da die verschiedenen Banden eines Phosphors verschiedenen Zentrensorten zuzuschreiben sind, ist es nicht zu verwundern, daß die d-Maxima einer Bande, die ja gleichzeitig auch die selektiven Absorptionsgebiete der betreffenden Zentrenart darstellen, gerade in die Lücken zwischen die Maxima einer anderen Bande fallen. Die Erregung gesonderter Emissionsbanden eines Phosphors ist allerdings meist bei verschiedenen Temperaturen oder bei verschieden präparierten Proben der Substanz studiert worden, und es ist nicht bekannt, wieweit hierdurch auch die Absorptionsspektra sich ändern. Für die von ihm untersuchten drei Substanzen hat Walter gezeigt, daß die Intensität der selektiven Absorptionsbanden Temperatureinflüssen nur wenig zugänglich ist.

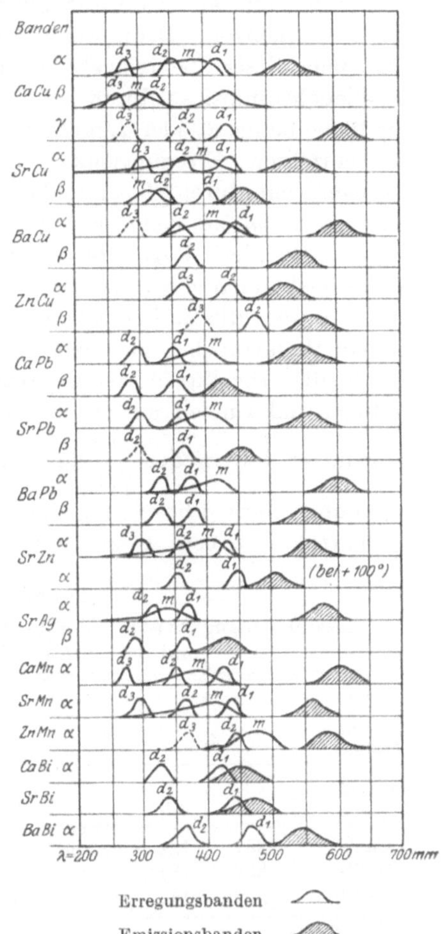

Fig. 19. Erregungs- und Emissionsbanden von Phosphoren nach Lenard.

Die relative Intensität der verschiedenen d-Maxima einer Emissionsbande ist stark variabel je nach der Wahl des schmelzbaren Zusatzsalzes; so ist für die Bande α eines SrCu-Phosphors d_1 und d_3 sehr stark, d_2 kaum erkennbar, wenn bei der Präparation $Na_2B_4O_7$ verwandt wird; ersetzt man dies dagegen teilweise durch Na_2SO_3, so verschwindet d_1 beinahe ganz, und statt dessen kommt nun neben d_3 auch d_2

sehr intensiv zur Geltung. Phosphore mit nur einem d-Maximum herzustellen ist bisher nicht gelungen. Die verschiedenen Erregungsmaxima einer Bande gehören nicht verschiedenen Zentren an, vielmehr reagiert jedes Zentrum auf jede der d-Frequenzen. Denn wenn die Emissionsbande durch Licht aus einem dieser Spektralgebiete, etwa d_1, voll erregt ist, wird die Nachleuchtintensität durch weitere Bestrahlung mit Licht von der Wellenlänge d_2 oder d_3 nicht mehr gesteigert. Dagegen können die einzelnen Erregungsmaxima einander in ihrer Wirkung ersetzen: ein durch d_1 unvollkommen erregter Phosphor kann etwa durch d_3 zu voller Erregung gebracht werden. Bezüglich ihrer spektralen Lage folgen die Erregungsbanden analoger Emissionsbanden von verschiedenen Phosphoren derselben Gesetzmäßigkeit wie die Emissionsbanden selbst, und zwar mit größerer Regelmäßigkeit: bei gleichem wirksamen Metall sind sie nur durch die Dielektrizitätskonstante des umgebenden Mediums bedingt und rücken mit wachsendem D nach größeren Wellenlängen, so daß wieder $\frac{d}{\sqrt{D}}$ konstant bleibt (vgl. Tabelle 16). Erwärmung eines Phosphors, die gleichfalls eine Erhöhung der Dielektrizitätskonstante zur Folge hat, wirkt im gleichen Sinne.

Tabelle 16.
Zusammenhang zwischen der Lage der Dauer-Erregungsbanden und der Dielektrizitätskonstante.

Bande	α				β			
Erregungs-maximum	d_1		d_2		d_1		d_2	
Phosphor	λ	$\frac{\lambda}{\sqrt{D}}$	λ	$\frac{\lambda}{\sqrt{D}}$	λ	$\frac{\lambda}{\sqrt{D}}$	λ	$\frac{\lambda}{\sqrt{D}}$
CaPb	351	124	ca.290	102	351	123	ca. 280	99
SrPb	358	121	„ 298	101	ca. 364	123	„ 290	98
BaPb	377	117	„ 332	103	381	118	„ 325	101
CaBi	418	147	ca. 320	113				
SrBi	436	147	330	111				
BaBi	463	144	360	112				

Es entspricht durchaus der Erwartung, daß eine Veränderung der Coulombschen Anziehungskräfte infolge der Erhöhung der Dielektrizitätskonstante von einer Veränderung der Quantenbahnenergien und somit auch der Absorptionsfrequenzen begleitet sein muß, gerade wie nach der klassischen Theorie die Bindung und Eigenschwingungszahl des quasielastisch gebundenen Elektrons mit von der Dielektrizitätskonstante abhing.

Auch die d-Maxima analoger Banden sind gegenüber den Sulfidphosphoren bei Sauerstoffphosphoren zu kürzeren, bei Selenphosphoren zu größeren Wellenlängen verschoben; die Dielektrizitätskonstanten solcher Substanzen sind bislang noch nicht gemessen worden[1]). Im übrigen gibt Tabelle 17 für die gesamten hier in Betracht kommenden Verhältnisse einige Beispiele.

---

[1]) Anmerkung bei der Korrektur. Dies ist inzwischen geschehen, siehe: F. Schmidt, Über die Dielektrizitätskonstanten der Phosphore und die absoluten Wellenlängen ihrer Dauererregungsverteilung. Ann. d. Phys. **64**, 713. 1921. Die sehr bemerkenswerten Resultate, die in dieser Publikation mitgeteilt werden, konnten leider nicht mehr im Text verarbeitet werden. Es ergibt sich, daß die reduzierten „absoluten Wellenlängen“ $\frac{\lambda}{\sqrt{D}}$, welche den betreffenden Eigenwellenlängen eines wirksamen Metalls entsprechen würden, wenn es im Vakuum statt in einem Medium der Elektrizitätskonstante D eingebettet wäre, für die Erregungsmaxima auch in den Selen- und Oxydphosphoren immer denselben Wert besitzen, also wirklich für die einzelnen Metalle charakteristische Konstanten sind. Es seien aus der alle untersuchten Phosphore zusammenfassenden Tabelle in der Schmidtschen Arbeit die Beispiele herausgegriffen, die in Tab. 17 enthalten sind.

Tabelle 17a.

„Absolute Wellenlängen“ $\frac{\lambda}{\sqrt{D}}$ der Dauererregungs- und Emissionsbanden in $\mu\mu$.

Bande	Sauerstoffphosphor				Schwefelphosphor				Selenphosphor		
	d_3	d_2	d_1	Emission	d_3	d_2	d_1	Emission	d_2	d_1	Emission
CaCu α	100	124	148	178	97	23	146	181	—	—	—
SrCu α	101	124	146	188	101	122	145	181	—	—	—
BaCu α	—	124	—	209	—	118	146	186	—	—	—
SrPb α	103	125	146	193	101	121	149	186	—	—	—
SrPb β	99	120	145	165	98	123	—	152	—	—	—
CaBi β	—	—	—	—	42	—	147	183	122	145	214

Ferner gilt nach Schmidt für die Schwingungszahlen der Dauererregungsmaxima nicht die auf S. 116 aufgestellte Bezeichnung, sondern sie verhalten sich wie die Quadrate aufeinander folgender ganzer Zahlen; in der Tat läßt sich ja das dort angegebene Zahlenverhältnis mit einiger Näherung

Tabelle 17.

Bezeichnung der Bande	Sauerstoffphosphor				Schwefelphosphor				Selenphosphor			
	d_3	d_2	d_1	Emission	d_3	d_2	d_1	Emission	d_3	d_2	d_1	Emission
CaCu α	271	236	400	480	275	249	416	515	—	—	—	—
SrCu α	280	342	402	520	300	360	430	535	—	—	—	—
BaCu α	—	350	—	590	285	353	441	600	—	—	470	670
SrPb α	280	340	397	525	298	358	435	550	—	—	—	—
SrPb β	264	320	386	440	290	364	—	450	—	370	440	495
SrMn α	270	331	400	530	290	357	431	555	330	380	455	659

auch darstellen durch $10^2 : 9^2 : 8^2$. Die ältere von R. Pohl stammende Gleichung war hergeleitet aus einer von F. A. Lindemann zur Berechnung lichtelektrischer Eigenfrequenzen begründeten Hypothese, derzufolge die reziproke Wurzel aus der Wertigkeit des fraglichen Metallatoms für die Eigenschwingungsdauer maßgebend sein sollte. F. Schmidt dagegen vertritt die Ansicht, daß auch diese Frequenzen sich ergeben aus der Bohrschen Serienformel: $\nu = N \cdot Z_{\text{eff.}}^2 \left(\frac{1}{n^2} - \frac{1}{m^2}\right)$, worin N die Rydbergsche Konstante und $Z_{\text{eff.}}$ die effektive Kernladung des Atoms ist; n durchläuft aufeinanderfolgende ganze Zahlen, m aber ist hier immer $= \infty$ zu setzen. D. h. die ν bilden nicht eine zusammengehörende Serie, sondern es sind die Grenzfrequenzen aufeinanderfolgender Serien, bei denen jedesmal im Absorptionsprozeß das Elektron aus einer durch die Quantenzahl n charakterisierten Anfangsbahn ins Unendliche befördert wird. Erhält man so eine mögliche Erklärung für die Existenz der unterschiedlichen D-Maxima eines Atoms, so scheint es doch sehr schwierig, diese Deutung mit anderen Lenardschen Resultaten in Einklang zu bringen. Da nach dem auf S. 118 Gesagten jedes Atom auf jedes der d-Maxima anspricht (indem die mit einer d-Frequenz eingeleitete Erregung durch Licht des gleichen oder eines anderen d-Maximums „voll“ gemacht werden kann), müßte man geradezu annehmen, daß in jedem Metallatom die Absorptionselektronen dauernd spontan zwischen den durch die verschiedenen n charakterisierten Normalbahnen hin und her springen. Wie weit derartig hochquantige Bahnen ($n = 8$, 9 usw.) als Normalbahnen überhaupt in Betracht kommen können, ist eine weitere Frage, die nur dann allenfalls im positiven Sinne zu beantworten sein dürfte, wenn die anderen Atome der Zentrenmoleküle in freilich gar nicht näher zu definierender Weise mit auf das Elektron einwirken. Endlich scheint es doch auch zum mindesten zweifelhaft, ob wirklich in dem hier gebrauchten Sinne von „absoluten Wellenlängen“ gesprochen werden darf, die durch Division der gemessenen λ durch $\sqrt{D}$ erhalten werden. Wenn auch, wie schon im Text bemerkt, sicher die Elektronenbahnen durch die Dielektrizitätskonstanten des umgebenden Mediums beeinflußt werden, ist doch kaum so zu rechnen, als würde der Raum zwischen dem Atomkern und einem diesem Atom zugehörigen Elektron stetig von einem Medium

Die Auslöschungsverteilung, die nach dem im vorigen Kapitel Gesagten als das typische optische Absorptionsgebiet der erregten Zentren anzusehen ist, besitzt für die einzelnen verschiedenen Banden der Phosphore ebenfalls ungleiche spektrale Lage; doch ist hier die Selektivität meist bei weitem nicht so ausgesprochen wie in der Erregungsverteilung, und daher treten die Unterschiede nicht so deutlich zutage; wie bereits ausgeführt wurde, ist hier weiter die „Ausleuchtung“ von der „Tilgung“ zu trennen. Fig. 20 gibt die Tilgungs- und die Ausleuchtungsverteilung eines CaBi-Phosphors: die Ordinaten der beiden Kurven sind nicht im gleichen Maßstab gezeichnet; das relative Verhältnis der beiden Wirkungen variiert außerordentlich; zudem überwiegt für die Zentren kurzer Dauer wesentlich die Tilgung, für die Zentren großer Dauer die Ausleuchtung, so daß die Anfachung in der Regel erst einige Zeit nach dem Aussetzen der Erregung zu beobachten ist. Die totale auslöschende Absorption ist im allgemeinen am voll erregten Phosphor desto intensiver, je schneller die betreffende Emissionsbande abklingt.

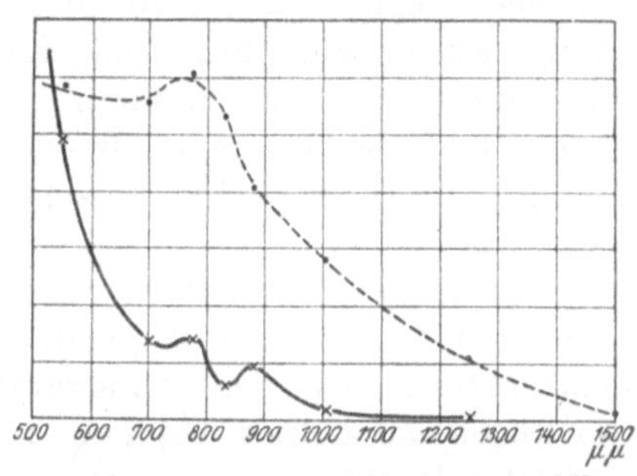

× Tilgungsverteilung. • Ausleuchtungsverteilung.

Fig. 20. Auslöschungsverteilung der α-Bande des CaBi-Sulfidphosphors.

Im Gegensatz zum Momentanprozeß ist der Dauerprozeß einer Emissionsbande in hohem Grade von der Temperatur abhängig: er ist überhaupt nur innerhalb eines ziemlich engen Temperaturbereiches zu beobachten, der im allgemeinen für jede Bande ein anderer ist. Das Optimum des Dauerleuchtens liegt zwar häufig bei Zimmertemperatur, zuweilen aber auch bedeutend höher („Hitzebanden“ wie die Bande δ des SrZn-Sulfidphosphors

der fraglichen Dielektrizitätskonstante erfüllt und als würden dementsprechend die Coulombschen Anziehungskräfte in diesem Verhältnis verändert. Der gleiche Einwand gilt natürlich genau ebenso, wenn man klassisch die Eigenfrequenzen des quasielastisch an sein Atom gebundenen Elektrons berechnen will.

in Fig. 19), während es in anderen Fällen erst bei tiefen Temperaturen („Kältebanden“ wie CaBiβ), ja manchmal selbst noch unter $-180°$ auftritt.

Wie das Beispiel des CaBi-Phosphors zeigt, sind die Temperaturen des Dauerzustandes für die einzelnen Banden eines Phosphors oft sehr verschieden, dagegen sind sie für jede Bande ganz unabhängig von der Art des Zusatzes, der Erregung und anderen Einflüssen. Bei Temperaturen, die außerhalb dieses Intervalles liegen, im „unteren“ und im „oberen Momentanzustand“ fehlt die betreffende Bande im Nachleuchten vollständig, und ihre Emission kann ausschließlich im Momentanprozeß hervorgerufen werden, wie sich schon durch die ganz andere Erregungsverteilung leicht nachweisen läßt.

Für analoge Banden liegt die günstigste Temperatur des Nachleuchtens bei den Sauerstoffphosphoren am höchsten, dann folgen die Sulfidphosphore, während den Selenphosphoren die tiefsten Temperaturlagen entsprechen (Tabelle 18). (188)

Tabelle 18.

Banden	Sauerstoffphosphore		Schwefelphosphore		Selenphosphore	
	Lage der Bande	Günstigte Temp.	Lage der Bande	Günstigste Temp.	Lage der Bande	Günstigste Temp.
CaBi α	435 $\mu\mu$	300°—350°	445	17°—200°		
β	—		520	ca. 300°	662	15°
SrBi α	440 $\mu\mu$	250°—300°	470	—45°—+17°		
β	—		550	+200°	5646	—180°
BaBi α	535 $\mu\mu$	ca. 80°	540	ca. —78°		
β	—		550	17°	660	—180°

Zwischen dem oberen und dem unteren Momentanzustand besteht ein sehr wesentlicher Unterschied; im ersten haben die Dauerzentren ihre Lumineszenzfähigkeit und Erregbarkeit völlig verloren: sie sind weder imstande Energie aufzuspeichern, noch auch wird etwa nur ihre Abklingungszeit unendlich kurz, so daß die absorbierte Energie wie bei der Fluoreszenz sofort reemittiert wird; andernfalls müßte das Licht der d-Maxima bei diesen Temperaturen erregend auf die Momentanemission wirken. Tatsächlich verschwindet auch die erregende Absorption gänzlich. Im unteren Momentanzustand hingegen, der anscheinend für alle Phosphore bei der Temperatur des festen Wasserstoffs erreicht ist, wird die phosphoreszenz-erregende Strahlung voll absorbiert und in potentielle Energie verwandelt, doch wird sie nicht wieder verausgabt, da die abgetrennten Elektronen infolge zu geringer molekularer Wärmebewegung nicht in die Anfangsbahn zurückkehren. Es ist daher in diesem Zustand besonders leicht, auch bei geringer erregender Intensität volle Erregung zu erzielen, und so ist die allmähliche Abnahme der erregenden Absorption sehr gut zu verfolgen. Solange die tiefe Temperatur erhalten bleibt, ändert sich dann an dem Zustand des Phosphors nichts mehr, gleichviel ob er weiter mit erregendem Licht bestrahlt oder im Dunkeln aufbewahrt wird. Erhöht man aber nun die Temperatur, so wird, sobald die untere Grenze des Dauerzustandes überschritten ist, die in den erregten Zentren aufgespeicherte Energie allmählich wieder frei, und die Emission der Phosphoreszenz beginnt, desto lebhafter und desto schneller abklingend, je weiter die Erwärmung getrieben wird.

Wird umgekehrt ein Phosphor bei einer relativ hohen Temperatur erregt, die nahe an der oberen Grenze des Dauerzustandes liegt, und wird er nach Aussetzen der Erregung abgekühlt, so hört das Nachleuchten auf und setzt erst wieder ein, wenn die ursprüngliche Erregungstemperatur wieder hergestellt wird. Ein Beispiel möge dies erläutern: Die Bande β eines SrNiBa-Phosphors hat ihren Dauerzustand zwischen $+ 10^\circ$ und $+ 200^\circ$; wird der Phosphor bei $+ 200^\circ$ erregt und sich selbst überlassen, so wird die Bande langsam abklingend ausgestrahlt. Bei Abkühlung auf Zimmertemperatur verschwindet die Phosphoreszenz sofort und tritt bei abermaligem Erwärmen auch bei Zwischentemperaturen nicht mehr auf; erst wenn 200° erreicht sind, wird die Lichtemission wieder sichtbar, und dann nimmt die Erscheinung ihren gewöhnlichen durch die Abkühlung unterbrochenen Verlauf. Danach ist es also korrekter, statt vom Zustande einer Bande vom Dauer- bzw. Momentanzustand der einzelnen Zentren zu sprechen. Bei jeder Temperatur des charakteristischen Intervalles existieren Zentren, die sich im Dauerzustande befinden, doch sind dies für verschiedene Temperaturen verschiedene Zentren, während die anderen sonst für den Dauerprozeß in Betracht kommenden Molekülkomplexe bereits im oberen oder noch im unteren Momentanzustand sind. Erregt man nun den Phosphor bei einer Temperatur, die für die Mehrzahl der Zentren bereits dem oberen Momentanzustande entspricht (in unserem Fall bei 200°), so können diese überhaupt keine Energie aufspeichern, während die bei dieser Temperatur noch erregbaren Zentren durch die darauf folgende Abkühlung in den unteren Momentanzustand gelangen und folglich auch nicht mehr emissionsfähig sind. – Aus dem allen folgt natürlich, daß die drei Temperaturzustände für eine Bande nicht scharf gegeneinander abgegrenzt sind, sondern mehr oder weniger stetig ineinander übergehen; vollständig erreicht würde der untere Momentanzustand wohl eigentlich erst beim absoluten Nullpunkt der Temperatur.

Die nebeneinander bestehenden einzelnen Banden eines Phosphors sind im wesentlichen ganz voneinander unabhängig. Nicht nur hat jede Bande ihr besonderes Erregungsgebiet und ihre besonderen Temperatureigenschaften, sondern für jede Bande wird auch gesondert Energie aufgestapelt, die unter keinen Umständen von einer anderen Bande verausgabt werden kann. Denn wird ein Phosphor mit zwei Emissionsbanden, deren Dauerzustand bei verschiedenen Temperaturen liegt, bei einer Temperatur, die für beide Banden dem unteren Momentanzustand entspricht, mit weißem Licht erregt und dann bis auf die Temperatur des Dauerzustandes der „kälteren" Bande erwärmt, so wird das Licht dieser Bande ausgestrahlt, um nach dem üblichen Abklingungsgesetz zu verlöschen; dann hört die Lumineszenz vollkommen auf und setzt erst wieder mit dem Licht der anderen Bande ein, wenn der Phosphor bis zum Dauerzustand dieser Bande erwärmt wird.

Wenn schon das vorzugsweise Auftreten der einen oder der anderen Emissionsbande eines Phosphors durch dessen Präparationsweise begünstigt wird, so zeichnet sich im allgemeinen doch eine bestimmte Bande bei jeder Substanz durch Intensität, leichte Erregbarkeit und Regelmäßigkeit des Erscheinens vor den übrigen aus: sie wird von Lenard „Hauptbande" genannt und ist in Fig. 1 stets mit α bezeichnet. Vor allem bei Anwesenheit von nur wenig wirksamem Metall wird die Hauptbande fast ausschließlich beobachtet. Dem entspricht, daß für sie bei schon relativ geringer Metallkonzentration das Optimum des Nachleuchtens erreicht wird: so erhält man maximale Intensität im Nachleuchten der grünen α-Bande eines CaCu-Sulfidphosphors schon bei 0,0005% Cu-Gehalt, während die zunächst fast unmerkliche Helligkeit der blauen β-Bande des gleichen Körpers bis zum etwa zehnfachen Kupfergehalt immer mehr anwächst. Bei weiterer Vermehrung des wirksamen Metalles bleibt dann die Stärke der Phosphoreszenz in beiden ungefähr konstant, um schließlich wieder bis auf Null herabzusinken. Durch parallel gehende Messungen über den äußeren Photoeffekt ließe sich feststellen, ob die zu hohe Metallkonzentration bereits den in der lichtelektrischen Abspaltung von Elektronen bestehenden primären Effekt stört oder nur den eigentlichen Lichtemissionsvorgang beeinträchtigt.

Verwendung geringer Mengen des wirksamen Metalles begünstigt ferner die Bildung von Zentren großer Dauer: in einem 0,01 normalen CaBi-Phosphor ist das Auftreten eines Momentanprozesses überhaupt kaum zu beobachten; im 0,1 normalen Phosphor dagegen trägt der Dauerprozeß nur noch weniger als 10% zur totalen Lumineszenzhelligkeit während der Erregung bei, so daß bei deren Aussetzen ein sehr starker sprungweiser Abfall in der Leuchtintensität sich bemerkbar macht; und bei noch höherem Metallgehalt verschiebt sich das Verhältnis immer mehr zugunsten des Momentanprozesses. Wenn daher von einem „günstigsten Metallgehalt" die Rede ist, muß immer angegeben werden, um welchen Moment im zeitlichen Verlauf des Leuchtprozesses es sich handelt. Es gibt Fälle, in denen der Momentanprozeß erst bei tausendmal größerer Metallkonzentration sein Optimum erreicht als der von Lenard fast ausschließlich behandelte Dauerprozeß. ([24]) Aber sogar unter den eigentlichen Phosphoreszenzzentren werden diejenigen kürzerer Dauer relativ immer zahlreicher, je mehr wirksames Metall anwesend ist, so daß z. B. die Abklingungskurve eines voll erregten 0,2 normalen CaBi-Phosphors zuerst bedeutend steiler abfällt als die des 0,1 normalen Phosphors: unmittelbar nach Abschluß der Erregung erscheint dieser um ein beträchtliches weniger hell als jener; schon nach zwei Minuten aber ist die Intensität der beiden Phosphore gleich groß, und von da ab decken sich auch ihre Abklingungskurven. Während also die Zentren großer Dauer in beiden Fällen gleich zahlreich sind, enthält das metallreichere Material mehr rasch abklingende Zentren. Auch langes Glühen bei der Herstellung begünstigt das Entstehen von Zentren großer Dauer, bei nur kurzer Erhitzung bilden sich leichter Zentren geringer Dauer.

Mit großer Regelmäßigkeit gilt das Gesetz, daß Banden, deren größte Nachleuchtintensität bei hohen Temperaturen liegt („Hitzebanden“) eine längere Abklingungsperiode besitzen als Kältebanden; offenbar bedarf es ja bei den Zentren der ersten Art einer größeren Energiezufuhr, um sie aus dem erregten Zustand wieder in den unerregten zu überführen, das Elektron besitzt auf der erregten Bahn größere Stabilität als bei den schnell abklingenden Zentren. Dementsprechend ist ganz allgemein die Nachleuchtdauer der Selenphosphore eine sehr kurze gegenüber derjenigen der Sulfid- und Oxydphosphore.

Zur Erklärung der beschriebenen Erscheinungen hat Lenard sehr bis ins einzelne gehende Vorstellungen über den Bau der Zentren und den Mechanismus des Leuchtprozesses entwickelt, wovon hier das wichtigste zusammengefaßt sei. Zentrenmoleküle (etwa eines Kalziumsulfidphosphors) von der Konstitution $Ca_m S_m$, deren Atome in Ketten -Ca-S-Ca-S- vermutlich ringförmig aneinandergebunden sind, bilden sich bereits im metallfreien Phosphormaterial bei der Präparation, und zwar in beschränkter Menge. Diese Ringe können aus verschiedenen Zahlen m von Ca- und S-Atomen bestehen und ergeben so, bei Anlagerung von wirksamem Metall, je nach ihrer Größe die Zentren verschiedener Dauer. Daß die Konstitution der Zentren eine „sperrige“, stark raumbeanspruchende sein muß, dafür spricht schon die Tatsache, daß durch Druck alle Phosphore zerstört werden, wobei gleichzeitig die Dichte der Substanz zunimmt; und zwar genügt schon ein geringer Druck, um die Fähigkeit langen Nachleuchtens, das wir jetzt also den größten Zentren zuschreiben müssen, zu vernichten, während es zur Vernichtung der Momentanzentren eines stärkeren Eingriffes bedarf. Durch Anlagerung von Metallatomen an die Zentrenmoleküle entstehen die lumineszenzfähigen Zentren; um die zu diesem Vorgang nötige Diffusion der Metallatome zu ermöglichen, muß das Material durch Zusatz eines schmelzbaren Flußmittels teilweise verflüssigt werden[1]); langes Glühen bei der Präparation erleichtert diesen Diffusionsvorgang und begünstigt, da die Metallatome am festesten von den größeren Zentrenmolekülen gebunden werden, die Bildung großer Zentren, während anderseits bei kurzdauernder Erhitzung die Metallatome an den

[1]) Freilich dürfte damit die Rolle des Salzzusatzes doch noch nicht ganz erschöpft sein. Vgl. Seite 111.

ihnen zufällig nächsten Zentrenmolekülen haften bleiben. Im ersten Falle bilden sich kleine Zentren erst, wenn alle großen, an sich weniger zahlreichen Zentrenmoleküle mit Metallatomen besetzt sind. Daß wirklich diese Diffusionsvorgänge bei der Entstehung der leuchtfähigen Zentren eine maßgebende Rolle spielen, folgt aus zwei Tatsachen: um das Sulfid mit den Zusätzen in einen brauchbaren „Phosphor“ zu verwandeln, muß das Material mindestens auf die Temperatur erhitzt werden, bei welcher „die Verschieblichkeit der Atome durch Diffusion — Schmelzung des Zusatzes und dadurch Erweichung der Masse — beginnt“. Alle kalten, nassen Bereitungsarten versagen gleichmäßig; aber auch vollständige Schmelzung der ganzen Ausgangssubstanz, welche eine homogene glasige Masse liefert, vernichtet stets die Phosphoreszenzfähigkeit.

Da die Auslösung der Phosphoreszenzemission, d. h. die Rückkehr des Photoelektrons auf die Anfangsbahn, durch die Wärmebewegung der Moleküle herbeigeführt wird, so ist für eine gegebene Temperatur die Wahrscheinlichkeit, daß die molekulare Bewegung ausreicht, um die Elektronen aus ihrer relativ stabilen „erregten“ Bahn in die unerregte Lage zurückkehren zu lassen, desto kleiner, je größer das Molekül ist; d. h. die großen Molekülkomplexe sind die Zentren großer Dauer, und für diese liegt folglich auch der Dauerzustand bei relativ hohen Temperaturen. Daß die Emissionsbanden sowohl als die Absorptionsbanden („Erregungsverteilungen“) den Metallatomen zugeschrieben werden müssen, ergibt sich logisch aus der Wiederkehr analoger Banden in allen Phosphoren mit beliebigem Erdalkali, gleichviel ob Sulfid, Oxyd oder Selenid, bei gleichem wirksamem Metall. Wodurch die gänzlich andere Lage der Absorptionsbanden in den Momentanzentren verursacht wird, darüber ist schwer eine Hypothese aufzustellen. Ihre relativ große Breite dagegen läßt sich durch die kleine Masse dieser Zentren erklären, die eine sehr viel stärkere Beeinflussung durch Nachbarmoleküle und Wärmebewegung erwarten läßt.

Das Auftreten der verschiedenen Banden (α, β usw.) eines Phosphors würde dann weiter durch die Valenzen verursacht werden, die bei der Bindung des Metalls an das S- bzw. O- oder Se-Atom beteiligt sind; also etwa für die α-Bande: -Ca-S-Ca-, für
||
Cu

die β-Bande: -Ca-S-Ca- usw. Natürlich sind bestimmte Bindungen

$$\begin{array}{c}-\mathrm{Ca}-\mathrm{S}-\mathrm{Ca}-\\ \diagup\ \diagdown\\ \mathrm{Cu}\quad\mathrm{Cu}\end{array}$$

stabiler als andere, die ihnen entsprechenden Banden müssen also am häufigsten und intensivsten auftreten als „Hauptbanden“.

Wie schon erwähnt verhält sich das phosphoreszierende Zinksulfid in den sämtlichen Erscheinungen der Absorption, Emission, Erregung und Auslöschung durchaus wie die Erdalkaliphosphore: enthält es Beimischungen eines Schwermetalles, etwa Cu oder Mn, so treten wiederum die für dieses charakteristischen Banden auf (vgl. ZnMn in Fig. 19), und in von solchen Beimischungen freier Zinkblende ist vermutlich stets überschüssiges Zn als wirksames Metall vorhanden. In der Art der Zentrenbildung aber besteht hier ein wesentlicher Unterschied: es bedarf nämlich keines Zusatzsalzes als Flußmittel, demnach handelt es sich auch nicht um ein aus dem erweichten Material erstarrendes Glas, sondern ZnS ist bloß im kristallinischen Zustand phosphoreszenzfähig, und zwar nur in der hexagonalen Form, nicht aber in der tetragonalen Modifikation[1]). Ebensowenig ist das aus wässeriger Lösung ausgefällte amorphe Pulver zur Lumineszenz anzuregen; erst, wenn dies Pulver durch Glühen in die kristallinische Blende übergeführt wird, zeigt sie Phosphoreszenz. ([127]) Ganz ähnlich scheint sich Kadmiumsulfid zu verhalten; desgleichen Kalziumwolframat. ([191]) ([227]) Auch die Kristalle des Kadmiumsulfats, die in chemisch ganz reinem Zustand nicht phosphoreszieren, sind bei Anwesenheit spurenweiser Verunreinigungen zu hellem Leuchten zu erregen, und zwar je nach der Natur des wirksamen Metalls — etwa Mn oder Na — in verschiedener Farbe; dies gilt jedoch nur, wenn die Kristalle durch Erhitzen anhydriert werden — Aufnahme von Kristallwasser vernichtet die Lumineszenzfähigkeit vollständig. Die Zahl der phosphores-

---

[1]) Anmerkung bei der Korrektur: Durch eine eben erschienene Arbeit von R. Tomaschek (Ann. f. Phys. **65**, 189, 1921) wird das Analogieverhältnis zwischen Erdalkali- und Zinkphosphoren noch weiter geklärt. Danach ist die Phosphoreszenz auch in Zinksulfid immer einem fremden wirksamen Schwermetall (meist Cu) zuzuschreiben, Zinksulfid ohne solche Beimischung leuchtet fast garnicht. Dagegen ist die Krystallform (hexagonal oder regulär) ohne wesentlichen Einfluß auf die Leuchtfähigkeit. Zusatzsalze sind nicht nötig, aber vor allem die Hinzufügung von Chloriden bei der Präparation erhöht die Phosphoreszenzintensität stark.

zierenden natürlichen Mineralien ist außerordentlich groß; erwähnt sei das durch kolloidal gelöstes Natrium gefärbte Steinsalz[1]), fast alle Flußspatvarietäten, die nicht rein weißen Diamanten, Kunzit, Willemit usf. Die überwiegende Menge der Publikationen, in denen derartige Lumineszenzerscheinungen mitgeteilt werden, bringen aber selten mehr als die Farbe des Leuchtens, allenfalls die ungefähre spektrale Lage der Emissions- und Absorptionsbanden bei einer zufälligen Materialprobe oder auch eine vereinzelte Angabe über die Abklingungsdauer — jede systematische Untersuchung der gesamten Verhältnisse fehlt. Es hätte daher an dieser Stelle keinen Zweck, weiter auf die Beschreibung solcher Beobachtungen einzugehen[2]). Doch läßt sich vermuten, daß im wesentlichen in allen Fällen die Prozesse sich ebenso abspielen wie bei den Erdalkaliphosphoren; und eben weil diese als die einzigen quantitativ behandelten und durchforschten typischen Beispiele einer großen Klasse zu gelten haben, schien es angebracht, die über sie vorliegenden Resultate mit größerer Ausführlichkeit zu besprechen.

Obzwar sie eigentlich nicht in diesen Zusammenhang gehören, seien schließlich noch wenige Bemerkungen über eine andere Gruppe photolumineszierender Substanzen angefügt, nämlich die Zyandoppelsalze des Platin, von denen vor allem das Bariumplatinzyanür bekanntlich in der Leuchtschirmtechnik eine große Rolle spielt. Trotz dieser Bedeutung liegen auch über sie kaum noch exakte Untersuchungen vor; und in mancher Beziehung besteht hier noch dieselbe Unsicherheit, wie sie bezüglich der Erdalkalisulfide vor den Forschungen Verneuils, Boisbaudrans und Lenards herrschte: für dieselbe Substanz wird von verschiedenen Autoren die Farbe des Leuchtens ganz ungleich angegeben, ohne daß dafür eine Begründung existierte. So fluoresziert das Strontiumplatinzyanür nach Stokes grün, nach Grailich violett; das Kalium-Natrium-Salz nach Grailich zeisiggrün, nach Hagenbach stark gelb; das Bariumplatinzyanür zeigt je nach dem untersuchten Material mehrere Emissionsspektra

[1]) Von speziellem Interesse ist es, daß auch das durch die gleiche Ursache gefärbte Na- bzw. K-Hydrid der Elster- und Geitelschen Photozellen eine schwache Phosphoreszenz nach Bestrahlung mit kurzwelligem Licht erkennen lassen. Phys. Z. 21, 361, 1920.

[2]) Eine sehr reichhaltige Liste wohl aller bis dahin (1908) bekannten phosphoreszierenden Salze und Mineralien findet man bei Kayser IV.

mit einem oder zwei Maximis. Es läge nahe, auch hier wieder spurenweise zufällige Verunreinigungen als den Grund dieser Widersprüche, evtl. sogar als die eigentliche Bedingung der Lumineszenzfähigkeit anzunehmen. Teilweise aber erklären sich die erwähnten Diskrepanzen durch eine andere Ursache: die fraglichen Salze existieren nämlich in verschiedenen Modifikationen, sowohl was ihre Kristallstruktur als was den Kristallwassergehalt anbetrifft; so kommt z. B. das Bariumplatinzyanür mit 4 Kristallwassern ($BaPt(CN)_4 + 4\,H_2O$) in zwei durchaus ungleichen kristallinischen Formen — die eine orange, die andere apfelgrün gefärbt — vor, die sich auch in ihrer Fluoreszenzfähigkeit beträchtlich unterscheiden; hierzu tritt noch eine weitere ziegelrote Modifikation mit nur zwei Kristallwassern, die überhaupt nicht zum Leuchten erregt werden kann. ([120]) Da demnach wiederum die besondere Kristallform von grundlegender Bedeutung für das Zustandekommen des Phänomens ist, erscheint es nicht verwunderlich, daß die Salze in Lösung durchweg nicht fluoreszieren. Dies gilt übrigens auch für zahlreiche organische Zyanverbindungen. ([94]) Im Gegensatz zu den Sulfidphosphoren überwiegt bei den Platinzyanüren immer bei weitem der Momentanprozeß: das Nachleuchten ist sehr schwach und erstreckt sich nur über Bruchteile von Sekunden. Die Elektronen besitzen also auf der erregten Bahn nur sehr geringe Stabilität.

VIII. Linienfluoreszenz von Kristallen.

Die im vorigen Kapitel behandelten Fälle von Photolumineszenz hatten alle das Gemeinsame, daß die Emissionsspektren sowohl wie deren „Erregungsverteilungen" aus breiten und mehr oder weniger verwaschenen Banden bestehen, und daß zwischen beiden in ihrer spektralen Lage keinerlei erkennbare systematische Beziehung zu existieren scheint. Das gilt selbst dann noch, wenn wie bei der Dauererregung der Erdalkaliphosphore die einzelnen Absorptionsbanden (*d*-Maxima) untereinander durch eine zahlenmäßig zu fassende Relation verbunden sind: ein Blick auf Fig. 19 zeigt, daß das gleiche in ihrer Beziehung zur Emissionsbande nicht gilt. Durchaus verschieden hiervon verhalten sich einige Substanzen, deren Phosphoreszenzspektren eine Reihe mehr oder weniger scharfer Linien aufweist. Da die Absorptionsspektra solcher Körper in der Regel gleichfalls entgegen dem normalen Typus aus schmalen Linien bestehen und dann die Emissionsspektra mit diesen eng gekoppelt sind, indem beide entweder vollkommen zusammenfallen oder doch durch ein ganz klares Serienverhältnis verbunden sind, so erinnern diese Fälle zunächst sehr stark an die Resonanzphänomene, wie sie an Gasen beobachtet werden. Doch ist auch jetzt wieder die Erregungsfähigkeit nicht an die Linien des charakteristischen Absorptionsspektrums gebunden, sondern sie ist auch in anderen Absorptionsgebieten vorhanden, die etwa noch existieren und die zum Lumineszenzspektrum in keiner Beziehung stehen, und besonders zu betonen ist nochmals, daß jetzt eine allenfalls auftretende Polarisation der Emissionslinien in keiner Weise bedingt ist durch die Polarisation des erregenden Lichtes. Was also gegenüber den Beispielen des vorigen Kapitels als auszeichnend anzusehen ist, ist dieses: die Quantenbahnen, zwischen denen die Elektronen übergehen, müssen infolge der besonderen lokalen Bedingungen trotz der großen gegenseitigen Nähe der Atome und Moleküle sehr ungestört verlaufen — nur so ist das Entstehen schmaler Linien möglich; und der Elektronensprung muß, mindestens in den Fällen, wo das Emissionsspektrum als Umkehrung des Absorptionsspektrums auftritt, am unerregten Atom ebenso in der einen wie am erregten umgekehrt in der anderen Richtung vorkommen können.

Die hier in Frage stehenden Körper sind in erster Linie kristallisierte Salze, in denen ganz bestimmte Elemente als wirksame Metalle gelöst sind; und zwar sind solche Elemente vor allem die seltenen Erdmetalle, die ja auch sonst in optischer Beziehung vielfach eine Sonderstellung einnehmen. Erdalkalisulfidphosphore mit einer Beimischung seltener Erden lassen sich genau in der gleichen Weise herstellen wie mit Schwermetallen und besitzen alle Eigenschaften[1]), die im vorigen Kapitel ausführlich beschrieben worden sind; sie zeichnen sich lediglich durch die sehr geringe Breite ihrer linienähnlichen Emissionsbanden aus. Ihre sehr helle Phosphoreszenz erreicht schon bei außerordentlich geringem Metallgehalt — z. B. 1 Teil Samarium auf 25 000 Teile Sulfid — ihre maximale

[1]) Sie sind also vermutlich auch nicht kristallinisch, sondern glasartig.

Intensität. Die Farbe des Nachleuchtens wird, je nachdem das wirksame Metall Praseodym, Neodym, Samarium oder Erbium ist, als rosa, grünlich, orange, zitronengelb angegeben, die spektralanalytischen Untersuchungen sind jedoch noch sehr unvollständig, lediglich für einen Samarium-Strontiumphosphor mit Na_2SO_4-Zusatz wurde das Auftreten einiger ziemlich scharfer Linien beobachtet, und zwar zwei Linien im Rot, von denen die intensivere und mehr kurzwellige bei 604 $\mu\mu$ liegt und eine grüngelbe Linie zwischen 550 und 560 $\mu\mu$[1]).

Bedeutend weitergehend ist unsere Kenntnis von der Phosphoreszenz im Flußspat gelöster seltener Erden. Ob synthetisch hergestelltes ganz reines Fluorkalzium zur Photolumineszenz erregt werden kann, darüber ist nichts bekannt, doch ist es zum mindesten sehr unwahrscheinlich. Dagegen ist die Fluoreszenzfähigkeit der natürlich vorkommenden Fluoritsorten im allgemeinen so in die Augen fallend, daß sie dem ganzen Phänomen den Namen gab. Der natürliche, meist leicht gefärbte Flußspat enthält jedoch stets in größeren oder geringeren Beimengungen fremde Elemente, vor allem Schwermetalle in kolloidaler Lösung und ist somit seiner Konstitution nach den Erdalkalisulfidphosphoren durchaus analog, nur daß die bei den Sulfiden als Flußmittel dienenden Zusatzsalze in den selbst relativ leicht fließenden Fluoriten nicht nötig sind. Die Emissionsspektra der verschiedenen Flußspatvarietäten sind, wie zu erwarten, je nach der Natur des wirksamen Metalles sehr ungleichartig, sie bestehen im allgemeinen aus einer Anzahl verwaschener Banden, die über das ganze Spektralgebiet vom Ultraviolett bis ins Gelb verteilt sein können. Am häufigsten scheint außer den wohl stets vorhandenen intensiven ultravioletten Banden eine Bande im Blauviolett zu sein, deren Erregung im kurzwelligsten Teil des sichtbaren Spektrums liegt; dann eine vermutlich dem Mangan zuzuschreibende Bande im Grün, deren Erregungsverteilung ganz aufs Ultraviolett beschränkt ist. Die Gesetzmäßigkeiten auch für diese Bandenphosphoreszenz des Flußspates sind den im vorigen Kapitel besprochenen vollkommen analog.

Bei gewissen Flußspatsorten treten neben den von verschiedenen Beimengungen herrührenden verwaschenen Banden,

---

[1]) J. de Kowalski et E. Garion. C. R. **144**, 836, 1907.

bzw. ihnen übergelagert eine große Anzahl scharfer Einzellinien sowie aus vielen feinen Linien zusammengesetzte Banden auf, deren Zustandekommen der Anwesenheit seltener Erden zuzuschreiben ist. Yttrium und Ytterbium läßt sich in geringer Menge in fast allen untersuchten Fluoritproben direkt nachweisen; besonders reich an diesen Metallen sowie an anderen seltenen Erden sind der Kleophan, der Leukophan sowie auch gewisse purpurgefärbte Kristalle des Flußspates von Werdale, und gerade an diesen Mineralien ist das Auftreten von scharfen Linien im Photolumineszenzspektrum am besten zu beobachten. Ein direkter Nachweis für den Zusammenhang zwischen diesem Phänomen und dem Vorhandensein der seltenen Erden ist zwar für die Photolumineszenz selbst nicht erbracht, wohl aber für die Phosphoreszenz bei Erregung mit Kathodenstrahlen, und dies ist vollkommen hinreichend, da Lenard gezeigt hat, daß bei beiden Erregungsarten die gleichen Zentren zum Leuchten gebracht werden, und da in beiden Fällen die Phosphoreszenzspektra auch durchaus gleichartig sind. Tatsächlich ist es Urbain gelungen, durch Zusätze von Gadolinium, Terbium, Dysprosium und Samarium synthetisch ein Kalziumfluorid herzustellen, dessen Kathodenlumineszenz mit der des natürlichen Kleophans ganz identisch ist; und indem immer nur eines der genannten seltenen Erdmetalle dem $CaFl_2$ beigemischt wurde, ließen sich die einzelnen dann noch in der Emission auftretenden Linien den einzelnen Elementen zuweisen. Sehr charakteristisch in der Kathodenlumineszenz fast aller Flußspatsorten sind die ultravioletten Linien des Gadoliniums $\lambda = 3120$; $\lambda = 3118$; $\lambda = 3115$ Å, und dies ist, wie Urbain angibt, in guter Übereinstimmung mit den von Watteville bei Erregung mit Funkenlicht an natürlichen Mineralien erhaltenen Resultaten; die letzteren sind leider nicht im einzelnen publiziert worden, doch rechtfertigt die erwähnte Übereinstimmung weiterhin den Versuch, die Urbainschen Ergebnisse auch für die Deutung der Photolumineszenzerscheinungen heranzuziehen.

Die optische Sensibilität der verschiedenen im Flußspat gelösten seltenen Erden bei Phosphoreszenzerregung ist sehr ungleich. Praseodym, Neodym und Erbium, die in relativ großen Mengen vorkommen, verursachen, wenn allein vorhanden, das Auftreten sehr heller Linien, die Anwesenheit geringer Spuren der an sich viel selteneren Elemente Terbium und Dysprosium drängt diese aber sehr stark zurück, so daß fast nur mehr die Spektra der letzteren Elemente hervortreten. Ähnliches gilt selbst für die verschiedenen Linien eines einzelnen Elementes: während z. B. die oben erwähnte Liniengruppe des Gadoliniums selbst bei größter Verdünnung des Metalls in der Lösung noch deutlich und fast ungeschwächt erhalten bleibt, verschwindet eine dem gleichen Elemente zugehörende benachbarte Liniengruppe 3147 bis 3132 Å bei geringen Konzentrationen vollständig. Danach scheint es nicht verwunderlich, daß nicht nur bei Erregung der Phosphoreszenz eines natürlichen Flußspates mit Licht eine große Menge verschiedener Emissionslinien beobachtet werden, sondern auch die Emissionsspektra verschiedener Fluoridexemplare, selbst wenn sie vom gleichen Fundort stammen, unter sonst gleichen Versuchsbedingungen wesentliche Unterschiede aufweisen. Dies tritt bei den Untersuchungen, die Morse[1]) an zwei von Werdale kommenden purpurfarbigen Kristallen ausgeführt hat, deutlich zutage. Die Anzahl der an diesen beiden Stücken gemessenen Linien übersteigt allein im Gebiet zwischen 4700 und 6400 Å 200; dazu kommen noch zahlreiche intensive Linien im Rot sowie vermutlich auch die oben schon genannten Gruppen im Ultraviolett, die infolge der Verwendung gläserner Prismen und Linsen nicht festgestellt werden konnten.

Viele dieser Linien sind außerordentlich scharf; so ist eine intensive Linie bei 5736 Å schon bei Zimmertemperatur nur wenig breiter als die D-Linien einer Kochsalzflamme; bei der Temperatur der flüssigen Luft wird sie so schmal, wie die D-Linien einer sehr Na-armen Flamme. Ähnliches gilt für zahlreiche weitere Linien. Anderseits scheinen manche in den Morseschen Aufnahmen vorkommenden breiteren Banden eine Struktur zu besitzen, so daß sie bei größerer Auflösung gleichfalls in feine Linien zerfallen dürften. — Die Erregungsverteilung für die Linienphosphoreszenz des Flußspates liegt vollständig im Ultraviolett, etwa zwischen 2000 und 3500 Å. Durch Bestrahlung mit Sonnenlicht sind wohl die früher erwähnten Banden, nicht aber die Linienemission hervorzurufen, und diese setzt auch sofort aus, wenn das erregende Funkenlicht durch eine Glasplatte gefiltert wird, während Zwischenschaltung einer Quarzplatte keinen

[1]) H. W. Morse, Astrophys. Journ. 21, 83, 1905.

merklichen Einfluß hat. Je nach der Wellenlänge des erregenden Lichtes nimmt das Phosphoreszenzspektrum ein ganz verschiedenes Aussehen an. Tabelle 19 zeigt die Hauptlinien der Emission eines Kristalles bei Verwendung verschiedenen Elektrodenmaterials zur Erzeugung des Funkens. Man sieht, daß nur die wenigsten Hauptlinien den verschiedenen Spektren gemeinsam sind, und selbst diese geringe Übereinstimmung kann möglicherweise bei dem schwachen Auflösungsvermögen der verwandten Optik nur scheinbar sein.

Tabelle 19.

Emissionsspektra eines Fluoritkristalles bei Erregung mit dem Licht verschiedener Funkenstrecken.

Intensitäten (eingeklammert) in willkürlichen Einheiten geschätzt.

Erregender Funke	Mg	Fe	Cd	Al	Zn	Kohlenbogen
Hauptlinien des Fluoreszenzspektrums				4753		
				4914		
	5283					
				5340		
				5378		
			5403			
			5408	5408		
			5420			
		5481				
		5619				
	5715 (2)	5715 (20)	5711 (20)	5710 (20)		
		5727 (5)	5723 (10)	5720 (8)	5720 (2)	
	5736 (100)	5737 (20)	5737 (7)	5732 (3)	5743 (2)	5733 (100)
					5760 (2)	
	5803					
		5851				
		5890				
		5922				
		6070	6630	6020		
	6140					
		6240	6250			

Besonders interessant ist in dieser Beziehung die Liniengruppe zwischen 5710 und 5740 Å, die in den meisten Spektren mehr oder weniger hervortritt und in der Tabelle 19 mit Angabe der relativen Intensitäten für einen bestimmten Kristall besonders hervorgehoben ist. Manche der darin auftretenden Wellenlängendifferenzen könnten allenfalls durch Meßfehler erklärt werden, für die außerordentlichen Unterschiede in der Intensitätsverteilung ist eine solche Deutung aber keinesfalls zulässig, und man muß zu dem Schluß kommen, daß es sich hier um eine große Anzahl auf engem Spektralbereich liegender scharfer Linien von ungleicher Intensität handelt, von denen je nach der erregenden Wellenlänge die eine oder die andere emittiert wird. Hierfür spricht besonders auch, daß an einem anderen untersuchten Kristall die beiden scharfen Linien 5715 und 5763 mit gleicher Intensitätsverteilung bei Erregung mit Mg-Funkenlicht auftreten, während das entsprechende Triplet bei Erregung mit dem Cd-Funken vollständig fehlt. Erwähnt sei, daß im Kathodenphosphoreszenzspektrum des synthetischen Kleophans eine intensive diffuse Bande zwischen 5740 und 5710 Å liegt, wie denn überhaupt bei Erregung mit Kathodenstrahlen sämtliche Emissionsfrequenzen gleichzeitig ansprechen, die mit monochromatischem Licht einzeln hervorgerufen werden können.

Natürlich folgt aus den Morseschen Versuchen nicht eindeutig, daß auch die Erregungsverteilung dieser Linienemission aus scharfen Linien bestehen müßte, vielmehr könnten mehrere breitere Erregungsbanden existieren, deren jeder eine Reihe von Emissionslinien entspricht; und je nachdem nun Linien des erregenden Funkenlichtes in ihrer Wellenlänge mit einer dieser Banden übereinstimmen würde die entsprechende Linienserie emittiert. Gegen eine solche Hypothese spricht jedoch die große Verschiedenheit der Phosphoreszenzspektren für fast alle Erregungsarten, obwohl doch manche der erregenden Funkenspektra sehr nahe benachbarte Linien enthalten, während anderseits fast alle Funken Linienphosphoreszenz zu erregen imstande sind; jedenfalls müssen also die einzelnen schmalen Erregungsgebiete sehr dicht aufeinander folgen. Endgültig entscheiden ließen sich diese Fragen erst, wenn man die erregende Wellenlänge möglichst stetig variierte und dabei mit wirklich monochromatischem Lichte statt mit der ziemlich komplexen Strahlung spektral unzerlegten

Funkenlichtes arbeitete. Diese letztere Voraussetzung wäre schon unbedingt nötig, um irgendwelche etwaigen Serienzusammenhänge innerhalb eines zusammengehörigen Emissionsspektrums und zwischen diesem und der erregenden Linie festzustellen. Endlich wäre es von großem Interesse, die ultravioletten Absorptionsspektra von Flußspatsorten zu untersuchen, an denen Linienphosphoreszenz beobachtet wird. Bis jetzt ist nur so viel festgestellt, daß die Wellenlängen der (sichtbaren) Emissionslinien im Absorptionsspektrum in keiner Weise hervortreten.

Die Dauer des Nachleuchtens wird für die Flußspatphosphoreszenzlinien als durchweg ziemlich groß bezeichnet; da quantitative Angaben fehlen, kann nicht gesagt werden, inwieweit die von Lenard für die Erdalkalisulfide gefundenen Gesetzmäßigkeiten auch hier gelten. Jedenfalls aber ist die Abklingungszeit für die verschiedenen Linien eines Kristalles bei identischer Erregung nicht dieselbe, auch ihre Temperaturabhängigkeit ist eine ungleiche. Charakteristisch aber ist vor allem, daß sich beim Flußspat selbst bei Zimmertemperatur und darüber meist eine relativ sehr große Zahl von Zentren noch im „unteren Temperaturzustand" befinden, d. h. imstande sind Energie aufzuspeichern — und zwar über außerordentlich lange Zeiten hin — ohne sie zu emittieren. Daher denn die sog. Thermolumineszenz, d. h. eine Phosphoreszenz bei Erwärmung ohne unmittelbar vorhergehende anderweitige Erregung, hier besonders gut zu beobachten ist. Dabei genügt zuweilen schon eine Temperaturerhöhung um wenige Grad, um einen merklichen Effekt hervorzurufen, während vollständiges Ausleuchten unter Umständen erst bei Erhitzung auf Rotglut erzielt werden kann; auch hier sind wieder die Temperaturen, deren es zur Hervorrufung der einzelnen Linien bedarf, für ein und denselben Kristall sehr ungleich, und es treten neue Linien hinzu, die in der Emission bei Zimmertemperatur nicht wahrzunehmen sind. So ist das „Thermolumineszenzspektrum" des von Morse untersuchten Flußspates gegenüber der am gleichen Mineral bei Zimmertemperatur durch Funkenlicht erregten Phosphoreszenz auffallend reich an Linien im Blau (zwischen $\lambda = 4000$ und 5000 Å)[1]).

Ist das Auftreten der Linienphosphoreszenz sicher an die Anwesenheit seltener Erden im Flußspat gebunden, so ist diese

[1]) H. W. Morse, Astrophys. Journ. **21**, 410, 1905.

allein doch noch nicht ausreichend, sondern es kommt, wie ja auch sonst bei Lumineszenzerscheinungen, sehr wesentlich auf die Art der Verteilung des wirksameren Metalles in der Lösung an. Meist sind die Fluoritproben, an denen Linienphosphoreszenz zu beobachten ist, schichtenweise in größere Stücke eingelagert und zeichnen sich, obwohl klar durchsichtig, durch eine tiefere Färbung aus, die wohl eben von den gelösten seltenen Erdmetallen herrührt. Diese Schichten werden bei Erwärmung des Kristalles über 300° trübe milchig und lassen sich in diesem Zustande auch nach wiedereingetretener Abkühlung nicht mehr zur Linienemission erregen. Die von anderen Metallen herrührende Bandenemission der fraglichen Schichten sowohl als des ganzen übrigen klarbleibenden Stückes wird durch die Erwärmung nicht beeinflußt. In welcher Weise dabei die Verteilung der seltenen Erdmetalle im Inneren des Flußspates verändert wird, läßt sich vorläufig nicht entscheiden.

Neben den seltenen Erden gibt das Chrom als wirksames Metall Anlaß zum Auftreten von Linienphosphoreszenz, und zwar, soweit bekannt, nur wenn es in Aluminiumoxyd gelöst ist. Nach Möglichkeit von fremden Beimischungen gereinigte Tonerde zeigt meist eine diffuse weißlich grüne Bandenphosphoreszenz. Doch genügt schon die Anwesenheit von $^1/_{50}\,{}^0/_{00}$ Chromoxyd, um ganz identisch im Absorptions- und Fluoreszenzspektrum zwei linienartige Banden im Rot deutlich hervortreten zu lassen, zu denen bei größerem Chromgehalt noch einige weitere schwächere Banden treten. Bis auf die Intensität ist dieses Spektrum das nämliche für den farblosen Korund, den blauen Saphir und den roten Rubin; auch sind in dieser Hinsicht natürliche Steine von synthetisch erzeugten nicht zu unterscheiden. Tabelle 20 zeigt das ordentliche Absorptions- und Phosphoreszenzspektrum des Rubins, die im roten Spektralgebiet ganz identisch sind mit der einzigen Ausnahme, daß die schwachen Linien 6575—6678 Å bei tiefer Temperatur in der Emission nicht mehr nachgewiesen werden können. Alle Banden rücken mit zunehmender Temperatur nach größeren Wellenlängen und werden dabei zusehends verwaschener; die beiden kräftigsten Banden R_1 und R_2 haben bei Zimmertemperatur noch eine Breite von ca. 2 Å; bei $-190°$ erscheinen sie als sehr helle scharfe Linien; dabei nimmt ihre Gesamtintensität in der Emission noch merklich zu. Das Ab-

Tabelle 20.

Ordentliches Absorptions- bzw. Fluoreszenzspektrum des Rubins.
λ in Å.

Temper.	$-190°$	$+18°$	$+225°$
	6575, 6585 } schwache Doppellinie	6590 bis 6690 } schwache Bande	6610 sehr schwache Bande
	6678 schmale Bande		
R_1	6918 starke Linie	6926 intensive Bande	6945, 6960 } fast zusammenhängend
R_2	6932 sehr starke Linie	6941 sehr starke Bande	
	6976, 6985 } schwache Linien	} Verwaschene Streifen	6950 bis 7100 } vier ganz unscharfe Streifen
	7006, 7036 } Scharfe Linien	7016, 7046 } Schmale Banden	

sorptionsspektrum weist dann noch zwei weitere Bandengruppen im Gelb bzw. im Blau auf, die bisher in der Emission nicht beobachtet werden konnten, die sich aber in bezug auf Temperaturabhängigkeit, Polarisation usw. den roten Banden ganz gleichartig verhalten. ([38]) ([39]) Es ist nun aber für den Rubin sehr charakteristisch, daß er neben diesen schmalen linienähnlichen Banden noch ein anderes Absorptionsspektrum besitzt, das im Violett und darüber hinaus als kontinuierliches und für abnehmende Wellenlängen immer stärker werdendes Undurchlässigkeitsgebiet hervortritt, im Gründgelb aber eine zwar an 1000 Å breite aber doch ziemlich wohl definierte Bande mit einem Maximum bei 5550 Å bildet. Diese Bande spielt in der Fluoreszenzemission keine Rolle; auch ist ihre Temperatur-

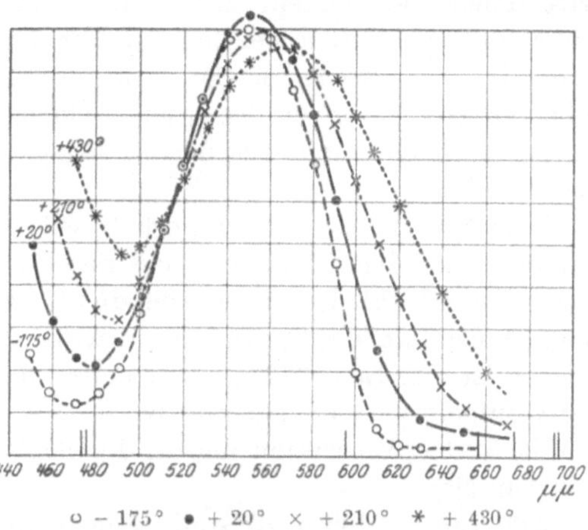

Die Hauptabsorptionslinien sind im unteren Teil der Figur angedeutet.

Fig. 21. Absorptionsbande des Rubins in Grün-Gelb.

abhängigkeit von ganz anderer Art als die der „Linien", und so möchte man ihre Existenz als durch wesentlich andere Ursachen hervorgerufen annehmen (vgl. Fig. 21). ([63])

Die vollkommene Identität der Emissions- und Absorptionslinien dagegen läßt sich sehr leicht durch ihre Umkehrbarkeit experimentell nachweisen: erregt man die Fluoreszenz einer Rubinplatte mit Hilfe seitlicher Belichtung und durchstrahlt die Platte gleichzeitig von rückwärts mit rotem Licht, so werden zunächst bei relativ geringer Intensität dieses letzteren die Lumineszenzlinien hell auf dunklem Grund erkennbar sein. Erhöht man dann allmählich die Helligkeit des durchfallenden Lichtes, so kehrt die Erscheinung sich um, und an derselben Stelle des Spektrums treten nun die Absorptionslinien dunkel auf hellem Grund hervor. Aus dem Umstand, daß diese Umkehr nicht für alle Linien gleichzeitig auftritt, folgt, daß das Verhältnis zwischen der Intensität von Absorption und Emission in den einzelnen Linien verschieden ist. Die Absorption ist relativ am stärksten gerade in den hellsten Phosphoreszenzlinien R_1 und R_2; in diesen tritt daher die Umkehr zuerst auf. Innerhalb jeder einzelnen Linie setzt wenigstens bei den schwächeren die Umkehr simultan über die ganze Breite hin ein, d. h. innerhalb jeder dieser Linien scheinen Absorption und Emission die gleiche Intensitätsverteilung zu haben, in den Banden R_1 und R_2 dagegen kehren sich die Ränder zuerst um. ([13]) ([14])

Dem Rubin sehr ähnlich verhält sich der Smaragd, jedoch ist entsprechend dem Umstand, daß hier für das Chromoxyd nicht reine Tonerde als Lösungsmittel dient, sondern ein Aluminiumberylliumsilikat, das Spektrum ein wesentlich anderes: am intensivsten ist eine Linie 6794 Å und eine augenscheinlich noch nicht ganz aufgelöste Bandengruppe bei 6825 Å. Auch sie treten gleichmäßig in der Absorption und in der Emission auf und sind umkehrbar. ([15])

Alle Linien dieser Kristalle zeigen im Magnetfeld Zeemaneffekte, die wiederum für das Phosphoreszenz- und das Absorptionsspektrum in bezug auf Größe, Symmetrie, Polarisation völlig identisch sind. Vor allem bei tiefen Temperaturen, wo die Linien ganz scharf werden, ist die Wirkung gut zu beobachten: so werden die beiden Hauptlinien des Rubins in unsymmetrische Quadruplets zerlegt, ein schwächeres Duplet bei 6988—6900 Å wird bei zunehmendem Magnetfeld anfangs verwaschen und zieht sich dann in eine scharfe Linie im Schwerpunkt des ursprünglich vorhandenen Duplets zusammen; die Smaragdlinie bei 6794 Å zeigt in einem Felde von 25 000 Gauß ein unsymmetrisches Duplet usf. Dagegen tritt das Starksche elektrische Analogon zum Zeemaneffekt bei den Rubinlinien so wenig als bei irgendwelchen anderen Lumineszenzlinien in die Erscheinung: bei Anwendung eines elektrischen Feldes von 4500 Volt/cm ist nicht die geringste Andeutung einer Aufspaltung der Linien wahrzunehmen. Da selbst an den schärfsten Linien des Flußspates in Magnetfeldern von über 20 000 Gauß ein Zeemaneffekt nicht nachgewiesen werden konnte, gewinnt die Vermutung Becquerels an Wahrscheinlichkeit, daß Zeemaneffekte ausschließlich an „umkehrbaren" Lumineszenzlinien hervorgerufen werden können; daß aber die Umkehrbarkeit allein noch keine hinreichende Bedingung für das Zustandekommen des Phänomens ist, lehrt das Beispiel der im folgenden zu besprechenden Uranylsalzphosphoreszenz.

Das Erregungsgebiet der Rubinfluoreszenz erstreckt sich vom Ultraviolett bis ins Gelb mit einem Maximum zwischen 3800 und 3900 Å; ein weiteres relatives Maximum der Erregung liegt im Grüngelb, und dies stimmt durchaus mit dem Vorhandensein der breiten ziemlich intensiven Absorptionsbande zwischen 4800 und 6000 Å überein. Bei größeren Wellenlängen nimmt die Erregungsfähigkeit sehr schnell ab und ist in den Spektralbezirken, in welchen die Emissionslinien hauptsächlich liegen, überhaupt nicht mehr wahrzunehmen; nur innerhalb der intensiven Absorptionslinien R_1 und R_2 ist die Fluoreszenzemission eben dieser Wellenlängen in geringem Maße hervorgerufen, was sich durch die dort auftretende sehr vollständige Absorption des auffallenden Lichtes zwanglos erklärt. ([134]) Messungen darüber, ob ähnlich wie beim Flußspat bei rein monochromatischer Erregung ausschließlich oder doch vorzugsweise einzelne der Phosphoreszenzlinien zur Emission gebracht werden können, liegen leider nicht vor.

Eine Sonderstellung unter den Substanzen mit diskontinuierlichen Phosphoreszenzspektren nehmen zahlreiche Verbindungen des Urans ein: sie zeichnen sich dadurch aus, daß sie wohl die einzigen (festen) anorganischen Körper sind, deren Photolumineszenz nicht als durch fremde Beimischungen verursacht nachgewiesen ist. Auch müßten, da alle phosphoreszierenden Uransalze

Lumineszenzspektra von unverkennbar dem gleichen Typus aufweisen, ganz unabhängig von ihrer Herkunft und ihrer genaueren chemischen Zusammensetzung, diese allenfalls als „wirksames Metall“ funktionierenden Verunreinigungen immer von derselben Natur sein, was höchst unwahrscheinlich sein dürfte — es handelte sich denn um die radioaktiven Zerfallprodukte. Daß die gerade „aufbrechenden“ radioaktiven Atome des Urans selbst diese Rolle spielen sollten[1]), scheint darum nicht wohl annehmbar, weil deren Zahl pro Volumeneinheit allzu gering ist, so daß ihre Konzentration noch von einer ganz anderen Größenordnung klein wäre als etwa die der wirksamen Metalle in den Erdalkaliphosphoren. Anderseits sprechen Messungen über die Absorptionsspektra der Uransalze, die wiederum in engstem Zusammenhang mit den Lumineszenzspektren stehen, dafür, daß auch hier nur ein relativ kleiner Prozentsatz aller Moleküle als „Zentren“ aktiv an dem optischen Vorgang beteiligt ist. — Nicht alle Uranverbindungen können durch Bestrahlung mit Licht zu der charakteristischen diskontinuierlichen Phosphoreszenzemission erregt werden: es ist vielmehr auch hier wieder nötig, daß ganz bestimmte Molekülkomplexe in der Verbindung vorhanden sind, nämlich das Uranylradikal UO_2. Die Uranylsalze, in denen das Uran sechswertig gebunden ist nach der Formel UO_2X_2, sind fast ausnahmslos photolumineszent, die Uranosalze (mit vierwertigem U) sind es durchweg nicht. Dagegen sind die gleichfalls diskontinuierlichen Absorptionsspektra der Uranosalze denen der Uranylsalze ganz analog, und bei der schon erwähnten engen Beziehung zwischen den beiden Spektren muß man annehmen, daß die Fähigkeit, das Auftreten von Spektren des charakteristischen selektiven Typus hervorzurufen, eine allgemeine Eigenschaft des Uranatoms (evtl. der stets vorhandenen Verunreinigung) ist, daß dagegen nur die Konfiguration, wie sie im Uranylradikal existiert, es möglich macht, einfallende absorbierte Lichtenergie als sichtbare Strahlung zu reemittieren.

Die Phosphoreszenzspektra der festen Uranylsalze bestehen bei Zimmertemperatur stets aus einer Serie diskreter Banden, deren Breite selten 150 Å übersteigt und deren Maxima so scharf ausgeprägt sind, daß sich ihre Lage mit großer Genauigkeit

---

[1]) Dies ist gelegentlich von J. Becquerel vorgeschlagen worden.

fixieren läßt. Die Banden liegen alle zwischen 4700 und 6300 Å, ihre Anzahl beträgt meist sieben oder acht, die Intensität ist in der am weitesten nach Violett gelegenen sehr gering, steigt aber in den nächsten rasch an, in der Regel bis zur dritten, stets zwischen 5000 und 5300 Å gelegenen Bande, um dann in den weiter nach Rot folgenden Banden etwas langsamer wieder abzunehmen; ganz ähnlich verläuft die Helligkeitsverteilung innerhalb jeder einzelnen Bande: bei annähernder Symmetrie etwas steilerer Anstieg auf der violetten, etwas flacherer Abfall auf der roten Seite. Wegen der geringen Helligkeit der äußersten, am weitesten nach Rot bzw. Violett zu liegenden Banden entziehen sich diese bei den schwächer leuchtenden Salzen zuweilen der Beobachtung.

Die Differenzen zwischen den Schwingungszahlen der einzelnen Bandenmaxima sind für ein gegebenes Salz mit großer Annäherung konstant, und die Größe dieser Konstanten variiert auch für die verschiedenen Salze nicht wesentlich; es ist immer annähernd $\Delta \frac{1}{\lambda} = 800\,\mathrm{cm}^{-1}$. Die gleiche konstante Frequenzdifferenz zwischen den Bandenmaximis tritt nun aber auch in den weiter nach kürzeren Wellen zu gelegenen Absorptionsspektren auf, als deren direkte Fortsetzung somit die Lumineszenzspektren erscheinen. Tatsächlich fallen sogar die letzten im Grünblau gelegenen Banden der Absorption mit den ersten Fluoreszenzbanden vollständig zusammen, diese Banden — ihre Zahl beträgt meist zwei oder drei — sind umkehrbar.

H. Becquerel, der diesen Zusammenhang zuerst ganz klargestellt hat, macht auf eine Abweichung von der absoluten Konstanz der Frequenzdifferenzen aufmerksam, indem diese in allen beobachteten Fällen eine geringe abnehmende Tendenz zeigen beim Fortschreiten zu größeren Wellenlängen. Das Vorhandensein einer solchen systematischen Abweichung stellen Nichols und Merrit, die sehr eingehende photometrische Messungen durchgeführt haben, in Abrede, behaupten dagegen mit großer Entschiedenheit und in bewußtem Gegensatz zu Becquerel, daß die Frequenzendifferenzen beim Übergang vom Absorptions- zum Phosphoreszenzspektrum sich sprungweise ändern, und folgern daraus, daß das letztere ungeachtet eines unleugbaren Zusammenhangs doch nicht eigentlich als Fortsetzung des ersteren aufgefaßt werden könne. Nun haben aber auch

Nichols und Merrit die Umkehrbarkeit, also spektrale Identität gewisser Phosphoreszenz- und Absorptionsbanden konstatiert, und diese gehören auch ihrer Frequenzendifferenz nach zweifellos teilweise zur Serie der weiter im Violett gelegenen Absorptionsbanden. Wenn also die beiden Spektra nicht eine einzige Folge bilden, so wäre der Bruch nicht an der ja gar nicht existierenden Trennungsstelle zwischen Absorptions- und Emissionsbanden anzunehmen, sondern es würden von den Banden, die gleichzeitig in der Absorption und in der Emission auftreten, einige der ersten, andere der zweiten Serie angehören — was nicht sehr wahrscheinlich sein dürfte.

Die relative Intensität ist freilich bei den einzelnen umkehrbaren Banden sehr ungleich, in der Weise, daß im allgemeinen beim Fortschreiten von kleineren zu größeren Wellenlängen die Absorptionsbanden an Intensität abnehmen, während damit parallel die Helligkeit der Emissionsbanden wächst. Sehr deutlich erkennt man das aus Fig. 22: Kurve I gibt das Fluoreszenzspektrum, Kurve II das Absorptionsspektrum des Uranyl-Kaliumsulfats; in dieser sieht man sehr schön die nach Ultraviolett zunehmende, sich den Banden überlagernde kontinuierliche Absorption; die drei umkehrbaren Banden sind in der Wellenlängenskala durch Pfeile markiert. Auch innerhalb jeder einzelnen Bande ist die Intensitätsverteilung für die Absorption und die Emission nicht dieselbe; daher denn im Fluoreszenzspektrum die umkehrbaren Banden infolge von Selbstabsorption im Salz gegenüber den anderen Emissionsbanden einen spektral merklich verschiedenen Charakter besitzen können. Besonders klar tritt das in den Fällen zutage, wo schon bei Zimmertemperatur jede Fluoreszenzbande zwei getrennte Maxima (α und β) aufweist und dies sich dann im Absorptionsspektrum ebenfalls wiederholt, das seinerseits aus

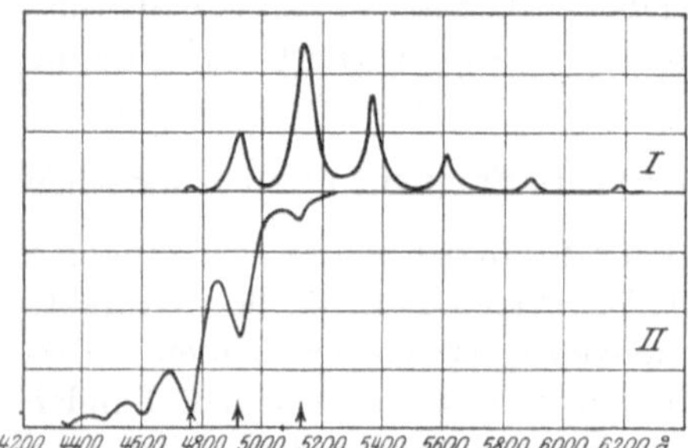

I Fluoreszenz-Spektrum II Absorptions-Spektrum

Fig. 22. Fluoreszenz- und Absorptions-Spektrum des Uranylkaliumsulfates bei + 25°.

Doppelbanden (α' und β') besteht; beim einfachen Uranylsulfat z. B. überwiegt in der Emission durchweg die weiter nach Rot gelegene „Hauptbande" α, in der Absorption die kurzwelligere „Nebenbande" β' (vergl. Tabelle 23). (155)

Die gleiche Erscheinung ist in noch erhöhtem Grade bei den Uranylalkalidoppelchloriden zu beobachten, die alle sehr ähnliche Spektra aufweisen. Nicht nur zerfällt hier jede der acht Emissionsbanden (Bandengruppen) in fünf schmalere Einzelbanden (siehe Fig. 23), sondern diese bestehen, wie Zwischenschalten eines Nicolschen Prismas zwischen den fluoreszierenden Körper und

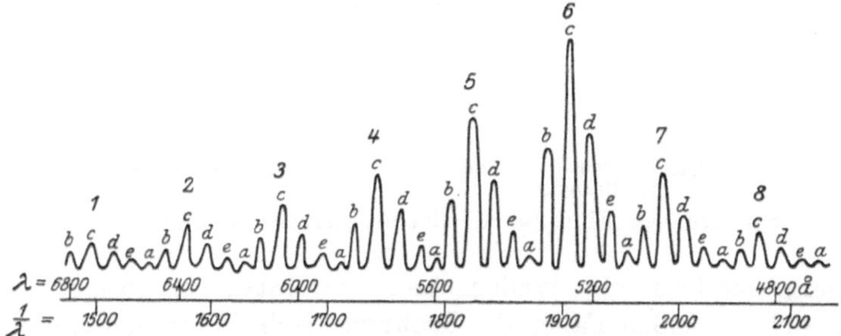

Fig. 23. Fluoreszenzspektionen des Uranyl-Ammoniumchlorids bei 20° (ohne Polarisationszerlegung).

den Beobachter lehrt, meist aus Duplets mit senkrecht zueinander polarisierten Komponenten; die Absorptionsbanden zeigen dasselbe Aussehen, nur daß wieder die Intensitätsverhältnisse andere sind. Bei manchen dieser Salze läßt sich die Bandenumkehr in allen Einzelbanden über vier Bandengruppen verfolgen. (84) (142) (144) (158)

Schließlich findet man bei genauer photometrischer Durchmessung, daß zahlreiche einheitlich erscheinende Banden anderer Uranylsalze in Wahrheit eine höchst komplizierte Struktur besitzen — so sind auch die beiden als getrennt erkennbaren Maxima im Uranylsulfatspektrum von einer ganzen Reihe Nebenmaxima begleitet (Fig. 24a u. 24b). (234) Diese in Wahrheit stets vorhandene Struktur, die bei relativ großer Breite der Einzelbanden durch Überlagerung verdeckt wird, tritt bei tieferen Temperaturen immer deutlicher hervor. Schon bei der Temperatur der flüssigen Luft sind die Banden immer in eine Anzahl enger Einzelbanden von ungleicher Helligkeit aufgelöst, wie das in den Figuren 25 u. 28 schematisch dargestellt ist: die Intensität ist jedesmal durch die Länge der entsprechenden Linie angedeutet, die Linien unter der 0-Achse in Fig. 25 zeigen die Lage der Absorptionslinien. Als Abszissenmaßstab sind nicht die Wellenlängen, sondern die Wellenzahlen gewählt[1]), im übrigen muß man sich in beiden Fällen die Spektren nach rechts bzw. links in leichtverständlicher Weise fortgesetzt denken — nur mit allmählich abnehmenden Intensitäten (vgl. hierzu auch Tabelle 21a und b). Wie vorher zwischen den Bandenschwerpunkten sind jetzt zwischen homologen Einzelbanden — sie mögen der Kürze halber als Linien bezeichnet werden — die Frequenzendifferenzen angenähert konstant, so daß also eine ganze Anzahl von Serien äquidistanter Linien zu unterscheiden ist — nicht unähnlich den Serien in den Resonanzspektren des Joddampfes. Die Frequenzendifferenzen sind in den verschiedenen Serien nicht ganz gleich, so daß also die relative Lage der Linien von Gruppe zu Gruppe sich meist etwas verschiebt.

a) Die Striche geben die Linien bei − 185 °. Uranylsulfat.

b) Uranylnitrat.

Fig. 24. Struktur von Einzelbanden der Fluoreszenz bei Zimmertemperatur.

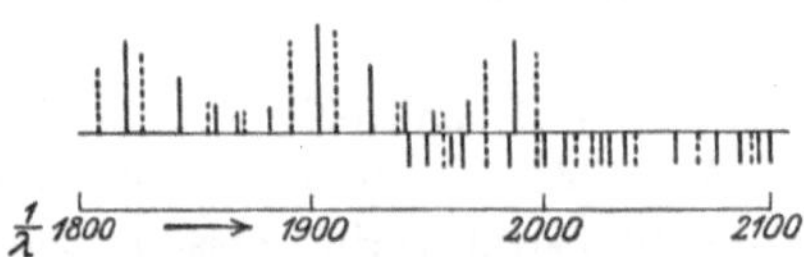

Fig. 25. Fluoreszenz und Absorption des Uranylkaliumchlorids bei — 185°.

[1]) Der in den Originalarbeiten gebrauchten Schreibweise folgend ist in diesen Figuren die Wellenzahl in $(10\,\mathrm{cm})^{-1}$ angegeben, so daß der Wellenlänge 5000 Å die Zahl 2000 entspricht.

Tabelle 21.
Fluoreszenzbanden des Uranylnitrats.

a) bei +25°.

	Ungefähre Grenze der Banden	Maximum (λ in Å)
II	6212 — 6150	6188
III	5941 — 5840	5866
IV	5630 — 5550	5585
V	5360 — 5280	5329
VI	5120 — 5060	5086
VII	4900 — 4850	4869
VIII	?	4708

b) bei —180°
(Banden in schmale Linien aufgelöst.)

ss = sehr schwach, s = schwach, m = mittelstark, st = stark.

	A	B	C	D	E	F	G	H	J	K
I	—	—	—	6515 ss	6493 ss	—	—	—	—	—
II	—	—	—	6169 s	6139 s	6131 m	—	6061 ss	—	6002 s
III	—	5917 ss	5885 s	5858 m	5831 m	5821 s	—	5767 ss	—	5688 m
IV	5682 ss	5634 s	5602 s	5578 st	5556 st	5544 m	5525 s	5489 s	5476 ss	5440 m
V	5417 ss	5373 m	5351 s	5325 st	5305 st	5291 m	5269 s	5241 m	5230 ss	5200 s
VI	5136 s	5136 m	5112 s	5092 st	5068 st	5052 m	5042 ss	4950 m	—	—
VII	4956 m	4914 st	4897 m	4878 s	4856 st	4849 s	—	—	—	—

Auch sonst braucht nicht jede Bandengruppe eine vollständige Wiederholung der anderen zu sein; denn abgesehen von dem Einfluß der Selbstumkehr in den kurzwelligsten Fluoreszenzbanden kommen gewisse gesetzmäßig fortschreitende Intensitätsveränderungen vor, derart etwa, daß die hellsten Linien einer Bande desto weniger hervortreten, je weiter die betreffende Bande nach Rot zu liegt. Derartige Verschiebungen sind in der Tabelle 21b sehr gut zu verfolgen. So kommt es, daß meist die langwelligeren Banden eine verhältnismäßig einfache Struktur aufweisen; diese erinnern dann in ihrem Aussehen sehr lebhaft an die kannelierten Bandenspektra von Gasen, und die Anordnung ihrer Linien entspricht, während eine allgemeine Regel für die Linienverteilung in den komplizierteren Phosphoreszenzbanden sich nicht finden läßt, auch annähernd dem zuerst von Deslandres für solche kannelierten Gasbanden aufgestellten Seriengesetz. Eine weitere Analogie mit den kannelierten Banden der Gase sieht Becquerel darin, daß ebensowenig wie an diesen an irgendeiner Phosphoreszenzlinie der Uranylsalze trotz ihrer großen Schärfe bei den tiefsten Temperaturen die geringste Andeutung eines Zeemaneffektes beobachtet werden kann, selbst nicht in einem Magnetfeld von 25 000 Gauß.

Auch jetzt wieder sind häufig einzelne Emissionslinien (ganz unabhängig von der Art der Erregung) ganz oder teilweise polarisiert. Besonders deutlich tritt das bei den Uranylalkalidoppelchloriden hervor, von denen schon bei Zimmertemperatur polarisierte Fluoreszenz ausgesandt wird: Bei — 185° sind in diesem Falle sämtliche Linien des Phosphoreszenzspektrums parallel oder senkrecht zur Hauptachse des Kristalles polarisiert (ordentliches und außerordentliches Spektrum sind in der Fig. 25 durch ausgezogene bzw. punktierte Linien veranschaulicht), so daß also je nach der Orientierung eines Polarisators, durch welchen man die Phosphoreszenz betrachtet, zwei ganz verschiedene Spektra in die Erscheinung treten. Die analogen Verhältnisse im Absorptionsspektrum lassen sich ebenfalls aus der Fig. 25 ersehen. In anderen Fällen sind nicht alle Linien polarisiert, sondern nur einige, auch diese etwa nur partiell, immer aber ist über das ganze Spektrum hin für homologe Linien Grad und Richtung der Polarisation durchweg identisch.

Bei weiter getriebener Abkühlung werden manche der in flüssiger Luft noch einheitlich aussehenden Einzelbanden fernerhin aufgespalten, bei 20° abs. (in siedendem Wasserstoff) sind viele der Linien so schmal und scharf wie etwa die Linien eines Funkenspektrums. Die Temperaturerniedrigung hat aber auch, wie in zahlreichen früher besprochenen Fällen, die andere Folge, daß die Banden sich nach kürzeren Wellenlängen hin verschieben. Und zwar läßt sich hier bei der großen Schärfe, welche die schmalsten Linien meist schon bei — 193° charakterisiert, besser als sonst wohl nachweisen, daß es sich nicht lediglich um eine Veränderung der Intensitätsverteilung innerhalb der Bande handelt: die ganze Bande ändert tatsächlich ihre Lage, so daß z. B. das spektrale Emissionsgebiet bei — 253° sich zuweilen mit dem bei + 20° nicht einmal mehr überschneidet (vgl. Tabelle 22 und Fig. 26). Doch scheint diese Verschiebung allmählich einem Grenzwert

Tabelle 22.

Verschiebung der Fluoreszenzbanden des Uranylkaliumsulfats mit der Temperatur.

Temperatur	Wellenlängen in Å			
+20°	5130	5360	5601	5881
−193°	5114,8	5342,4	5590,9	5863,1
−253°	5113,5	5341,0	5588,9	5860,5

zuzustreben: sie ist bei der Abkühlung von — 193 auf — 253° schon sehr viel geringer als bei der von Zimmertemperatur auf die Temperatur der flüssigen Luft; während bei einer weiteren Temperaturerniedrigung auf — 259° eine Veränderung zwar auch noch im selben Sinne erfolgt, aber nur um 0,1 bis 0,2 Å. Es sei

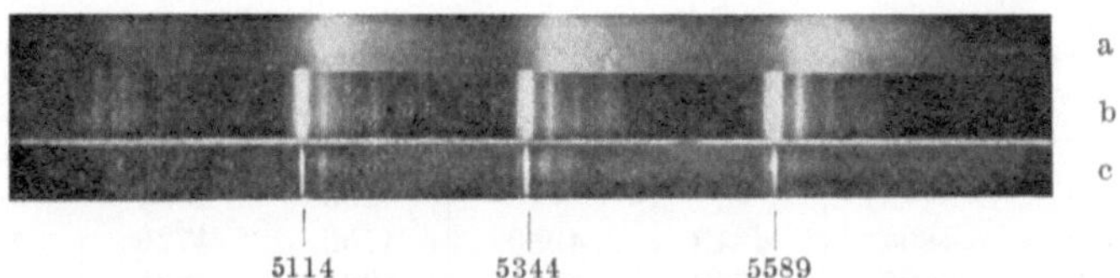

Fig. 26. Fluoreszenzspektrum des Uranylkaliumsulfats a bei + 15°; b bei — 193°; c bei — 253°.

erwähnt, daß überdies bei tiefen Temperaturen in den Zwischenräumen zwischen den ursprünglich beobachteten Banden zuweilen schwächere Liniengruppen neu auftreten. Die von Nichols und Merrit ausgesprochene Vermutung jedoch, daß die Bandenverschiebung lediglich durch das Verschwinden einiger Komponenten und das Neuhinzukommen anderer vorgetäuscht werde, ist unter Berücksichtigung der Becquerelschen Messungen bei Temperaturen unter — 190° sicher nicht allgemein aufrecht zu erhalten. (20)

Wenn schon die Fluoreszenzspektra der verschiedenen Uranylsalze durchweg den gleichen Typus aufweisen, so sind doch die Spektren der einzelnen Verbindungen durch charakteristische Einzelheiten unterschieden. Maßgebend ist aber dabei fast ausschließlich die Säure, während die Natur des zweiten Metalls in Doppelsalzen eine sehr untergeordnete Rolle spielt. Alle Doppelsalze mit gleicher Säure haben, wenn nicht identische, so doch ganz analog gebaute Emissionsspektra; das gilt für die

Doppelsulfate, -nitrate, -karbonate usw.[1]); besonders charakteristisch hierfür sind die schon erwähnten Uranylalkalichloride. Von größerer Bedeutung ist dagegen der Kristallwassergehalt: werden Uranylsalze durch Erhitzen von Wasser befreit, so verändern sich ihre Fluoreszenzbanden, und zwar in ganz ungleichartiger Weise: neben Verschiebungen nach Rot oder Violett kommen auch neue Banden zum Vorschein. Sehr interessant ist in dieser Hinsicht das Uranylsulfat (Tabelle 23): die beiden Maxima seiner

Tabelle 23.

Absorption und Fluoreszenz von Uranylsulfat bei +25°.

Wellenlängen der Bandenmaxima in Å.

Fluoreszenz				Absorption		
Wasserhaltige Kristalle		Wasserfreies Salz	Konzentr. wässer. Lös.	Wasserhaltige Kristalle		Konzentr. wässer. Lös.
Serie α	Serie β	Serie γ	Serie α	Serie α'	Serie β'	Serie β'
4760	—	—	—	4595	4555	—
4930	4894	4843	4930	4755	4720	4720
5150	5098	5049	5150	4925	4880	4890
5395	5340	5285	5390	—	—	5095
5659	—	5538	5630			

an anderer Stelle beschriebenen Doppelbanden α und β liegen um rund 50 Å getrennt, wobei β, die Bande kleinerer Wellenlänge, in der Emission bei weitem schwächer ist. Verdampft man durch

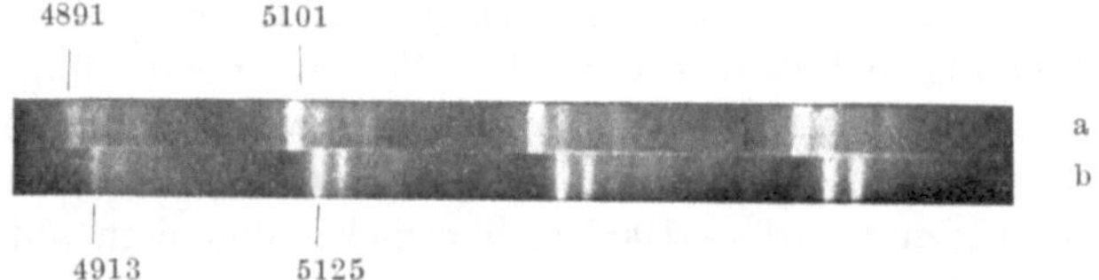

Fig. 27. a) Fluoreszenzspektrum des Uranylnatriumsulfats b) „ „ Uranylammoniumsulfats } bei 80°.

sorgfältiges Erhitzen alles Kristallwasser, so erscheint ein neues Spektrum, aus einfachen Banden γ zusammengesetzt, die gegen die β-Banden nochmals um ca. 50 Å versetzt sind. Durch Lagern an feuchter Luft nimmt die Substanz allmählich wieder Wasser

[1]) Siehe Fig. 26 und 27.

auf, und nun treten gleichzeitig nebeneinander die drei Bandenserien α, β und γ auf, zunächst aber im Gegensatz zum ursprünglichen Spektrum β sehr viel lebhafter als α. Daraus läßt sich wohl mit Sicherheit schließen, daß auch α und β zwei Modifikationen mit verschiedenem Kristallwassergehalt zugeordnet werden müssen. Das Uranylnatriumsulfat zeigt sogar je nach dem Hydrierungsgrad fünf verschiedene Varianten seines Fluoreszenzspektrums und deren Superpositionen. Vielleicht läßt sich daher ganz allgemein das Auftreten mehrfacher parallel laufender Bandenserien, wie es ja bei tiefen Temperaturen an allen Uranylsalzen beobachtet wird, mindestens teilweise durch das simultane Vorhandensein von Kristallen mit verschiedenem Wassergehalt erklären. Dabei ist es nicht unwahrscheinlich, daß die Einwirkung der Hydrierung auf das Spektrum keine direkte ist, sondern hervorgerufen wird durch die auftretende Änderung des Kristallsystems, in dem das Salz jeweils kristallisiert; hierfür spricht der Umstand, daß umgekehrt unter verschiedenen Salzen solche die größte Verwandtschaft in ihren Emissionsspektren zu besitzen scheinen, die im gleichen System kristallisieren. ([155]) ([159]) ([86]) ([148])

Trotz der engen Verknüpfung zwischen den Phosphoreszenz- und den Absorptionsspektren ist auch bei den Uranylsalzen die Lumineszenzerregungsverteilung keineswegs auf die selektiven Absorptionsfrequenzen beschränkt. Sie reicht bei allen Salzen ziemlich gleichmäßig vom Ultraviolett bis etwa ins Blaugrün; dies Gebiet fällt zusammen mit einem Gebiet kontinuierlicher Absorption, die in dem genauer untersuchten Fall des Uranylkaliumsulfats im Violett ziemlich bedeutend, im Blau rasch abfällt und oberhalb 4900 Å praktisch nicht mehr vorhanden ist. Dem kontinuierlichen Absorptionsspektrum sind die charakteristischen selektiven Absorptionsbanden übergelagert, und diese kommen in der Erregungsverteilungskurve nur so weit zur Geltung, als es der vergrößerten Absorption bei diesen Wellenlängen entspricht, genau so wie die Erregungsfähigkeit des Lichtes bei Wellenlängen, die außerhalb des Gebietes der kontinuierlichen Absorption liegen, gänzlich verschwindet. Keineswegs aber ist die Erregung der wohl definierten Bandenphosphoreszenz auf Licht von der Wellenlänge der nicht minder wohl definierten korrespondierenden Absorptionsbanden selektiv beschränkt. Ebenso ist auch die Erregung der *einzelnen* Emissionsbanden nicht an bestimmte eng begrenzte Teile des ganzen erregenden Gebietes gebunden, vielmehr wird durch jede Frequenz dieses Gebietes die Emission aller Banden gleichzeitig verursacht, und zwar stets mit der gleichen relativen Intensitätsverteilung. So ist für eine große Anzahl von Substanzen die verhältnismäßige Helligkeit der einzelnen Phosphoreszenzbanden im wesentlichen unabhängig davon, ob die Fluoreszenz mit den Linien 436, 405, 365, 313, 254 $\mu\mu$ des Hg-Bogens erregt wird. Die nicht sehr bedeutenden Abweichungen besonders für die Banden größter Frequenz erklären sich zwanglos aus der ungleichen Eindringungstiefe der verschiedenen erregenden Wellenlängen und aus der daraus folgenden Ungleichheit der von einem Teil des Fluoreszenzlichtes zu durchsetzenden absorbierenden Schicht. ([155])

Hiermit ist natürlich noch nicht bewiesen, daß wirklich bei monochromatischer Erregung immer alle Frequenzen des Lumineszenzspektrums ansprechen müssen; denn die eben besprochenen Resultate wurden bei Zimmertemperatur erhalten und gelten somit notwendig nur für die dann allein beobachtbaren komplexen Bandengruppen. Sie würden somit noch nicht mit der Annahme im Widerspruch stehen, daß durch monochromatisches Licht nur etwa *eine* Reihe homologer Linien oder eine Serie schmaler Banden, deren je eine in jeder Bandengruppe vorkommt, zur Erregung gebracht wird.

Die Gesamthelligkeit der Fluoreszenz von Uranylsalzen ist bei konstanter Erregung zwischen + 20° und − 250° von der Temperatur praktisch unabhängig, d. h. die einzelnen Banden werden in dem gleichen Verhältnis heller, als sie durch Abkühlung schmaler werden. Bei Erwärmung über 50° dagegen nimmt die Helligkeit der Emission schnell ab; so ist sie z. B. für Uranylammoniumsulfat bei + 140° schon so geschwächt, daß nur mehr die lebhafteren Banden sichtbar sind, während bei + 260° überhaupt kaum mehr ein Leuchten wahrgenommen werden kann. Diese Temperatur wäre also nach der Lenardschen Nomenklatur die obere Grenze des Momentanzustandes der betreffenden Banden. Denn alle Lumineszenzbanden der Uranylsalze befinden sich bei mittleren und auch noch relativ niedrigen Temperaturen schon im oberen Momentanzustand; ja für die Sulfide und Nitrate ist selbst bei — 193° kaum phosphoroskopisch das geringste Nachleuchten nachweisbar, während andere Salze wie die Azetate,

Tartrate, in geringerem Maße auch die Chloride bei der Temperatur des siedenden Stickstoffes ihre Phosphoreszenzbanden im Dauerzustand aufweisen; freilich ist auch in diesen Fällen das Nachleuchten nur auf sehr kurze Zeiten beschränkt und übersteigt nie wenige Sekunden. ([16]) Die Abklingungskurve ist für alle Einzelbanden eines Spektrums vollkommen identisch, insbesondere auch für solche Banden die ungleiche Polarisation aufweisen. ([144])

Außerordentlich kompliziert liegen die Verhältnisse bei der Fluoreszenz der Uranylsalze in flüssiger Lösung, und bei dem Fehlen fast jeden einheitlichen Gesichtspunktes, unter dem die betreffenden Erscheinungen zusammengefaßt werden könnten, sollen hier nur einige der wesentlichsten Punkte berührt werden. In manchen Fällen stimmen die Emissionsspektra der Lösungen ganz oder doch teilweise mit denen der festen Salze überein; in anderen tritt ein neues diskontinuierliches Bandenspektrum auf; oder auch es ist nur eine einzige kontinuierliche Bande vorhanden; manchmal endlich weist die Lösung eines in ungelöstem Zustand hell phosphoreszierenden Salzes gar keine Photolumineszenz auf; einige Beispiele mögen dies erläutern.

Zu der ersteren Kategorie gehört das Uranylsulfat, das in Wasser von Zimmertemperatur nur schwach, in H_2SO_4 sehr lebhaft leuchtet; doch ist das Emissionsspektrum der wässerigen Lösung nicht ganz identisch mit dem der festen Kristalle, vielmehr zeigt es nur die in der Tabelle 23 mit α bezeichnete Bandenserie, während die vermutlich einer anderen Modifikation zugehörende Nebenserie β fehlt; sehr überraschend und schwer erklärlich ist es, daß umgekehrt im Absorptionsspektrum nur die Serie β' auftritt, nicht aber α', um so überraschender, wenn man bedenkt, daß einige der Absorptionsbanden α' mit Emissionsbanden α, eine der Absorptionsbanden β' mit einer Emissionsbande β spektral umkehrbar zusammenfallen. Abkühlung auf $-180°$ verändert das Spektrum nicht wesentlich. Die beiden hellsten Banden sind selbst bei einer Verdünnung von einem Teil konzentrierter Lösung auf 500 000 Teile Wasser noch deutlich erkennbar. ([155]) ([157])

Uranylkaliumsulfat zeigt in wässeriger Lösung bei Zimmertemperatur überhaupt keine Spur von Fluoreszenz, wohl aber bei Abkühlung unter den Gefrierpunkt, wo dann wieder eine dem festen Salze analoge Bandenemission auftritt.

Sehr viel komplizierter liegt die Sache schon bei den Nitraten: die konzentrierten Lösungen sowohl in Wasser wie in Alkohol zeigen zwei parallel laufende Bandenserien; die Banden der einen Serie, im Alkohol allerdings nur sehr lichtschwach, sind für beide Lösungsmittel identisch und fallen mit den Banden des festen Salzes zusammen; die Banden der zweiten Serie, die bedeutend intensiver und etwa dreimal so breit sind als die der ersten, kommen beim festen Salze nicht vor und sind im Spektrum der alkoholischen gegen das der wässerigen Lösung um ca. 40 Å nach Violett verschoben. Die gesamte Emission ist bei Zimmertemperatur nur schwach, nimmt bei Abkühlung aber schnell zu, ohne daß selbst bei — 180° der Charakter der Spektra wesentlich variierte. Dagegen tritt bei Verringerung der Konzentration auf $^1/_{10}$ an Stelle der diskontinuierlichen Bandenemission ein kontinuierliches Spektrum auf, das sich erst bei tiefen Temperaturen in die zweifache Bandenserie auflöst. ([157])

Ganz besonders schwer zu übersehen sind die Verhältnisse beim Azetat: selbst die konzentrierte wässerige Lösung zeigt ein kontinuierliches Fluoreszenzspektrum, das bei Abkühlung auf — 180° in eine Folge breiter äquidistanter Banden zerfällt, die jedoch nicht mit denen des festen Salzes koinzidieren; ist die Lösung unter $^1/_{100}$ verdünnt, so tritt bei tiefer Temperatur in den Zwischenräumen zwischen diesen Banden eine zweite Serie gleichfalls beim ungelösten Salze nicht vorkommender wesentlich schmalerer Banden hinzu; bei noch größerer Verdünnung (unter $^1/_{1000}$) verschwinden diese beiden Serien und werden ersetzt durch andere sehr verwaschene Banden, die in keinerlei erkennbarer Beziehung zu den vorhergehenden Spektren stehen. Das Fluoreszenzspektrum der eingefrorenen alkoholischen Lösung endlich besteht unabhängig von der Konzentration aus einer großen Anzahl schmaler scharfer Linien. Dies ist besonders auffallend, weil es beinahe das einzige bekannte Beispiel ist für das Auftreten von Linienfluoreszenz an einem Uranylsalz in Lösung. Nichols und Merrit vermuten darum, daß hier vielleicht ein Teil des Salzes beim Einfrieren in feinen Kristallen ausgefallen sein mag; doch stimmen diese Linien nicht nur mit den an der ungelösten Substanz beobachteten nicht überein, sondern sie lassen auch nichts von der für die Fluoreszenzspektren der Uranylsalze charakteristischen Serienanordnung erkennen. Vielmehr erinnern sie vielleicht eher an die

Linienemission anderer in Alkohol gelöster organischer Verbindungen bei tiefer Temperatur, wie sie im folgenden Kapitel zu besprechen sein werden. (157) Ganz eindeutig dagegen erscheint der Fall des Uralnynitrats in wässeriger Lösung: hier erhält sich bei plötzlichem Einfrieren der geschilderte spektrale Lösungstypus mit breiten Banden; wenn man es dagegen durch langsames Kühlen dem Salz ermöglicht auszukristallisieren, so erhält man die das feste Salz kennzeichnenden Linienserien — freilich auch mit gewissen Modifikationen, die von der engen Nachbarschaft mit den Molekülen des Lösungsmittels herrühren. (83)

Im allgemeinen läßt sich also wohl sagen, daß die Uranylsalze in flüssiger oder eingefrorener Lösung Fluoreszenzspektra aufweisen, die denen der festen Salze bei Zimmertemperatur in der Hauptsache analog sind, wennschon sie infolge der möglichen Bildung von Hydraten, Alkoholaten und sonstigen Nähewirkungen der Moleküle der Lösungsmittel mit jenen nicht ganz identisch sind, und die aus Serien verwaschener, aber diskreter Banden bestehen, solange die Konzentration hinreichend groß oder die Temperatur hinreichend tief ist. Bei geringer Konzentration aber oder bei erhöhter Temperatur fließen die getrennten Banden in eine einzige kontinuierliche Bande zusammen; gleichzeitig nimmt die Intensität der totalen Emission stark ab, und bei einer Temperatur, die für alle wässerigen Lösungen unter dem Siedepunkt liegt, im übrigen aber für verschiedene Salze sehr ungleich ist — z. B. bei Uranylkaliumsulfat noch unter 0°, für Uranylnatriumazetat erst bei ca. + 80° — verschwindet die Fluoreszenzfähigkeit vollständig.

Das Auftreten der scharfen Linienemission bei tiefen Temperaturen scheint ausschließlich an die feste und regelmäßige Bindung der Moleküle in den Kristallgittern geknüpft zu sein und darum bei den glasflußartig eingefrorenen Lösungen nicht vorzukommen. Sehr deutlich wird die Richtigkeit dieser Auffassung noch durch den Umstand bestätigt, daß, wenn man Uranylsalze (Phosphat, Nitrat) durch Überschuß von Säure aus dem ursprünglich kleinkristallinischen Pulver allmählich in „syrupähnliche“ Lösungen überführt, die bei tiefen Temperaturen als Glas erstarren, die normal vorhandenen scharfen Linien der kristallinischen Salze immer mehr gegen breite, verwaschene und zuweilen spektral stark verschobene Banden zurücktreten. Fig. 28 erläutert das für den Fall des Uranylnatriumphosphates; in der letzten Zeile, die einem Verhältnis von zwei Mol Säure auf ein Mol Salz entspricht, sind allein noch die „Lösungsbanden" übrig geblieben. Endlich sei erwähnt, daß auch die bekannte Fluoreszenzbande des Uranglases bei der Temperatur der flüssigen Luft wohl etwas schmaler wird und dabei zwei deutlich getrennte Maxima unterscheiden läßt, ohne daß jedoch irgendeine Andeutung einer Linienstruktur zu erkennen wäre. (85) (62)

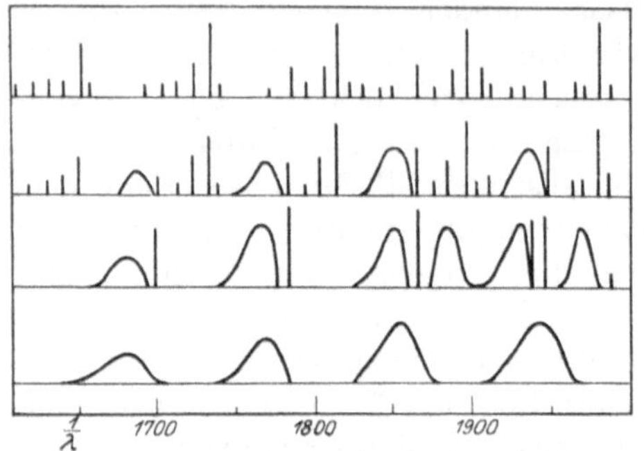

Fig. 28. Fluoreszenzspektrum des Uranylnatriumphosphates bei Zusatz von Phosphorsäure (—185°).

IX. Fluoreszenz organischer Verbindungen.

Die im Einleitungskapitel kurz erwähnten photochemischen Lumineszenztheorien sind wie leicht begreiflich in erster Linie im Zusammenhang mit der Untersuchung fluoreszierender aromatischer Verbindungen aufgebaut worden. Denn hier hatte man es einerseits mit einer Gruppe von Körpern zu tun, deren chemische Konstitution weit besser bekannt war als die der meisten anderen in Betracht kommenden Substanzen, etwa der Erdalkaliphosphore; anderseits kommt die Existenz isomerer Modifikationen bei vielen der in Frage stehenden Verbindungen der Vorstellung zu Hilfe, daß wirklich die Lichtemission nur die sekundäre Begleiterscheinung einer primär durch das Licht ausgelösten chemischen Umwandlung sein könnte. Aber auch unter den Benzolderivaten ist das einzige immer wieder angeführte Beispiel dafür, daß zugleich mit der Fluoreszenzerregung eine chemische Umsetzung faktisch beobachtet werden kann, das Anthrazen, das durch Bestrahlung mit kurzwelligem Licht reversibel in Dianthrazen verwandelt wird. Allerdings kommt es bei andersartigen Substanzen gleichfalls vor, daß unter der Wirkung von Lumineszenz erregenden Strahlen eine chemische Veränderung eintritt: so wird durch Röntgenstrahlen das stark leuchtende grünliche Bariumplatinzyanür teilweise in die gelblichen, nur wenig fluoreszenzfähigen Kristalle übergeführt („Ermüdung“ von Leuchtschirmen), die sich dann nach Aussetzen der Bestrahlung allmählich wieder zurückbilden. Das goldgelbe Diphenyloctatetren ($C_{20}H_{18}$) wird durch kurzwelliges Licht zu lebhafter grüner Fluoreszenz erregt und geht gleichzeitig langsam in die isomere weiße Modifikation über; diese fluoresziert unter der Einwirkung der gleichen Strahlen intensiv blau, ohne sich weiter zu verwandeln oder zurückzubilden. ([210]) Daß überhaupt viele fluoreszierende und nicht fluoreszierende Verbindungen durch Lichtabsorption zersetzt werden können, ist unzweifelhaft richtig. Nur müßte erst gezeigt werden, daß gerade die zerfallenden Moleküle es sind, denen die Lumineszenzemission zuzuschreiben ist, und daß nicht vielmehr durch die Bestrahlung ein Teil der Moleküle zur Fluoreszenz erregt, ein anderer chemisch umgewandelt wird; dabei wäre dann wohl die zweite Wirkung als eine Steigerung der ersten anzusehen.

Im übrigen muß betont werden, daß jetzt zwischen einer lichtelektrischen und einer photochemischen Theorie der Photolumineszenz ein prinzipieller Gegensatz nicht mehr besteht. Denn jede optische Erregung im Bohrschen Sinne ist gleichzeitig auch eine chemische Verwandlung — sei es, daß es sich um ein einfaches Atom oder um ein kompliziertes Molekül handelt: ist doch nach J. Franck sogar das optisch erregte Heliumatom chemisch aktiv und imstande, He_2-Moleküle zu bilden oder sonstige Verbindungen einzugehen. Zur Frage steht also nur, ob diese durch optische Erregung chemisch umgewandelten Moleküle hinreichende Stabilität besitzen, daß ihr Vorhandensein direkt nachgewiesen werden kann. Sollte das zutreffen, und soll ferner, wie wir es ja bisher immer annahmen, die Lichtemission bei der Rückkehr in den Normalzustand auftreten, so müßte in solchen Fällen immer ein länger anhaltendes Nachleuchten zu beobachten sein, was bekanntlich bei Flüssigkeiten und Dämpfen mit verschwindend wenigen Ausnahmen nicht vorkommt. Dann bliebe nur noch die Möglichkeit, daß die Fluoreszenzstrahlung bei der Überführung in den zweiten ja nun auch stabilen Zustand emittiert würde. Diese Konsequenz zieht in der Tat Perrin aus seinen Beobachtungen an einer Anzahl fluoreszierender Lösungen von aromatischen Verbindungen wie Eosin, Fluoreszein u. a. m.: die von ihm untersuchten mikroskopisch kleinen Tröpfchen verlieren infolge der die Fluoreszenz erregenden Bestrahlung ihre Leuchtfähigkeit, und zwar desto schneller, je lebhafter die Fluoreszenzerregung ist. Geht man von relativ hoch konzentrierten und daher nur wenig leuchtenden Lösungen aus, so ist zunächst die Wirkung des Lichtes nur gering, immerhin ist sie aber doch ausreichend, um durch Zerstörung von leuchtfähigen Molekülen deren Konzentration allmählich herabzusetzen. Infolgedessen wächst die Fluoreszenzhelligkeit, d. h. die Zahl der unter Lichtemission sich umwandelnden Moleküle, und so verläuft der Prozeß mit immer zunehmender Beschleunigung, bis alle Moleküle umgesetzt sind und damit die Lösung ihre Lumineszenzfähigkeit dauernd verloren hat. Es liegt zurzeit keine Möglichkeit vor, an diesen Ergebnissen irgendeine sachliche Kritik zu üben; allenfalls könnte man als ihnen widersprechend die Tatsache anführen, daß eine Fluoreszeinlösung jahrelang in einer durchsichtigen Flasche am Tageslicht aufbewahrt werden kann, ohne merklich weniger fluoreszenzfähig zu werden. Aber mehr theoretische Überlegungen lassen die Perrinsche Schlußfolgerung als nur schwer annehmbar erscheinen. Es ist nämlich dann kaum zu verstehen, wie die Fluoreszenz solcher Lösungen durch Gelatinezusatz in Phosphoreszenz übergeführt werden kann — es müßte geradezu eine Verzögerung in der Einleitung oder im Verlauf des chemischen Elementarprozesses selbst angenommen werden oder ein Anhalten desselben auf einer weiteren Zwischenstation. Und weiter müßte das Absorptionsspektrum der ersten Modifikation, das Emissionsspektrum dem umgewandelten Molekül zugehören, was bei der häufig doch sehr engen Verwandtschaft zwischen beiden Spektren wenig wahrscheinlich ist. Welches die Natur der photochemischen Umwandlungsprodukte ist, darüber macht Perrin keine Angaben. Solange nicht weitere Aufklärungen über diese Erscheinungen gegeben werden, dürfte es daher wohl geboten sein, sie als durch die besonderen experimentellen Bedingungen verursacht anzusehen und ihnen keine allgemeine Bedeutung zuzuschreiben[1]).

---

[1]) Vgl. hierzu auch die Anmerkung auf Seite 185.

Was nun die speziellen chemischen Theorien der Fluoreszenz organischer Stoffe betrifft, so handelt es sich auch hier wieder um die beiden Fragen einerseits nach den Vorbedingungen für das Auftreten des Phänomen überhaupt, und anderseits nach den besonderen Eigentümlichkeiten der Emissionsspektren, wie sie jedesmal durch die Konstitution einer Verbindung bedingt werden. In der Tat liegen nicht nur die Lumineszenzbanden von mehr oder weniger verwaschener Form für verschiedene Körper in verschiedenen Spektralgebieten, sondern schon sehr früh (1904) hat Goldstein als erster gezeigt, daß an einem großen Teil der aromatischen Substanzen bei tiefen Temperaturen diskontinuierliche Fluoreszenzspektren mit schraf begrenzten oft ganz schmalen Maximis auftreten, die für die betreffenden chemischen Verbindungen ebenso charakteristisch sind wie etwa die Linienspektren von Gasen für die Elemente und so eine direkte Spektralanalyse, d.h. eine Rekognoszierung dieser Verbindungen durch Beobachtung der Lumineszenzspektren ermöglichen. Es wurde schon lange allgemein angenommen, daß ebenso, wie ja auch für die Absorptionsspektren organischer Farbstoffe, für das Auftreten der Fluoreszenz das Vorhandensein ganz bestimmter Atomgruppen notwendig ist, unter denen vor allem der Benzolring eine große Rolle spielt. Doch wurden hier vielfach wieder zweierlei Arten solcher wirksamer Gruppen unterschieden, die etwa als Chromophore und Fluorophore bezeichnet wurden und deren eine die erregende Absorption, die andere die Emission verursachen sollte; dergestalt, daß zum Zustandekommen der Fluoreszenz das gleichzeitige Vorhandensein eines Chromophors und eines Fluorophors gegeben sein müßte. So sollte der als Chromophor dienende einfache Benzolring Fluoreszenz erst dann verursachen können, wenn ihm noch ein spezifischer Fluorophor, etwa ein Pyronring angegliedert ist.

Eine wesentliche Schwierigkeit blieb dabei immer, daß von zwei chemisch ganz ähnlich konstituierten Substanzen häufig die eine sehr lebhaft, die andere scheinbar gar nicht fluoreszierte. Es ist das große Verdienst J. Starks und seiner Mitarbeiter, das ganze Problem auf eine neue Basis gestellt zu haben, indem sie die bisher ausschließlich auf das sichtbare Spektralgebiet beschränkten Untersuchungen bis weit ins Ultraviolett ausdehnten. So ist es ihm gelungen zu zeigen, daß viele Lösungen, die früher als nicht fluoreszierend galten, in Wahrheit bei entsprechender Erregung kurzwellige Lumineszenzbanden emittieren. Damit verschwand gleichzeitig die vorher angenommene Beschränkung auf aromatische Körper, wonach die Ringstruktur eine wesentliche Voraussetzung für die Lumineszenzfähigkeit von organischen Stoffen sein sollte. Daß aber für die aliphatischen Verbindungen die Emissionsbanden fast ausschließlich im kurzwelligen Gebiet liegen und darum früher der Beobachtung entgingen, das liegt nach Stark gerade im Wesen ihres chemischen Aufbaues begründet.

Der Starkschen Hypothese zufolge sind es die gleichen, von ihm Chromophore genannten Molekülkomplexe, deren Vorhandensein sowohl die Bandenabsorption als die Emission bedingt; sie sind also im Sinne der älteren Theorie stets gleichzeitig auch „Fluorophore“, und das Hinzutreten etwa eines Pyronringes zu dem als Chromophor fungierenden Benzolring verursacht jetzt nicht mehr die Fluoreszenz selbst, sondern verschiebt nur die ursprünglich im Ultraviolett gelegene Fluoreszenzbande ins Sichtbare. Auch diese Anschauung wird weiterhin noch etwas zu modifizieren sein[1]). Jeder Chromophor besteht aus mindestens zwei mehrwertigen Atomen mit je einem nicht vollständig gebundenen („gelockerten“) Valenzelektron. Je größer die Lockerung ist, desto weiter nach langen Wellen zu liegen die Eigenfrequenzen des Chromophors, die übrigens stark gedämpft sind und daher breiten Banden entsprechen. Wie bereits erwähnt stellt sich Stark in bewußtem Gegensatz zur Bohrschen Theorie durchaus auf den klassischen Standpunkt, wonach die Absorptions- und Emissionsfrequenzen als die Eigenschwingungszahlen quasielastisch gebundener Elektronen anzusehen sind; da aber auch in der Starkschen, schon vor der Einführung des Bohrmodelles entwickelten Theorie die Elektronen bei der Absorption infolge von Energieaufnahme aus ihrer Normallage entfernt werden können und dann bei der auf spiraligen Bahnen erfolgenden Rückkehr in die Anfangslage Schwingungen um diese ausführen[2]), wodurch die Lumineszenzemission hervorgerufen wird — so ist wiederum keine prinzipielle Schwierigkeit vorhanden, die Starkschen Über-

[1]) Vgl. weiter unten Seite 171.

[2]) Vgl. hierüber J. Stark. Prinzipien der Atomnynamik II, S. 102—131. Leipzig 1915.

legungen an unsere bisherige Betrachtungsweise anzuschließen. Denn mehr als rein qualitativ läßt sich eine Theorie hier überhaupt noch nicht durchführen: ein Gegensatz zwischen beiden Anschauungen würde sich praktisch erst geltendmachen, wenn man die Emissionsfrequenzen wirklich entweder als Eigenschwingungszahlen der durch bestimmte Kräfte gebundenen Elektronen oder aus den Energiedifferenzen zwischen dem erregten und dem unerregten Zustande berechnen wollte: hierzu reichen unsere Kenntnisse heute auch im entferntesten nicht aus. Qualitativ gemeinschaftlich aber ist es beiden Theorien, daß je fester die Bindung des Elektrons ist, desto größer auch die Frequenz des primären Lichtes sein muß, damit es Lumineszenz erregen kann — Licht von größerer Wellenlänge, selbst wenn es anderweitig im Molekül absorbiert wird, ist hierzu nicht imstande.

Hier muß eine Eigentümlichkeit der Starkschen Hypothese erwähnt werden, wenn schon ausführlich darauf einzugehen in diesem Zusammenhang nicht am Platze ist[1]); Stark gelangt nämlich auf Grund teilweise sehr spezialisierter Vorstellungen zu dem Resultat, daß das vollständige Absorptionsspektrum eines fluoreszenzfähigen Chromophors stets aus einer langwelligen, nach kurzen Wellen zu abschattierten und aus einer kurzwelligen nach langen Wellen zu abschattierten Bande besteht, die zwangsläufig miteinander gekoppelt sind, — und anscheinend noch aus einer weiteren Bande im äußersten Ultraviolett; all diese Banden kehren auch im Emissionsspektrum wieder — Erregung der Fluoreszenz aber ist nur durch Absorption in den kurzwelligen Banden möglich. Da in den einfachsten Verbindungen der Chromophore die Atome bzw. ihre Valenzelektronen am meisten „gesättigt" sind, so liegt bei ihnen das ganze System von Eigenschwingungen bei den höchsten Frequenzen. So soll in allen Ketonen die Karbonylgruppe $= CO$ als Chromophor wirken; und zwar sollen die Resonatoren für die erste kurzwellige Bande in den Valenzelektronen des Sauerstoffatoms zu suchen sein: deren Sättigung ist am größten, die entsprechende Wellenlänge am kleinsten (sicher unter 200 $\mu\mu$) beim freien CO_2, während beim Azeton (CH_3-CO-CH_3) die Bindung bereits weniger fest ist und dementsprechend die Wellenlänge der kurzwelligen Bande nach 270 $\mu\mu$ rückt; Anlagerung weiterer

[1]) Vgl. die Anmerkung 2) auf Seite 160.

Gruppen (Nitroso-, Karboxyl-, Phenyl-Gruppen) hat zunehmende Verschiebung nach größeren Wellenlängen zur Folge. Diese Verbindungen besitzen ferner durchweg eine „langwellige", meist allerdings wenig intensive Bande an der Grenze des Sichtbaren (unterhalb 400 $\mu\mu$).

In ähnlicher Weise dienen die Äthylengruppe, die Azetylengruppe, der Benzolring als Chromophore, hier aber sollen die ungesättigten Valenzen des Kohlenstoffs die Absorption bewirken. Insbesondere ist es wieder unter allen Benzolderivaten der isolierte Benzolring selbst, dessen Kohlenstoffvalenzelektronen infolge festester Bindung Eigenschwingungen mit der höchsten Frequenz auszuführen vermögen; alle Veränderungen wie Kondensation, Koppelung, Substitutionen verschieben die Lage der Banden nach größeren Wellenlängen, evtl. bis ins Sichtbare hinein. Tabelle 24 mag dies erläutern.

Tabelle 24.

Ungefähre Lage der Absorptions- und Fluoreszensbanden aromatischer Verbindungen in Lösung.

Substanz	Lösungsmittel	Absorptionsgebiet (Maximum)	Emissionsgebiet (Maximum)
Resorufin . . .	Alkohol	500—610 $\mu\mu$ (577)	560—630 $\mu\mu$ (582)
Eosin	Alkohol	480—560 (527)	525—600 (545)
	Wasser	— (510)	— (535)
Fluoreszein[1] .	Alkohol	400—560	510—590 (550)
	Wasser	390—540 (490)	495—560 (525)
Chininsulfat . .	Wasser	286—375 (355)	410—560 (440)
Anthrazen . .	Alkohol	320—370	360—440
Naphthalin . .	Alkohol	260—320	300—380
o-Xylol . . .	Alkohol	230—275	260—313
Benzol	Alkohol	230—270	260—300

Die große Schwierigkeit, diese teilweise lediglich durch theoretische Überlegungen abgeleiteten Hypothesen zu verifizieren, liegt darin, daß kaum eine Substanz existiert, für die alle fraglichen Banden in einem Spektralgebiet liegen, das zuverlässigen optischen Messungen zugänglich ist. So fallen z. B. für die meisten aliphatischen Körper, deren langwellige Banden an der Grenze des Sichtbaren auftreten, die kurzwelligen Banden ins äußerste Ultraviolett; während umgekehrt die komplizierteren Benzolderivate

[1]) Vergl. Seite 169.

mit intensiver sichtbarer Fluoreszenz ihre hypothetischen langwelligen Banden im Ultrarot haben sollten. Bezüglich der sog. Erregungsverteilung genügt es, auf das im 6. Kapitel Gesagte und insbesondere auf Fig. 17 hinzuweisen. Im gleichen Zusammenhang wurde auch schon gezeigt, daß die Annahme über die Identität von Absorptions- und Lumineszenzbanden nach dem vorhandenen Versuchsmaterial nicht aufrecht zu erhalten sein dürfte. Aus den Zahlen der Tabelle 24 geht das ebenfalls ganz deutlich hervor. Freilich ist es möglich, daß bei sorgfältigster Durchmessung in den Spektralgebieten hellster Fluoreszenzemission Absorptionsbanden von sehr geringer Intensität aufgefunden werden können; aber dann ist zum mindesten die Intensitätsverteilung in den Absorptions- und den Emissionsspektren eine ganz andere. Das scheint selbst für solche Substanzen zu gelten, die als direkte Beweise für die Richtigkeit der Hypothese angeführt werden; so etwa für das Azeton, dessen „langwellige“ Absorptionsbande bei 360 $\mu\mu$ nur eben noch schwach angedeutet erscheint, während seine Fluoreszenzfarbe als blau angegeben wird; oder für das Diazetyl, dessen ziemlich kräftiger Absorptionsbande bei 440 $\mu\mu$ eine bis ins Grün reichende Emission entspricht. ([57]) ([58])

Demgemäß werden wir im folgenden die Absorptions- und Emissionsbanden einer Substanz als im allgemeinen nicht zusammenfallend anzunehmen haben, gerade wie das ja fraglos auch z. B. bei den Erdalkaliphosphoren der Fall war. Anderseits kann, wie schon früher betont, über einen prinzipiellen inneren Zusammenhang zwischen beiden Spektren auch hier kaum ein Zweifel bestehen. Wie bei Veränderung der Konstitution von Benzolderivaten die Verschiebung der Absorptions- und Fluoreszenzbanden immer im gleichen Sinne erfolgt, zeigen die Beispiele der Tabelle 24. Das gilt im allgemeinen auch, wenn für ein und denselben Körper die Spektren durch das Lösungsmittel beeinflußt werden; so rücken etwa beim Fluoreszein- und Eosinnatrium beide Banden um annähernd den nämlichen Betrag nach größeren Wellenlängen, wenn statt der wässerigen die alkoholische Lösung untersucht wird. Auch der Verlauf der Banden im einzelnen läßt eine weitgehende Analogie erkennen: die „erste ultraviolette Absorptionsbande“ des Benzols (230—270 $\mu\mu$) zeigt sieben dicht aufeinanderfolgende ziemlich schmale Maxima und Minima von je 5 $\mu\mu$ Breite im gegenseitigen Abstand von 8 $\mu\mu$; sehr ähnliche

Struktur weist die Emissionsbande (260—290 $\mu\mu$) auf — auch sie besteht aus engen Einzelbanden, deren mittlerer gegenseitiger Abstand 6 $\mu\mu$ beträgt (Tabelle 25). Dasselbe wiederholt sich mehr oder weniger deutlich beim Naphthalin, Toluol u. s. f. Tabelle 26 bringt hierfür einige Beispiele. ([35])

Tabelle 25.

Absorptions- und Fluoreszenzbanden von Benzol in Alkohol.

Abs. (λ in Å)	2330	2380	2429	2485	2541	2598	2681
Fluor. „	2599	2635 (?)	2679	2754	2827	2910	—
Progr. Phosph. „	3390 3460	3520 3570	3650 3710	3800 3850	3970 4020	4130 4190	4290 4350

Tabelle 26.

Fluoreszenzbanden einiger Benzolderivate in Alkohol.

Name der Substanz													
Benzol	2599	2635	2679	2754	2827	2910							
Toluol	2622	2646	2676	2740	2809	2886							
Orthoxylol	2603	2636	2680	2713	2798	2896	3038	3135					
Metaxylol			2685	2715	2802	—							
Paraxylol			2681	2739	2801	2865							
Mesitylen			2698	2712	2747	2786	2863	2972					
Naphthalin	3000	3046	3098	3142	3235	3292	3340	3386	3447	3498	3558	3627(?)	3657(?)
Anthrazen	3658	3762	3897	4115	4354								

Wie die Zahlen der Tabelle 25 lehren, scheinen die letzten Absorptionsbanden mit den ersten Fluoreszenzbanden zu koinzidieren, wie wir das bei den Uranylsalzen fanden, so daß diese gewissermaßen als Fortsetzung von jenen aufzufassen wären; ähnliche Beispiele finden sich auch sonst, ohne daß jedoch in dieser Beziehung vollkommene Regelmäßigkeit herrscht. Was das Verhältnis der Einzelbanden zueinander betrifft, so lassen sich die ihnen entsprechenden Frequenzen zuweilen (Naphthalin) durch eine lineare, häufiger durch eine quadratische Gleichung darstellen. Baly hat es versucht, die sämtlichen Absorptions- und Fluoreszenzbanden solcher Substanzen miteinander in einen zahlenmäßigen Zusammenhang zu bringen, indem er sie auf Grund quantentheoretischer Überlegungen alle gemeinschaftlich aus den ultraroten Eigenschwingungen der Verbindungen herleitet. Die Frequenz ν_v jedes Bandenschwerpunktes soll ein ganzzahliges Multiplum dieser niedrigsten Eigenfrequenzen des Moleküls ν_r sein, deren ja die besonders hier behandelten Benzolderivate erfahrungsgemäß eine ganze Reihe besitzen: $\nu_v = n \cdot \nu_r$. Die Feinstruktur erhält man dann durch Überlagerung der ultraroten Grundschwingung über diese Frequenzen ν_v, so daß nach der Formel $\nu_{v,k} = \nu_v \pm \varkappa \nu_r$ jede Bande sich in eine Gruppe von Einzelbanden auseinanderzieht. Baly hat zum Beleg seiner Theorie ein sehr beträchtliches Zahlenmaterial zusammengestellt, das ziemlich gute Übereinstimmung zu besitzen scheint. Doch ist einerseits, um die verschiedenartigen Daten, die teils an Lösungen, teils an Dämpfen gewonnen wurden, miteinander vergleichbar zu machen, mancherlei willkürliche Korrektion nötig, anderseits gestattet die Zulassung einer ganzen Reihe von Grundschwingungen ν_r und ihrer ganzzahligen Multipla eine derartige Fülle von Kombinationsmöglichkeiten, daß die Übereinstimmung wohl mehr als eine zufällige bzw. willkürlich herbeigeführte wirkt. Auch daß nur relativ hohe Vielfache der Grundschwingungen — im allgemeinen 9 und darüber, nie unter 6 — als Frequenzen der Bandenschwerpunkte vorkommen, während alle niedrigeren fehlen, ist auffallend; die prinzipielle Frage, warum bestimmte Schwingungszahlen für die Emission in der Fluoreszenz charakteristisch sind, während andere lediglich in der Absorption in die Erscheinung treten, wird gar nicht berührt. Endlich muß betont werden, daß die Art, in der Baly so, wie es vor ihm Bjerrum für die ultraroten Wasserdampfabsorptionsbanden getan hatte, die Frequenzen ν_v wohl quantenmäßig bestimmt, das Entstehen der Einzelbanden durch Überlagerung dann aber nach der klassischen Theorie berechnet, nicht aufrechtzuerhalten ist. Noch viel weniger aber darf man die ultravioletten Schwingungszahlen, die, von welcher Theorie man auch ausgeht, sicher im wesentlichen durch irgendwelche Lageveränderungen von Elektronen bedingt werden, so einfach aus den ultraroten Frequenzen herleiten, die ebenso sicher mit den Schwingungen der ganzen Atome im Molekül bzw. den Rotationen des Moleküls selbst in Verbindung zu bringen sind. Statt dessen müßte eine Berechnungsweise verwandt werden, wie sie im 3. Kapitel für die Bandenspektren von Gasen ausführlich besprochen worden ist; derartige Betrachtungen sind aber für die uns jetzt beschäftigenden Spektren noch nicht durchgeführt worden, und darum sollte die Balysche Theorie als ein erster Versuch in dieser Richtung zum mindesten nicht unerwähnt bleiben.

Auch bei den komplizierteren Benzolderivaten, wie Fluoreszein oder Eosin, läßt sich bei genauer Photometrierung eine Struktur der Absorptions- und Fluoreszenzbanden nachweisen, ohne daß es freilich bis jetzt gelingt, die Einzelbanden ganz aufzulösen. Doch ist wiederum eine Ähnlichkeit im Bau der verschiedenen Banden kaum zu verkennen: so entsprechen etwa am Fluoreszein zwei stärkste Erhebungen in der Emissionskurve (bei 550 und 535 $\mu\mu$) den Maximis in der Absorption bei 492 und 471 $\mu\mu$ sowie in der weiteren ultravioletten Absorptionsbande bei 320 und 290 $\mu\mu$. ([154]) Fluoreszein und Eosin in verdünnter wässeriger Lösung bieten den Vorteil, daß ihre Fluoreszenz nicht nur sehr intensiv ist, sondern daß sowohl ihre Emissionsbande als die erste Absorptionsbande ganz im sichtbaren Gebiet verläuft und somit für exakte spektralphotometrische Messungen besonders geeignet ist. Daher ist es hier gelungen, zwischen der Fluoreszenzfähigkeit und der Form der Absorptionskurve einen Zusammenhang aufzufinden, der, wenn schon in seiner ursächlichen Bedeutung noch ganz ungeklärt, doch höchst charakteristisch zu sein scheint. Die Absorptionsbande des Eosins weist ebenfalls zwei deutlich getrennte Maxima (die mit *A* und *B* bezeichneten Pfeile in Fig. 29) auf, die bei großer Konzentration — 25 g auf 100 ccm Wasser — annähernd gleiche Intensität besitzen. Bei diesem hohen Eosingehalt zeigt die Lösung keine Fluoreszenz; bei wachsender Verdünnung wird die Fluoreszenz allmählich merklich, und gleichzeitig — ohne daß dies in der Farbe der Flüssigkeit deutlich zum Ausdruck kommt — beginnt die Absorptionskurve in ihrem Verlauf sich vollkommen zu ändern: das ursprünglich etwas stärker ausgeprägte Maximum *A* tritt gegen *B* immer mehr zurück, und in der hell fluoreszierenden

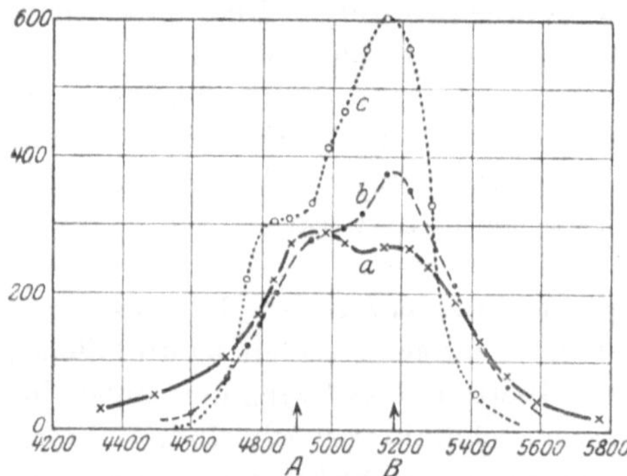

a × 25 gr, *b* • 0,2 gr, *c* ○ 0,0003 gr auf 100 ccm Wasser.

Fig. 29. Absorptionsbande des Eosinnatriums in wässeriger Lösung bei verschiedener Konzentration (auf gleiche Konzentration umgerechnet).

Lösung sehr geringer Konzentration ist es kaum noch schwach angedeutet (vgl. auch Fig. 17 auf S. 96). Dabei nimmt in *B*, auf gleiche molare Konzentration umgerechnet, die Absorption ganz bedeutend, bis auf das Dreifache, zu, während für *A* das Beersche Gesetz angenähert gilt, so daß an Stelle der breiten Bande mit zwei Maximis jetzt eine relativ schmale und steil ansteigende, sehr viel höhere Erhebung tritt. In Azetonwasser (70% Azeton und 30% Wasser) behält Eosin in allen Konzentrationen seine Fluoreszenzfähigkeit, und hier findet man auch stets den durch Kurve *c* in der Fig. 24 charakterisierten Absorptionstypus. Beim Fluoreszein liegen die Verhältnisse ganz analog. Es ist, als wäre das Hervortreten der Bande *B* eine notwendige Bedingung für das Zustandekommen der Fluoreszenz; die Substanz im fluoreszenzfähigen Zustand — wodurch immer dieser bedingt sein mag — scheint ein charakteristisch anderes Absorptionsspektrum zu besitzen wie im nichtfluoreszierenden. ([193])

Was im einzelnen den Zusammenhang zwischen der chemischen Konstitution aromatischer Körper und der Lage analoger Fluoreszenzbanden betrifft, so wurde die prinzipielle Wirkung der Anlagerung fremder Moleküle an den Benzolring bereits auf S. 162 erwähnt, sie wird auch qualitativ durch die Tabelle 24 illustriert. Substitutionen wirken im allgemeinen desto stärker, je größer die Zahl der Substituenten ist, wobei aber ihre besondere chemische Natur noch eine ausschlaggebende Rolle spielt. Den relativ geringsten Effekt hat die Einführung der Methylgruppe CH_3 an Stelle von Wasserstoffatomen: die Banden von Toluol und Xylol sind gegen die des Benzols bei deutlichen Unterschieden in der Struktur als Ganzes nicht beträchtlich verschoben. Stärker wirken die Hydroxyl- und die Aminogruppe ($-OH$ bzw. $-NH_2$); in dem letzten Falle ist sehr augenfällig, wie nicht allein der Bandenschwerpunkt weit ins Sichtbare verschoben wird, sondern dabei gleichzeitig auch sich die Feinstruktur vollständig verwischt. Das gilt ebenso für das Anilin gegenüber dem Benzol wie für Naphthylamin gegenüber dem Naphthalin, dessen Banden seinerseits bereits durch die Koppelung mit einem zweiten Benzolring nach größeren Wellenlängen verschoben sind (vgl. die beiden letzten Zeilen von Fig. 30). Sehr auffällig ist, wie durch Versetzen einer Anilin- oder Naphthylaminlösung mit HCl sich schrittweise ein Absorptions- und Fluoreszenzspektrum herausbildet, das immer mehr an dasjenige des Benzols bzw. des Naphthalins erinnert (Kurve 2 von Fig. 30 2. bis 4. Zeile der Fig. 31): es entstehen hierbei an Stelle der „ungesättigten“ Aminogruppen $-NH_2$ „gesättigte“ Chlorhydrate $-NH_3Cl$, die in ihrer Wirkung bzw. ihrer Bindung an den Kohlenstoffatomen den Wasserstoffatomen ähnlicher sind und so auch weniger verändernden Einfluß auf das Emissionsspektrum ausüben. Dagegen hat die direkte Einführung von Halogenatomen in die Benzolkerne gleichfalls eine Verschiebung der Banden nach Rot zur Folge, und zwar wächst diese Verschiebung nicht nur mit der Zahl, sondern auch mit dem Atomgewicht der substituierenden Halogenatome. (123)

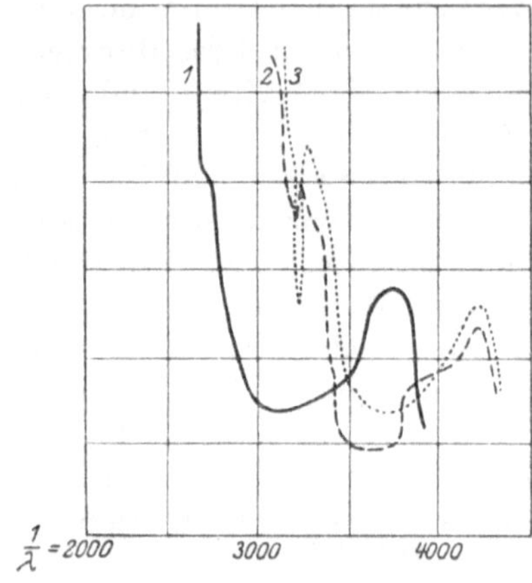

1. Naphthylamin. 2. Naphthylamin + 10 Mol HCl. 3. Naphthalin.

Fig. 30. Absorption des Naphthylamins.

In der Literatur findet man öfters die Bezeichnungen auxoflor und diminoflor für Substitutionen, welche die Fluoreszenzhelligkeit verstärken bzw. abschwächen, bathoflor und hypsoflor für solche, welche die Fluoreszenzbanden nach größeren bzw. kleineren Wellenlängen hin verschieben; behält man diese Terminologie bei, so sind allgemein schwach bathoflor und meist diminoflor die Alkylgruppen und die Halogene, wesentlich stärker im gleichen Sinne die Karboxyl- und Nitrogruppen; intensiv bathoflor und auxoflor hingegen sind die Methoxy-, Hydroxyl-, Vinyl-, Amino-

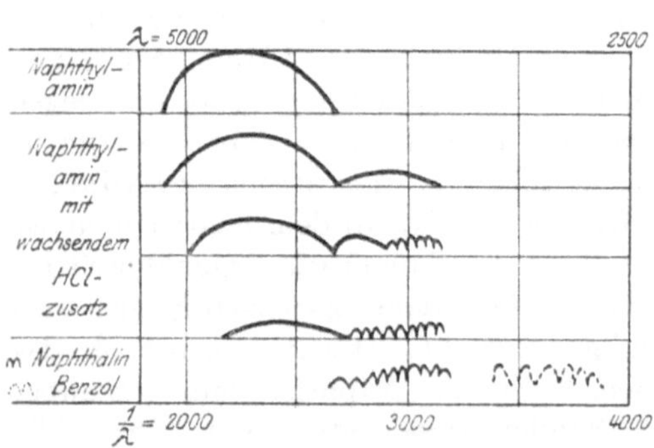

Fig. 31. Fluoreszenz des Naphthylamins.

gruppen. Substitutionen in gesättigten Seitenketten haben nur geringe Wirkung auf die Fluoreszenz des Benzolringes. (121)

Lassen sich bei solchen bloßen Substitutionen allenfalls die neuen Fluoreszenzbanden noch als durch gewisse Veränderungen aus den ursprünglichen entstanden erkennen, so werden die Verhältnisse sehr unübersichtlich, wenn eine ganze Reihe von Atomgruppen zusammentreten, deren jede als Chromophor funktionieren kann, so daß nicht ohne weiteres zu entscheiden ist, welcher von ihnen eine bestimmte Bande zugeschrieben werden muß. Das gilt z. B. für Fluoreszein, das wegen der relativ guten quantitativen Erforschung seines Fluoreszenzspektrums in mancher Beziehung besonders interessiert, für Eosin, überhaupt fast alle im Sichtbaren fluoreszierenden Farbstoffe.

Hier dürfte allerdings unter Hinweis auf die Anmerkung S. 162 eine kurze Erklärung am Platze sein: die neutralen Phenolphthaleinverbindungen, zu denen unter anderen auch Fluoreszein und Eosin gehören, sind mit verschwindenden Ausnahmen zwar in Alkohol, aber fast gar nicht in Wasser löslich. In alkoholischer Lösung zeigt das reine Fluoreszein zum mindesten keinerlei sichtbare Fluoreszenz und ebenso auch nicht die typische Absorptionsbande im Sichtbaren. (81) (82) In Anwesenheit von Alkalien — etwa bei Zusatz von Kalilauge oder Natronlauge — bildet sich alsbald das betreffende Alkalisalz, das nun auch in Wasser löslich ist und sich durch die charakteristische Fluoreszenzfähigkeit auszeichnet. Das Fluoreszein und Eosin des Handels sind fast stets eines dieser Salze — meist wohl die Na-Verbindung —, und auf diese beziehen sich, auch wenn ein Hinweis darauf fehlt, alle Angaben über Fluoreszenz, die sich in der Literatur finden. Für gleiche molare Konzentration ist die Fluoreszenzhelligkeit dabei unabhängig von der Natur des Alkali, sie ist praktisch dieselbe beim Zusatz äquivalenter Mengen von Ammoniak, NaOH, K_2CO_3 usw. (133) Der grundlegende Unterschied zwischen dem neutralen Körper und dem Alkalisalz wird von den meisten Autoren darin gesucht, daß die Substitution eines Wasserstoffatomes durch ein Na-Atom gleichzeitig eine asymmetrische Umlagerung des ganzen Moleküls zur Folge hat, wobei in dem einen Phenylring eine chinoide Bindung auftritt (s. u. Formel 1 u. 2). Ähnlicher asymmetrischer Aufbau mit einseitiger chinoider Bindung spielt auch sonst in der Theorie der Absorptionsspektren von Farbstoffen eine große Rolle, wie sie z. B. auch für die Färbung und Fluoreszenzfähigkeit von Resorufin verantwortlich gemacht wird.

III —C=O O I IV II OH O OH

1. Fluoreszein (neutral).

III —C=O O—Na I IV II O O ONa

2. Fluoreszeinnatrium.

III —C=O O I II OH OH

3. Phenolphthalein.

—C=O O OH— —OH O

4. Hydrochinonphthalein.

N O O OH

5. Resorufin.

O C O

6. Xanthon.

O C

7. Benzophenon.

Stark ist nun geneigt, die sichtbare Absorption und die Fluoreszenzbande des Fluoreszeins bei 500 $\mu\mu$ nicht den Benzolkernen zuzuschreiben, sondern diesen soll lediglich die schwächere ultraviolette Emissionsbande bei 350 $\mu\mu$ angehören, — das wäre eben die bekannte durch die verschiedenen äußeren Störungen nach längeren Wellen hin verschobene Benzolbande. Die sichtbare Bande hingegen würde durch die chinoid gebundenen Kohlenstoffatome des Pyronringes (in der Formel mit IV bezeichnet) verursacht; zu dieser Hypothese wird man durch den Umstand geführt, daß das dem Fluoreszein ganz ähnlich gebaute Phenolphthalein, dem jedoch der Pyronring fehlt (Formel 3), immer nur ultraviolette Fluoreszenz aufweist. Dabei ist bekanntlich Phenolphthalein in alkalischer Lösung intensiv gefärbt, es besitzt eine starke Absorptionsbande bei 650 $\mu\mu$, die gleichfalls von chinoider Bindung herrühren soll: diese allein genügt also noch nicht zur Erregung der sichtbaren Fluoreszenz, sondern sie muß mit dem Vorhandensein der Ringstruktur verbunden sein. Stark führt eine ganze Reihe von Substanzenpaaren an, die sich in analoger Weise unterscheiden wie Fluoreszein und Phenolphthalein und von denen immer diejenige mit dem Pyronring sichtbare, die andere nur ultraviolette Fluoreszenz aufweist: so Pyronin und Tetramethyldiamidobenzhydrol, Rosamin und Malachitgrün, ähnlich auch, obwohl einer etwas anderen Gruppe angehörend, Xanthon und Benzophenon (s. S. 170, Formel 6 u. 7). So gelangen wir zu folgender Vorstellung: damit die absorbierte Lichtenergie in der Form von Fluoreszenz reemittiert werden kann, muß der Vorgang während der Zeit seines Ablaufes keinen zu großen äußeren Störungen ausgesetzt sein. Deren Einfluß ist relativ gering, wenn die Bindung des Leuchtelektrons im Chromophor eine enge ist. Dem entsprechen verhältnismäßig kurzwellige optische Frequenzen, und solche sind anscheinend an fast allen organischen Substanzen in der Form von ultravioletten Fluoreszenzemission zu beobachten. Strahlung von größerer Wellenlänge dagegen kann nur auftreten, wenn die betreffenden Elektronen schon in ihrer Normallage stark „gelockert" sind — dann aber wird im allgemeinen eine auf ein enges Spektralgebiet beschränkte Emission durch die äußeren Störungen unmöglich gemacht. Nur wenn diese durch besonders günstige Konfiguration des Molekülkomplexes — etwa durch Ringbildung — vom Chromophor stark abgeschirmt werden, ist langwellige Fluoreszenz zu erwarten.

Eosin unterscheidet sich vom Fluoreszein dadurch, daß die H-Atome des Benzolringes III (im Phtalsäurerest) durch Bromatome ersetzt sind: dies müßte dann indirekt auch noch einen Einfluß auf die Emissionsbande des Pyronringes haben und sie nach dem Rot hin verschieben. Hydrochinonphthalein endlich ist auch in alkalischer Lösung farblos, ihm wird somit auch hier symmetrischer Aufbau ohne chinoide Bindung zugeschrieben, und es hat nur die ultravioletten Fluoreszenzbanden, obwohl es den Pyronring enthält. Dabei ist das Hydrochinonphthalein mit dem Fluoreszein isomer (s. S. 170, Formel 4), und dieses Beispiel zeigt besonders deutlich, wie nicht nur die Art und Zahl der Substitutionen, sondern auch ihr Ort im Molekül für dessen ganzes spektrales Verhalten maßgebend ist. Allerdings wird hier die gesamte Symmetrie des Molekülkomplexes gänzlich verändert; in anderen Fällen ist der Einfluß der Isomerie nicht so beträchtlich: so liegen, wie aus den Zahlen der Tabelle 26 hervorgeht, die Fluoreszenzbanden des Ortho-, Meta- und Paraxylols nicht nur im selben Wellenlängengebiet, sondern auch die Einzelbanden sind nur wenig gegeneinander verschoben, dagegen ist die Helligkeit der Lumineszenz sehr ungleich, weitaus am größten am Orthoxylol, während die Intensität in den beiden anderen Fällen so gering ist, daß nur die 3 bzw. 4 mittleren kräftigsten Einzelbanden sich auffinden lassen. Ähnliches gilt für die *o*-, *p*- und *m*-Modifikationen vieler Substanzen, von denen einige in der Tabelle 27 angeführt werden, aber auch für andere Arten von Isomerie, etwa das Chinolin und das Isochinolin usf. ([121]) Trotzdem derartige vereinzelte Regeln sich herauszubilden beginnen, scheint es bei dem heutigen Stand unserer Kenntnisse noch ganz ausgeschlossen, auch nur angenähert ein Bild davon zu gewinnen, wie die verschiedenen chemischen Bindungsmöglichkeiten die Fluoreszenzfähigkeit der Chromophore wirklich bedingen und beeinflussen. Etwas mehr

Tabelle 27.

Substanz	Lage der Fluoreszenzbanden	Intensität (willkürl. Einheit)	Substanz	Lage der Fluoreszenzbanden	Intensität (willkürl. Einheit)
o-Kresol	3850—2870 Å	20	o-Oxybenzoesäure	4800—3760 Å	10
m- „	3850—2860	20	m- „	4440—3280	8
p- „	3850—2920	20	p- „	4080—3230	2
o-Tolunitril	3760—2870	22	Chinolin 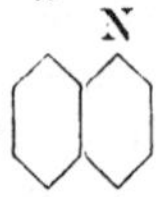 N	4900—3850	13
p- „	3510—2800	20	Isochinolin  N	4760—3850	4

empirische Übersicht besitzt man wohl bereits über die Verhältnisse in den Absorptionsspektren[1]). Die dort gefundenen Gesetzmäßig-

[1]) Vgl. hierüber z. B. H. Ley, Farbe und Konstitution bei organischen Verbindungen. Leipzig 1910.

keiten aber, zumal sie sich im allgemeinen gleichmäßig auf fluoreszierende und nicht fluoreszierende Substanzen beziehen, lassen sich doch nicht ohne weiteres übertragen. So müssen wir uns mit dem Gesagten begnügen, eine bloße Aufzählung der außerordentlich mannigfaltigen fluoreszierenden organischen Substanzen sowie ihrer meist nur qualitativ bekannten Fluoreszenzfarben wäre im Rahmen dieser Darstellung überflüssig. Eine sehr reichhaltige Liste dieser Art findet man gleichfalls in Kaysers Handbuch der Spektroskopie, Band IV. Seit deren Publikation ist unter anderen von Ley und Engelhard allein die ultraviolette Fluoreszenz von nahezu 150 aromatischen Verbindungen untersucht worden.

Eng verwandt mit der eben behandelten Frage nach dem Zusammenhang zwischen der chemischen Konstitution und den Fluoreszenzspektren ist das auch noch recht wenig geklärte Problem, inwieweit die Fluoreszenz einer gelösten Substanz durch das Lösungsmittel beeinflußt wird. Man kann nämlich im allgemeinen eigentlich gar nicht von den Fluoreszenzeigenschaften eines Stoffes schlechthin sprechen, sondern nur von seiner Fluoreszenz in einem gegebenen Lösungsmittel. Die früher schon erwähnte Verschiebung der Emissionsbande von Fluoreszein, wenn man von der alkoholischen zur wässerigen Lösung übergeht, ist relativ unbedeutend. Dagegen variiert die Fluoreszenzfarbe des von Kaufmann und Beiswanger eingehend untersuchten Dimethylnaphtheurhalins wie aus Tabelle 28 ersichtlich in allen Nuancen zwischen Grün und Rotorange, je nach der Natur des verwandten Lösungsmittels. Leider lassen diese bloßen Farbenangaben nicht

Tabelle 28.

Fluoreszenz des Dimethylnaphtheurhalins.

Lösungsmittel:	Ligroin	Äther	Pyridin	Azeton	Lävulinsäure	Äthylalkohol	Methylalkohol
Fluoreszenzfarbe:	grün	grüngelb	gelb	orangegelb	orangegelb	orange	rotorange
Dielektrizitätskonstante:	1,86	4,38	8,08	12,4	20,7	21,7	32,5

erkennen, ob es sich dabei um die allmähliche Verschiebung einer Bande, um das Auftreten neuer Banden oder nur um relative Bevorzugung einer von mehreren gleichzeitig vorhandenen Banden in jedem Lösungsmittel handelt. Immerhin scheint es, daß, freilich mit einigen Ausnahmen, der Schwerpunkt im Lumineszenzspektrum mit wachsender Dielektrizitätskonstante des Mediums sich nach größeren Wellenlängen verschiebt, in Analogie mit der von Lenard für die Erdalkaliphosphore gefundenen Regel.

Es sind aber auch zahlreiche Stoffe vorhanden, die wie einige der weiter oben bereits erwähnten in wässeriger oder alkoholischer Lösung intensive selektive Absorption im sichtbaren Spektralgebiet aufweisen, also sicher wirksame Chromophore enthalten und doch nicht zu sichtbarer Fluoreszenz erregt werden können. Hierher gehören z. B. Farbstoffe wie Purpurin, Methylblau, Alkaliblau, Malachitgrün u. a. m. Werden diese Körper dagegen in anderen Medien gelöst, — in Bernsteinsäure, Eiweis, Gelatine —, so fluoreszieren sie lebhaft, ohne daß ihr Absorptionsvermögen wesentlich verändert würde. Es scheint nicht uninteressant, daß unter den eben aufgezählten Substanzen sich auch Malachitgrün befindet, dessen mangelnde Fluoreszenzfähigkeit in alkoholischer Lösung im Vergleich mit dem Rosamin auf das Fehlen des Pyronringes zurückgeführt wurde. Die Störungen, die dort das Zustandekommen der Lumineszenzemission verhinderten — nach J. Stark die große relative Beweglichkeit der nicht ringförmig gebundenen C-Atome im Molekül — müßten also nun durch die besonderen Eigenschaften der festen Lösungsmittel beseitigt sein. Im übrigen hängt auch jetzt wieder die Fluoreszenzfarbe von der Natur des Lösungsmittels ab: sie ist für Alkaliblau in Eiweiß grünlich, in Gelatine rot usw. Daß in derartigen festen Lösungen die Fluoreszenz teilweise in kurzdauernde Phosphoreszenz übergeht, wurde schon an anderer Stelle mitgeteilt[1]). Dabei zeigt bei phosphoroskopischer Beobachtung häufig ein Farbenumschlag während des Abklingens, daß auch in diesen Fällen zwei oder mehr getrennte Banden von verschiedener Wellenlänge und ungleicher Abklingungsdauer nebeneinander existieren können. Mit wachsendem Wassergehalt der Gelatine nimmt die Dauer des Nachleuchtens für alle Banden ab. ([180])

Es kann natürlich vorkommen, daß die fluoreszierende Substanz durch das Lösungsmittel chemisch verändert wird — so beim Einbringen der Phenolphtaleine in Alkalien; so soll auch der Umstand, daß Fluoran in Schwefelsäure sehr lebhafte sichtbare, in Alkohol aber nur ultraviolette Fluoreszenz aufweist, durch die Tatsache zu erklären sein, daß im ersten Fall seine Sulfon-

---

[1]) Vgl. S. 85.

verbindung entsteht, der die langwellige Emission zuzuschreiben wäre. In der Regel aber dürften solche direkte chemische Neubildungen nicht vorliegen. Anderseits ist es klar, daß ganz allgemein die Moleküle des lösenden Mediums irgendwie die Kraftfelder der Chromophorelektronen beeinflussen müssen und so die Fluoreszenz in manchen Fällen überhaupt erst ermöglichen, in anderen Fällen die genauere Form der Emission mindestens sehr wesentlich mitbestimmen. Neben dieser aktiven Wirkung kommt dem Lösungsmittel aber häufig noch eine mehr passive Bedeutung zu, die darin besteht, die Abstände zwischen den Molekülen der fluoreszierenden Substanz so groß zu machen, daß sie sich nicht gegenseitig in ihrer Lumineszenzfähigkeit beeinträchtigen: dies lehrt das vielfach zu beobachtende Verschwinden der Fluoreszenz bei zu großer Konzentration. Bei sehr weitgehender Verdünnung in einem wenig aktiven Medium soll für manche Körper, z. B. Pyridin oder Anilin in Wasser das Absorptionsspektrum dem des Dampfes der betreffenden Substanz vollkommen entsprechen, so daß also hier das Lösungsmittel nur in der zuletzt angegebenen Weise — als trennendes Medium — zu wirken scheint. Ob Analoges auch für Fluoreszenzspektra gilt, ist bislang noch nicht festgestellt worden. Sicher aber weisen eine Anzahl aromatischer Verbindungen auch in Dampfform eine Fluoreszenzemission auf, die ihrer spektralen Lage nach von derjenigen in Lösung nicht wesentlich abweicht. Das gilt z. B. für Anthrazen (vgl. Tabelle 29) ([130]) sowie das ihm in jeder Beziehung sehr ähnliche isomere Phenanthren, für Anthrachinon, Reten u.a.m.

Tabelle 29.

Lage der Fluoreszenzbanden bei verschiedenem Aggregatzustand.

			Anthrazen			
rein (fest)	4250	4495	4745	4980	5300 Å	
in Alkohol gelöst	4050	4275	4540	4820	—	
als Dampf	3900	4150	4320	—	—	
			Benzol			
rein (flüssig)				2770		2915 Å (sehr schwach)
in Alkohol gelöst	2599	2635	2679	2754	2827	2910
als Dampf	keine Fluoreszenz beobachtbar					

Dagegen ist am Benzoldampf nicht die geringste Andeutung von Fluoreszenz zu beobachten ([35]); die in Tabelle 25 angegebenen sieben

Absorptionsbanden des Benzols in alkoholischer Lösung zwischen 2300 und 2700 Å zerfallen im Dampf in eine große Menge sehr viel feinerer Banden, von Hartley sind ihrer 36 gemessen worden, die sich in neun Gruppen mit deutlichen Bandenköpfen zusammenfassen lassen, während die Absorption des Anthrazendampfes bei etwa 4200 Å schwach einsetzend sich scheinbar kontinuierlich bis weit ins Ultraviolett erstreckt.

Anderseits ist geringe Dichte der Moleküle in Lösung oder Dampfform nicht in allen Fällen notwendig, um sie lumineszenzfähig zu machen, wennschon häufig bei zu hoher Konzentration und noch mehr dann an den ungelösten festen bzw. flüssigen Substanzen keine Fluoreszenz mehr erregt werden kann. Bekannte Beispiele hierfür sind Fluoreszein, Eosin, Chininsulfat; auch die Fluoreszenz des reinen Benzols sinkt auf ein Minimum und ist in zwei schwachen Banden nur eben noch nachweisbar — selbst diese mögen vielleicht Verunreinigungen zuzuschreiben sein: über die große Bedeutung, die geringfügige Beimengungen von Fremdkörpern auch für die Lumineszenz aromatischer Körper besitzen können, wird später noch einiges zu sagen sein. Im Gegensatz hierzu zeigen Anthrachinon, Phenanthren, Anthrazen, Reten und manche andere auch in ungelöstem Zustand deutliche Fluoreszenz; die Emissionsbanden des festen Anthrazens sind in der ersten Zeile von Tabelle 29 angegeben und lassen unzweifelhaft den systematischen Zusammenhang mit denjenigen der Lösung und des Dampfes erkennen. Die grüngelbe Fluoreszenz, die gewöhnlich am Anthrazen des Handels beobachtet wird, stammt von stets vorhandenen Beimischungen von Chrysogen. ([130]) Für die nicht geringe Menge sonstiger ungelöster fluoreszierender organischer Substanzen finden sich in der Literatur nur qualitative Farbangaben, so daß sich über die Herkunft der Emission schwer etwas daraus folgern läßt. Doch dürfte es wohl mehr als ein bloßer Zufall sein, daß gerade das Anthrazen und die ihm ähnlichen Verbindungen sowohl im ungelösten als im Dampfzustand praktisch dieselbe Fluoreszenz emittieren wie in Lösung, während das reine Benzol weder als Dampf noch als Flüssigkeit, sondern nur in Lösung eine wesentliche Fluoreszenzfähigkeit besitzt. Offenbar sind im ersten Fall die Emissionszentren (Chromophore) durch ihre Lagerung im Molekülkomplex gegen alle Einflüsse von außen sehr stark geschützt, während im zweiten Fall gerade das

Gegenteil der Fall ist. — Hervorzuheben wäre schließlich noch der Sonderfall des Chininsulfates, das fest nicht fluoresziert, in geschmolzenem Zustand hingegen zu intensiver Fluoreszenz erregt werden kann; doch fehlen auch hier wieder alle Angaben darüber, wie sich diese in spektraler Hinsicht zu derjenigen gelösten Chininsulfates verhält.

Alle bisher gemachten Angaben über die Fluoreszenz gelöster aromatischer Stoffe bezogen sich auf Zimmertemperatur. Erwärmung auf 80° hat in wässeriger Lösung von Eosin und Fluoreszein eine geringe Verschiebung der Absorptions- und Emissionsbanden im Sichtbaren nach Rot zur Folge. Umgekehrt wird durch Abkühlung auf — 180° die Fluoreszenzbande des Fluoreszeins in Alkohol merklich schmaler unter gleichzeitiger Verrückung nach Violett. Diese beiden Erscheinungen sind durchaus in Übereinstimmung mit den Beobachtungen, die in den vorangehenden Kapiteln mitgeteilt wurden, sie treten jedoch nicht mit der dort beschriebenen Regelmäßigkeit auf, was wohl im folgenden seine Ursache haben mag. Sehr viel bedeutender nämlich als diese relativ geringfügigen Veränderungen von bereits bei Zimmertemperatur vorhandenen Banden und derartige Variationen evtl. ganz verdeckend, ist das Phänomen, daß an vielen aromatischen Körpern, auch an solchen, die unter gewöhnlichen Bedingungen gar nicht fluoreszieren, bei tiefen Temperaturen in großer Zahl neue Lumineszenzbanden hervortreten, und zwar meistens in Gebieten größerer Wellenlängen, als sie den normalen Fluoreszenzbanden derselben Substanzen entsprechen.

So dehnt sich bei Abkühlung von alkoholischen Lösungen sehr vieler Benzolderivate (Benzol, Xylol, Kresol, Nitrophenol usw.) bis zum Gefrierpunkt, der bei ca. — 135° liegt, das bei Zimmertemperatur ganz im Ultraviolett oder allenfalls im Blauviolett verlaufende Fluoreszenzspektrum weit nach dem Rot zu aus, und zwar in ziemlich kontinuierlich verwaschenen Banden, die für Anthrazen, Phenanthren und manche andere sogar bis ins Ultrarot reichen. Bei weiterer Abkühlung bis auf etwa — 145° fängt man an, in diesen Banden ein deutliches Nachleuchten zu beobachten, zunächst von sehr kurzer Dauer (Größenordnung $^1/_{100}$ Sek.), wenige Grade tiefer aber bereits merklich länger während. Bei noch tieferen Temperaturen, ziemlich scharf bei — 158°, tritt über diesem beinahe kontinuierlichen Hintergrund ein weiteres aus sehr schmalen Einzelbanden bestehendes Emissionsspektrum hervor, das gegenüber den gleichzeitig fortbestehenden kurzdauernden Momentanbanden durch sehr viel langsameres Abklingen ausgezeichnet ist und im Hinblick auf das entsprechend auch nur langsame Anklingen von Kowalski als „progressive Phosphoreszenz" bezeichnet wird. Wird schließlich die Temperaturerniedrigung bis auf $-190°$ getrieben, so ändert sich Dauer und Aussehen der Momentanbanden nicht mehr wesentlich, dagegen nimmt die progressive Phosphoreszenz an Intensität und Dauer stark zu. Die volle Erregung dieser Banden wird unter den von Kowalski verwandten Versuchsbedingungen, bei denen ein Hg-Bogen als Primärlichtquelle diente, in manchen Fällen erst nach 100 Sekunden erreicht. Die relative Helligkeit der einzelnen Banden einer Substanz hängt nicht nur von der Temperatur, sondern auch von der spektralen Verteilung des erregenden Lichtes ab; dies letzte ist sehr auffallend und durchaus im Widerspruch mit dem Verhalten der gewöhnlichen Fluoreszenzbanden aromatischer Substanzen bei Zimmertemperatur. Vielleicht mag es dadurch zu erklären sein, daß je nach der schwächeren oder stärkeren Intensität oder auch Absorbierbarkeit einer bestimmten Wellenlänge des erregenden Lichtes die verschiedenen Einzelbanden mehr oder weniger „voll erregt" werden, so daß also die Unterschiede bei hinreichender Intensitätssteigerung des erregenden Lichtes verschwänden. Denn daß die An- und Abklingungszeiten für die verschiedenen progressiven Banden ein und derselben Lösung ungleich sind, ist sichergestellt; und zwar gilt auch hier wieder das Gesetz, daß die am schnellsten anklingenden Banden am schnellsten abklingen. Im übrigen leuchten auch die Momentanbanden nicht gleichmäßig aus, sondern stets schneller im langwelligen Emissionsgebiet als im kurzwelligen: so ist für die Momentanbanden des Anilins das Nachleuchten subjektiv im Gelb über eine Periode von 2, im Blau über 9 Sekunden zu verfolgen. Die Helligkeit der progressiven Phosphoreszenz hängt ebenso wie die der gewöhnlichen Lumineszenz stark von der Konzentration ab, das Optimum liegt in den hier allein in Betracht kommenden alkoholischen Lösungen stets in der Nähe von 0,05 normal.

Über die genauere spektrale Verteilung der diffusen Momentanbanden bei tiefen Temperaturen fehlen Angaben. Dagegen sind nach Form und Lage die progressiven Banden durchaus charakteristisch für jeden Stoff und scheinen sich als Fortsetzung der ultravioletten Absorptionsbanden und der gewöhnlichen kurzwelligen Fluoreszenzbanden (bei Zimmertemperatur) darzustellen. Nur werden bei den tiefen Temperaturen die Einzelbanden schärfer und lassen daher mehr Einzelheiten der Struktur erkennen. So weist das Benzol sieben Dubletts von ziemlich scharfen Linien auf, die Frequenzendifferenzen zwischen den Dublettkomponenten sind annähernd konstant; die entsprechenden Wellenlängen sind in der letzten Horizontalreihe der Tabelle 25 (S. 164) eingetragen. Berechnet man für alle drei Spektren dieser Tabelle die Frequenzen bzw. Wellenzahlen $\frac{1}{\lambda}$, so findet man jedesmal annähernd den gleichen Mittelwert $\Delta \frac{1}{\lambda} = \text{ca. } 100$; die einzige stark abweichende Zahl in der zweiten Zeile (normale Fluoreszenz), die sich in auffallender Weise mitten zwischen zwei Absorptionsbanden der ersten Zeile einschiebt, wurde darum mit einem Fragezeichen versehen; abgesehen von dieser einen Ausnahme sind die Schwankungen um den Mittelwert zwar nicht ganz unbeträchtlich, aber ohne irgendwelchen systematischen Gang. Die progressiven Phosphoreszenzspektren der anderen aromatischen Verbindungen stimmen ihrer Struktur nach im wesentlichen mit dem des Benzols überein, in manchen Fällen, so bei Einführung einer Zyan- oder Karboxylgruppe in den Kern treten an Stelle der Dubletts Tripletts. Im allgemeinen gilt wieder das Gesetz, daß durch Substitutionen das gesamte Spektrum nach größeren Wellen zu verschoben wird, was deutlich daraus hervorgeht, daß die kurzwelligsten Banden weiter nach dem Sichtbaren rücken; gleichzeitig werden aber, abgesehen von Intensitätsänderungen, alle Banden unschärfer, und die langwelligsten verschwinden häufig ganz, so daß das Spektrum nach dem Rot zu nun auch weniger ausgedehnt erscheint und das totale Emissionsgebiet schmaler wird. Bezüglich des Einflusses der Isomerie in zweifach substituierten Kernen gilt das schon für die gewöhnliche Fluoreszenz festgestellte: die Banden sind im wesentlichen gleichartig und gleichgelegen, bei kleinen Unterschieden in der Feinstruktur; alle analogen Einzelbanden liegen stets bei etwas kleineren Wellenlängen in den Ortho-, bei etwas größeren in den

Parasubstitutionen; Intensität und Dauer des Leuchtens ist stets am größten in der Para-, am geringsten in der Orthostellung.

Weit ins Sichtbare reichende Phosphoreszenzspektra gelöster aromatischer Körper lassen sich, wie Goldstein fand, bei tiefer Temperatur und zwar mit noch größerer Intensität auch in zahlreichen aromatischen Lösungsmitteln beobachten, vor allem in Xylol, Toluol, Pyridin, Chlorbenzol usw. Diese „Lösungsspektra" erstrecken sich häufig über das ganze sichtbare Gebiet bis ins Rot und sind im allgemeinen diskontinuierlich, zeigen aber vielfach in der Verteilung ihrer Einzelbanden keinerlei erkennbare Regelmäßigkeit. Sie sind für die einkernigen aromatischen Verbindungen von der Natur des Lösungsmittels praktisch unabhängig, wennschon sie weder mit den eben beschriebenen progressiven Phosphoreszenzspektren noch mit den quasi kontinuierlichen Momentanspektren in alkoholischen Lösungen übereinstimmen; dagegen variieren sie sehr stark für die mehrkernigen, vor allem die kondensierten Benzolderivate wie Naphthalin, Anthrazen, Chinolin, je nachdem, in welchem Medium die betreffende Substanz gelöst ist. Hierauf wird weiter unten nochmals zurückzukommen sein, ebenso auf das besondere Verhalten der aromatischen Ketone.

Es wurde bereits früher erwähnt, daß bei der Temperatur der flüssigen Luft wohl alle (farblosen) organischen Stoffe zu mehr oder weniger heller Phosphoreszenz erregt werden können. Das gilt nun insbesondere auch für jene aromatischen Körper, die im ungelösten Zustand bei Zimmertemperatur nicht fluoreszieren; und zwar ist der Charakter der Spektren, die hier auftreten, ein sehr gleichmäßiger, von den zuletzt beschriebenen Lösungsspektren durchaus verschiedener. Von Goldstein werden sie als „Vorspektren" bezeichnet, weil er sie bei ihrer ersten Auffindung mit Kathodenstrahlen hervorrief und sie bei dieser Erregungsart bald verschwinden, um einer Emission von anderem Typus Platz zu machen; sie erscheinen aber genau in derselben Weise bei Bestrahlung mit ultraviolettem Licht der Wellenlänge 300—400 $\mu\mu$ und sind dann ziemlich beständig. Für die einkernigen Abkömmlinge des Benzols (Toluol, die Xylole, Durol, aber auch kompliziertere wie die Chlortoluole, Mesitylensäure usw.) bestehen die Vorspektren im Sichtbaren[1]) durchweg aus sechs Banden-

[1]) In Wahrheit reichen sie bis ins Ultraviolett, doch sind sie in diesem Gebiet noch nicht im einzelnen untersucht.

gruppen zwischen 600 und 400 $\mu\mu$, deren jede aus drei bis vier Banden von verschiedener Breite und Helligkeit sich zusammensetzt, so daß jede Gruppe in ihrer Struktur die übrigen wiederholt. Die Lage der Einzelbanden ist für jede Substanz eine andere (vgl. Tabelle 30), die blauen Banden sind aber immer die hellsten,

Tabelle 30.

Kurzwellige Kanten der Bandengruppen von „Vorspektren" bei —180°.

Substanz	Wellenlänge in Å					
Metatoluylsäure	3940	4260	4600	4970	5400	ca. 5900
Mesitylensäure	4000	4350	4700	5100	5450	ca. 5900

so daß die totale Fluoreszenzfarbe stets bläulich erscheint. Von verwandtem Habitus, aber bandenreicher sind die Vorspektra der mehrkernigen Benzolderivate, die nun auch bis ins Rot reichen, also sich gegenüber den Fluoreszenzspektren bei Zimmertemperatur wesentlich nach größeren Wellenlängen ausgedehnt haben (vgl. Anthrazen in Tabelle 26, S. 164).

Wird ein aromatischer Körper längere Zeit der Einwirkung von Kathodenstrahlen ausgesetzt, so verschwindet in der Fluoreszenz bei tiefer Temperatur das Vorspektrum, und es tritt an seine

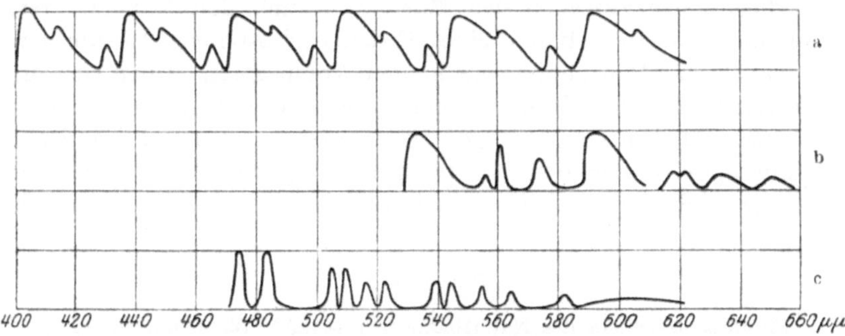

a Vorspektrum von Sechsgruppentypen. b Hauptspektrum des Naphthalins. c Lösungsspektrum von Naphthalin in Monochlorbenzol.

Fig. 32.

Stelle eine andersartige Emission, die nun länger Bestand hat und, weil sie für die Verbindung besonders charakteristisch ist[1]), von Goldstein das Hauptspektrum der betreffenden Substanz

[1]) Vgl. S. 159.

genannt wird; dieselbe Verwandlung wird auch erreicht bei sehr intensiver Bestrahlung mit ultraviolettem Licht, besonders wenn dieses auch Wellenlängen unter 300 $\mu\mu$ enthält. Zur weiteren Erregung der Hauptspektra genügt dann wieder Licht von 300 bis 400 $\mu\mu$. Die Hauptspektren sind durchweg unregelmäßig gebaut, bestehen aus einer großen Menge von Banden, reichen bis ins Rot, brechen aber meist im Blaugrün oder Blau scharf ab[1]); die gesamte Farbe des Leuchtens ist demnach bei den einzelnen Substanzen verschieden: grün, gelb, auch rot. Die Hauptspektren der einkernigen Benzolderivate fallen mit ihren oben beschriebenen Lösungsspektren zusammen, d. h. also: die Moleküle, oder richtiger wohl diejenigen Molekülbestandteile, diejenigen Chromophore, denen gerade diese Bandenemission zugehört, werden durch intensive Bestrahlung der Substanz in eben den Zustand übergeführt, in dem sie sich befinden, wenn die Substanz in einem aromatischen Lösungsmittel gelöst ist; allerdings mit dem Unterschied, daß, während die Lösungsspektra ein über längere Zeit zu verfolgendes helles Nachleuchten aufweisen, die Emission der ihnen analogen Hauptspektra fast unmittelbar mit aussetzender Erregung verschwindet: es muß hier eine ähnliche Verschiedenheit vorliegen wie zwischen den Momentan- und den Dauerzentren ein und derselben Bande eines Erdalkaliphosphors. Im übrigen ist auch die Phosphoreszenz in den Vorspektren reiner Benzolderivate selbst bei tiefen Temperaturen stets nur von sehr kurzer Dauer. Für die mehrkernigen aromatischen Substanzen sind die Hauptspektra von den Lösungsspektren prinzipiell verschieden, wie ja auch diese selbst schon je nach dem Lösungsmittel stark

Tabelle 31.

Fluoreszenzspektra des Naphthalins bei −185° (Wellenlängen in $\mu\mu$).

Hauptspektrum	<u>539</u>	555	560	573	<u>589</u>	615	630	648			
Lösungsspektrum in Chlorbenzol[2])	473	483	505	510	517	523	540	545	557	565	582...

[1]) Es ist nie ein Hauptspektrum beobachtet worden, das nach dem Violett zu über 460 $\mu\mu$ hinausreicht.

[2]) Das Monochlorbenzol selbst besitzt nur eine sehr schwache kontinuierliche Fluoreszenz.

variierten. In Tabelle 31 sind die beiden unterstrichenen Zahlen im Hauptspektrum scharfe kurzwellige Kanten sehr heller Bandengruppen, die anderen Zahlen geben die mittleren Wellenlängen engerer Einzelbanden; bei 539 $\mu\mu$ schneidet das Spektrum plötzlich ab; das Lösungsspektrum erstreckt sich über 582 $\mu\mu$ noch weiter nach dem Rot zu, aber zu lichtschwach, um noch Messungen zu ermöglichen. Isomere Naphthalinabkömmlinge besitzen ähnlich gebaute Hauptspektra, aber im gleichen Lösungsmittel gänzlich, selbst dem Typ nach verschiedene Lösungsspektra. Der Gegensatz in der Leuchtdauer besteht auch hier: intensives Nachleuchten ist nur in Lösungen zu beobachten.

Das gibt ein Mittel an die Hand, um auch in den Emissionsspektren ungelöster Substanzen den Einfluß geringfügiger Verunreinigungen festzustellen; denn während jene zugleich mit der Erregung aussetzen, leuchten die Lösungsspektra, die von den fremden Beimischungen herrühren, weiter fort. So findet Goldstein, daß auch sog. chemisch ganz reine Präparate immer noch nachweisbare Verunreinigungen enthalten, deren Lösungsspektra durch wiederholtes Fraktionieren der Substanz allmählich immer weiter geschwächt, aber kaum je ganz zum Verschwinden gebracht werden können. $^1/_{100\,000}$ Naphthalin in Chlorbenzol gelöst läßt leicht noch alle Einzelheiten des in Tabelle 31 mitgeteilten Lösungsspektrums verfolgen, sehr viel geringere Konzentrationen genügen, um es andeutungsweise hervortreten zu lassen.

Bei oberflächlicher Betrachtung könnte man versucht sein, diese ganze Gruppe von Phänomenen mit der am Anfang des Kapitels besprochenen Perrinschen Hypothese in Zusammenhang zu bringen: durch die fluoreszenzerregende Bestrahlung wird unter gleichzeitiger Lichtemission (Vorspektrum) die Substanz *a* in eine andere Modifikation *b* übergeführt, die weiterhin strahlungsempfindlich ist, dabei aber nun — vermutlich unter Verwandlung in einen dritten Zustand *c* — ein ganz anderes Lumineszenzspektrum (das Hauptspektrum) aussendet. Genauerer Überlegung hält aber diese Deutung nicht stand. Zunächst nimmt Perrin in seiner Theorie eine wirkliche chemische Veränderung an, deren Endprodukt sogar größere Stabilität besitzt als die anfangs vorhandene Substanz. Von einer solchen kann hier nicht die Rede sein; denn bei jeder Sublimation oder Umkristallisierung gehen die Stoffe aus der Modifikation *b* wieder in den Normalzustand *a* über, und zwar nicht nur, wenn durch Behandlung mit Kathodenstrahlen oder ultraviolettem Licht lediglich eine sehr dünne Oberflächenschicht umgewandelt ist, sondern auch, wenn vermittelst durchdringender β-Strahlen das ganze Volumen gleichmäßig verändert wurde. Eine solche Rückbildung erfolgt übrigens auch spontan im Lauf der Zeit, bei manchen Körpern (Cuminsäure) erst nach Monaten, bei anderen (Phenylessig) schon innerhalb weniger Tage. Auch ist doch nicht eigentlich eine Substanz, wenn sie gelöst ist, im chemischen Sinne umgewandelt gegenüber dem ungelösten Zustand, während, wie gesagt, in einer ganzen Klasse die Hauptspektra mit den Lösungsspektren abgesehen von der Nachleuchtdauer identisch sind. Dann aber besitzen die Lösungsspektra — bei den aromatischen Ketonen und Aldehyden übrigens auch die Fluoreszenzspektra der ungelösten Stoffe[1]) — von Anfang an dasselbe Aussehen, das sich auch bei lang dauernder Bestrahlung und gleichzeitiger lebhafter Fluoreszenzemission nicht ändert; und dabei ist es von besonderer Bedeutung, daß die Lösungsspektren auch dann noch konstant bleiben, wenn gleichzeitig infolge der Bestrahlung das Vorspektrum des Lösungsmittels dem Hauptspektrum Platz macht, also das Lösungsmittel selbst vom Zustand a in b übergeht.

Somit wird man auch hier wieder die Fluoreszenz nicht als eine Folge der Umwandlung ansehen müssen, sondern beides: Fluoreszenz und Umwandlung, als zwei unter bestimmten Bedingungen durch die gleiche Ursache, nämlich die einfallende Strahlung hervorgerufene Effekte; und zwar wohl in der Weise, daß zunächst immer durch die Absorption der Primärstrahlen Moleküle in einen erregten Zustand versetzt werden, in welchem sie gleichzeitig eine gewisse Reaktionsfähigkeit besitzen, und daß sie aus diesem entweder unter Fluoreszenzemission in den Normalzustand zurückkehren, oder aber, wenn sie, ehe dies eintritt, in die Wirkungssphäre eines zweiten erregten Moleküls geraten, mit diesem reagieren — wodurch dann Moleküle der umgewandelten Modi-

[1]) Ungelöste aromatische Ketone und Aldehyde sind dadurch ausgezeichnet, daß ihre Fluoreszenz bei tiefen Temperaturen immer nur ein Spektrum aufweist, das in der Hauptsache den Charakter der „Vorspektren“ besitzt, in manchen Fällen von „Sechsgruppentypen“, zuweilen auch von anderer etwas komplizierterer Struktur.

fikation *b* entstehen[1]). Worin diese Umwandlung eigentlich besteht, ist eine andere Frage. Goldstein, der sie für „mehr physikalischer als chemischer Natur“ hält, denkt am ehesten an Polymerisationen, was sehr gut mit der eben entwickelten Anschauung in Einklang zu bringen ist; da Polymerisationen auch in Lösungen vorkommen, könnte dies die teilweise Analogie zwischen Hauptspektren und Lösungsspektren verständlich machen. Wie ungeheuer kompliziert aber die ganzen Verhältnisse sind, dafür möge zum Beleg noch folgendes angeführt werden: Die Verwandlung aus dem Anfangszustand in den das Hauptspektrum emittierenden Zustand kann sowohl durch Kathodenstrahlen als durch ultraviolettes Licht herbeigeführt werden; die dann ausgesandten Hauptspektren, obzwar in fast allen Punkten identisch, weisen gleichwohl gewisse unverkennbare, jederzeit reproduzierbare Unterschiede auf: kleine Verschiebungen, ja sogar vollständiges Ausfallen bestimmter Einzelbanden und dergleichen; ja durch nachträgliche Behandlung mit ultraviolettem Licht bzw. mit Kathodenstrahlen läßt sich nach Belieben der eine Spektrentyp in den anderen überführen.

Auch sonst ist das von Goldstein zutage geförderte und hier nur in den Hauptergebnissen mitgeteilte Material von einer derart unübersehbaren Fülle, daß, obwohl er selbst durch systematische Untersuchung von über 2000 Spektren eine ganze Reihe von Einzelgesetzmäßigkeiten aufgefunden hat, es noch ganz aussichtslos ist, die Gesamtheit der Erscheinungen nach einem einheitlichen Prinzip zusammenzufassen und zu ordnen. Auf der anderen Seite aber erscheint es, nachdem erst diese Menge neuer Phänomene mit in den Gesichtskreis getreten ist, vollkommen

[1]) Ganz genau dieselbe Überlegung läßt sich wohl auch auf die Seite 158 beschriebenen Versuche von Perrin anwenden, nur daß dort die Reaktionsprodukte eben keine Fluoreszenzfähigkeit im Sichtbaren mehr besitzen; die dort vermutete Besonderheit in der Perrinschen Versuchsanordnung bestünde dann in der von ihm stets verwandten außerordentlich hohen Energiekonzentration im erregenden Licht: es ist klar, daß dadurch die Wahrscheinlichkeit einer gleichzeitigen Erregung zweier benachbarten Moleküle und damit die Wahrscheinlichkeit des Reaktionseintrittes in hohem Grade gesteigert wird. Im übrigen wird unter dieser Voraussetzung der Parallelismus zwischen der jeweiligen Fluoreszenzhelligkeit und der Geschwindigkeit, mit der die Fluoreszenzfähigkeit einer gegebenen Lösung abnimmt, eine selbstverständliche Folgerung.

zwecklos, eine Theorie der Fluoreszenz aromatischer Körper aufbauen zu wollen allein auf Grund der Erscheinungen, die man ganz zufällig gerade bei Zimmertemperatur beobachten kann. So sind bisher also eigentlich nur die Bausteine vorhanden, und es bleibt zur Errichtung eines in sich geschlossenen Gebäudes praktisch noch alles zu tun.

Verzeichnis der seit 1908 erschienenen Arbeiten über Photolumineszenz.

Wegen der früheren Publikationen vgl. Kayser, Handbuch der Spektroskopie, Bd. IV, Leipzig 1908.

Von neueren Büchern, in denen Teilgebiete behandelt werden, seien erwähnt:

R. W. Wood, Physical optics. 2. Ed. New York 1911, sowie: Researches in physical optics I and II. New York, Columbia Univ. Press 1913 and 1919.

J. Stark, Prinzipien der Atomdynamik, Bd. II u. III. Leipzig 1911 u. 1915.

H. Konen, Das Leuchten der Gase. Braunschweig 1913.

R. Pohl u. P. Pringsheim, Die lichtelektrischen Erscheinungen. Braunschweig 1914.

1. W. S. Andrews, Improved form of phosphoroscope. Gen. El. Rev. **20**, 259. 1917.
2. A. Bachem, Spektrale Untersuchungen über die Phosphoreszenz und die Erregungsverteilung einiger Erdalkaliphosphore. Ann. d. Phys. **38**, 697. 1912.
3. A. v. Bäcklund, Zur Theorie der Fluoreszenz. Ark. f. Math., Astr. och Physik **6**, 10. 1910.
4. E. C. Baly, Light absorption and fluorescence I. Phil. Mag. (6) **27**, 632. 1914.
5. — Light absorption and fluorescence II. Phil. Mag. (6) **29**, 223. 1915.
6. — Light absorption and fluorescence III. Phil. Mag. (6) **30**, 510. 1915.
7. — Theory of absorption, fluorescence and phosphorescence. Astrophys. Journ. **42**, 4. 1915
8. — Light absorption and fluorescence. Phys. Rev. (2) **16**, 1. 1920.
9. — and R. Krulla, A theory of fluorescence. Trans. Chem. **101**, 1469. 1912.
10. — and F. O. Rice, Chemical reactivity and absorption spectra. Trans. Chem. **101**, 1475. 1912.
11. — and F. G. Tryhorn, Light absorption and fluorescence IV: Concentration and absorption. Phil. Mag. (6), **31**, 417. 1916.
12. W. D. Bancroft, Die chemischen Vorgänge bei der Phosphoreszenz. Zs. f. phys. Chem. **69**, 15. 1909.
13. J. Becquerel, Sur la phosphorescence polarisée et sur la corrélation entre le polychroisme de phosphorescence et le polychroisme d'absorption. C. R. **151**, 859. 1910.

14. J. Becquerel, Sur le reversement des bandes de phosphorescence. C. R. **151**, 981. 1910.
15. — Sur l'effet magnéto-optique de sens positif présenté par les bandes de phosphorescence du rubis et de l'émeraude, et sur les rélations entre l'émission et l'absorption dans un champ magnétique. C. R. **151**, 1344. 1910.
16. — Sur la durée de la phosphorescence des sels d'uranyle. C. R. **152**, 511. 1911.
17. — Sur les modifications magnétiques des bandes de phosphorescence et d'absorption du rubis et sur une question fondamentale de magnéto-optique. C. R. **152**, 183. 1911.
18. — Sur la propagation de la lumière dans les corps fluorescents. C. R. **153**, 936. 1912.
19. A. et J. Becquerel et H. K. Onnes, On phosphorescence at very low temperatures. Proc. Amst. **12**, 76. 1909.
20. — — Phosphorescence des sels d'uranyle aux très basses températures. C. R. **150**, 647. 1910. Ann. de Chim. et de Phys. **20**, 145. 1910.
21. J. Berrel, Über die Fluoreszenz der Platindoppelsalze. Zs. f. wiss. Phot. **11**, 150. 1912.
22. P. Borissow, Die Energieverteilung in den Emissionsspektren der CaBi- und SrBi-Phosphore. Ann. d. Phys. **42**, 1321. 1913.
23. P. Breteau, Sur la préparation du sulphure de calcium phosphorescent. C. R. **161**, 732. 1915.
24. M. L. Brüninghaus, Sur la loi de l'optimum de phosphorescence. C. R. **149**, 1375. 1909.
25. — Recherches sur la phosphorescence. Ann. de Chim. et de Phys. **20**, 519. 1910 und **21**, 210. 1910.
26. — Une rélation entre l'absorption et la phosphorescence. Le Rad. **8**, 147. 1911.
27. — Sur la loi de Stokes et sur une rélation génerale entre l'absorption et la phosphorescence. Le Rad. **8**, 411. 1911; C. R. **152**, 1578. 1911.
28. — Sur les conditions d'excitation de la fluorescence. C. R. **169**, 531. 1919.
29. C. V. Burton, Scattering and regular reflection of light by gas molecules. Phil. Mag. (6) **29**, 625. 1915 u. **30**, 87. 1915.
30. C. A. Butman, The photoelectric effect of phosphorescent material. Am. Journ. of Sc. **34**, 133. 1912.
31. — The electron theory of phosphorescence. Phys. Rev. (2) **1**, 154. 1913.
32. F. C. Carter, Absorption und Fluoreszenz des Rubidiumdampfes. Phys. Zs. **11**, 632. 1910.
33. K. T. Compton and H. D. Smyth, Fluorescence, dissociation and ionization in iodine vapor. Science **51**, 571. 1920.
34. Ch. Dhéré, Détermination photographique des spectres de fluorescence des pigments chlorophylliens. C. R. **158**, 64. 1914.
35. E. Dickson, Über die ultraviolette Fluoreszenz des Benzols und einiger seiner Derivate. Zs. für wiss. Phot. **10**, 166 und 181. 1912.

36. F. Diestelmeier, Fluoreszenz der Elemente in der sechsten Gruppe des periodischen Systems. Phys. Zs. **14**, 1000. 1913.
37. — Über die Fluoreszenz von Schwefel-, Selen- und Tellurdämpfen. Zs. f. wiss. Phot. **15**, 18 u. 33. 1915.
38. H. Dubois und G. J. Elias, Der Einfluß von Temperatur und Magnetisierung bei selektiven Absorptions- und Fluoreszenzspektren. I. Ann. d. Phys. **27**, 233. 1908.
39. — — II. Ann. d. Phys. **35**, 617. 1911.
40. L. Dunoyer, Sur la fluorescence des vapeurs des métaux alcalins. Le Rad. **9**, 177 u. 209. 1912.
41. — Examen spectroscopique de la fluorescence et de l'absorption de la vapeur du rubidium et du mélange des vapeurs de rubidium et de caesium. Le Rad. **9**, 28. 1912.
42. — Sur la résonance optique des gaz. Le Rad. **10**, 400. 1913. C. R. **156**, 1007. 1913.
43. — Résonance et diffusion selective superficielle de la vapeur de sodium pour les rayes D. Journ. de phys. (5) **4**, 17. 1914.
44. — and R. W. Wood, Photometry of the superficial resonance of Na-Vapour. Phil. Mag. (6) **27**, 1025. 1914. C. R. **158**, 1265 u. 1268. 1914. Le Rad. **11**, 111 u. 119. 1914.
45. J. Dzierzbicki, Über die Phosphoreszenzspektra einiger aromatischer Verbindungen bei niedriger Temperatur. Diss. Freiburg. 1910.
46. — und J. v. Kowalski, Über die Phosphoreszenz von organischen Substanzen bei niedrigen Temperaturen. Krak. Anz. 1909, 794.
47. T. S. Elston, The fluorescence and absorption spectra of anthracene and phenantrene vapors. Phys. Rev. **25**, 155. 1907.
48. A. Eucken, Bericht über die Anwendung der Quantenhypothese auf die Rotationsbewegung der Gasmoleküle. Jahrb. d. Rad. u. El. **16**, 361. 1920.
49. E. H. Fernau, Sur la luminescence. Le Rad. **11**, 168. 1914.
50. J. Franck, Über die Überführung des Resonanzspektrums der Jodfluoreszenz in ein Bandenspektrum durch zugemischte Gase. Verh. d. d. phys. Ges. **14**, 419. 1912.
51. — und W. Grotrian, Bemerkung über angeregte Atome. Zs. f. Phys. **4**, 89. 1921.
52. — und G. Hertz, Über durch polarisiertes Licht erregte Fluoreszenz von Joddampf. Verh. d. d. phys. Ges. **14**, 423. 1912.
53. — und W. Westphal, Über die Beeinflussung der Stoßionisation durch Fluoreszenz. Verh. d. d. phys. Ges. **14**, 159. 1912.
54. — und R. W. Wood, Über die Beeinflussung der Fluoreszenz von Jod- und Quecksilberdampf durch Beimischung von Gasen mit verschiedener Affinität zum Elektron. Verh. d. d. phys. Ges. **13**, 78. 1911; Phil. Mag. (6) **21**, 314. 1911.
55. H. Schipley Fry, Einige Anwendungen des Elektronenbegriffes der positiven und negativen Wertigkeit IV. Fluoreszenz: Anthrazen und Phenanthren. Zs. f. phys. Chem. **80**, 29. 1912.
56. Chr. Füchtbauer, Über eine neue Art der Erzeugung von Spektrallinien durch Einstrahlung (Fluoreszenz). Phys. Zs. **21**, 635. 1920.

57. M. Gelbke, Ein neuer Fall von Koppelung kurz- und langwelliger Fluoreszenzbanden. Phys. Zs. **13**, 584. 1912.
58. — Lang- und kurzwellige Absorptions- und Fluoreszenzbanden der Karbonylgruppe. Jahrb. d. Rad. u. El. **10**, 1. 1913.
59. M. D. Gernez, Sur un nouveau moyen de restituer aux sulphures alcalinoterreux leurs propriétés phosphorescentes. C. R. **150**, 295. 1910. Ann. d. Phys. et Chim. **20**, 166. 1910.
60. R. C. Gibbs, Einfluß der Temperatur auf die Absorption und das Fluoreszenzspektrum von Uranglas. Phys. Zs. **10**, 724. 1909.
61. — The effect of temperature on fluorescence and absorption. Phys. Rev. **28**, 361. 1909.
62. — The effect of temperature on fluorescence and absorption of canary glas. Phys. Rev. **30**, 377. 1910.
63. K. S. Gibson, The effect of temperature upon the absorption spectrum of a synthetic Ruby. Phys. Rev. **8**, 38. 1916.
64. F. H. Glew, J. S. Dow and A. Block, Fluorescence and phosphorescence. Chem. News 115, 157. 1917.
65. E. Goldstein, Über einen besonderen Typus diskontinuierlicher Emissionsspektra fester Körper. Phys. Zs. **11**, 430. 1910. Verh. d. d. phys. Ges. **12**, 376. 1910.
66. — On threefold emission spectra of solid aromatic compounds. Phil. Mag. (6) **20**, 619. 1910.
67. — Über die Untersuchung der Emissionsspektra fester aromatischer Substanzen mit dem Ultraviolettfilter. Phys. Zs. **12**, 614. 1911. Verh. d. d. phys. Ges. **13**, 378. 1911.
68. — Über die Emissionsspektra aromatischer Verbindungen im ultravioletten Licht, in Kathodenstrahlen, Radiumstrahlen und Kanalstrahlen. Phys. Zs. **13**, 188. 1912. Verh. d. d. phys. Ges. **14**, 32. 1912.
69. — Über die Hervorrufung der Hauptspektra aromatischer Verbindungen durch ultraviolettes Licht. Phys. Zs. **13**, 577. 1912. Verh. d. d. phys. Ges. **14**, 493. 1912.
70. M. Grotowski, L'effet photoélectrique et la phosphorescence. Diss. Freiburg 1910.
71. B. Gudden und R. Pohl, Zur Kenntnis der Sidotblende. Zs. f. Phys. **1**, 365. 1920.
72. — — Lichtelektrische Beobachtungen an Zinksulfiden. Zs. f. Phys. **2**, 181. 1920.
73. — — Über Ausleuchtung der Phosphoreszenz durch elektrische Felder. Zs. f. Phys. **2**, 192. 1920.
74. — — Die lichtelektrische Leitfähigkeit von Zinksulfidphosphoren. Zs. f. Phys. **4**, 206. 1921.
75. J. Hattwich, Über den Zusammenhang zwischen der Intensität des Fluoreszenzlichtes und des erregenden Lichtes. Wien. Ber. **122**, IIa, 1829. 1913.
76. F. v. Hauer und J. v. Kowalski, Zur Photometrie der Lumineszenzerscheinungen. Phys. Zs. **15**, 322. 1914.
77. W. Hausser, Über ein Phosphoroskop mit Funkenlicht. Zs. f. Instrk. **30**, 578. 1910.

78. O. Heimstädt, Das Fluoreszenzmikroskop. Zs. f. wiss. Mikroskopie **28**, 330. 1911.
79. F. Hirsch, Über die Bildungsgesetze der Phosphoreszenzzentren. Dissert. Heidelberg 1912.
80. R. A. Houston, On a negative attempt to detect fluorescence absorption. Edinb. Proc. **29**, 401. 1909.
81. H. E. Howe, On a modification of the Hilger sector photometer method for measuring ultraviolet absorption and its application in the case of certain derivatives of fluoran. Phys. Rev. (2) **8**, 675. 1916.
82. — and K. S. Gibson, The ultraviolet and visible absorption spectra of phenolphtalein, phenolsulphonphtalein and some halogen derivatives. Phys. Rev. (2) **10**, 767. 1917.
83. H. L. Howes, The fluorescence of some frozen solutions of the uranyl salts. Phys. Rev. (2) **6**, 192. 1915.
84. — On certain absorption band in the spectra of the uranyl salts. Phys. Rev. (2) **11**, 66. 1918.
85. — and D. T. Wilber, Fluorescing uranyl phosphate. Phys. Rev. (2) **7**, 394. 1916.
86. — — The fluorescence of four double nitrates of uranyl. Phys. Rev. (2) **8**, 675. 1916.
87. H. E. Ives and M. Luckich, The effect of the red and infrared on the decay of phosphorescence in zink sulfide. Astrophys. Journ. **34**, 173. 1911; Phys. Rev. **32**, 240. 1911.
88. — — The influence of temperature on the phaenomena of phosphorescence in the alcaline earth sulfides. Astrophys. Journ. **36**, 330. 1912; Phys. Rev. **34**, 156. 1912.
89. F. Kaempf, Fluoreszenzabsorption und Lambertsches Gesetz. Phys. Zs. **12**, 761. 1911.
90. H. Kayser, Zur Spektroskopie des Sauerstoffes. Ann. d. Phys. **34**, 498. 1911.
91. — Erwiderung an die Herren Steubing und Stark. Ann. d. Phys. **35**, 608. 1911.
92. H. Kaufmann, Zusammenhang zwischen Lumineszenzspektren und chemischer Konstitution. Zs. f. Elektrochem. **18**, 470. 1912.
93. — Betrachtungen über die Fluoreszenztheorie des Herrn J. Stark. Zs. f. Elektrochem. **19**, 192. 1912.
94. — Über die Fluoreszenz der Cyanverbindungen. Chem. Ber. **50**, 1614. 1917.
95. — und L. Weisel, Die Fluoreszenz der Terephtalsäure. Lieb. Ann. **393**, 1. 1912.
96. E. H. Kennard, Rate of decay of phosphorescence at low temperatures. Phys. Rev. (2) **4**, 278. 1914.
97. — On the thermodynamics of fluorescence. Phys. Rev. (2) **11**, 29. 1918.
98. F. Kittelmann, Beitrag zur Kenntnis der Erdalkaliselenidphosphore. Ann. d. Phys. **46**, 177. 1915.
99. J. v. Kowalski, Über die Abweichung vom Stokesschen Gesetz.

Krak. Anz., Math.-Naturw. Kl., Reihe A. 1910, 12. Le Rad. **7**, 56. 1910.

100. J. v. Kowalski, Absorption und Phosphoreszenz gewisser organischer Verbindungen. Krak. Anz., Math.-Naturw. Kl. Reihe A. 1910, 17.

101. — La phosphorescence progressive à basse température. C. R. **151**, 810. 1910.

102. — Untersuchung über Phosphoreszenz organischer Verbindungen bei tiefer Temperatur. Phys. Zs. **12**, 956. 1911. Verh. d. d. phys. Ges. **13**, 952. 1911.

103. — et J. de Dzierbicki, Sur le spectre de phosphorescence progressive des composés organiques á basses températures. C. R. **151**, 943. 1910.

104. — — Influence des groupements fonctionels sur le spectre de phosphorescence progressive. C. R. **152**, 83. 1911.

105. G. Le Bond, Sur certaines propriétés antagonistes de diverses régions du spectre. C. R. **170**, 1450. 1920.

106. H. Lehmann, Über ein Filter für ultraviolette Strahlen und seine Anwendung. Phys. Zs. **11**, 1039. 1910. Verh. d. d. phys. Ges. **12**, 890. 1910.

107. — Lumineszenzanalyse mittels der U. V. Filterlampe. Phys. Zs. **13**, 35. 1912; Verh. d. d. phys. Ges. **13**, 1101. 1912.

108. P. Lenard, Über Lichtemission und deren Erregung. Heidelb. Ber. 1909, 3. Abh.; Ann. d. Phys. **31**, 641. 1910.

109. — Über Phosphoreszenz und über die Auslöschung der Phosphore durch Licht. Verh. d. nat.-med. Ver. Heidelberg. N. F. **10**, 1. 1909.

110. — Über Lichtsummen bei Phosphoren. Heidelb. Ber. 1912, 5. Abh.

111. — Lichtabsorption und Energieverhältnisse bei der Phosphoreszenz. Theorie der Anklingung. Heidelb. Ber. 1914, 13. Abh.

112. — Über die druckzerstörten Erdalkaliphosphore. Elster-Geitelfestschrift, 669. 1915.

113. — Über Ausleuchtung und Tilgung der Phosphore durch Licht. I—IV. Heidelb. Ber. 1917, 5. u. 7. Abh.; 1918, 8. u. 11. Abh.

114. — und W. Hauser, Über das Abklingen der Phosphoreszenz. Heidelb. Ber. 1912, 12. Abh.

115. — — Absolute Messung der Energieaufspeicherung bei Phosphoren. Heidelb. Ber. 1913, 19. Abh.

116. —, H. K. Onnes und W. Pauli. Het Gerdrag der aardalcaliphosphoren bij verschillende in het bijzonder zeer lagen temperaturen. Amst. Ber. 1909, 151.

117. — und S. Saeland, Über die lichtelektrische und aktinodielektrische Wirkung der Erdalkaliphosphore. Ann. d. Phys. **28**, 476. 1909.

118. W. Lenz, Über einige spezielle Fragen aus der Theorie der Bandenspektren. Phys. Zs. **21**, 691. 1920.

119. G. Lépine, Etude expérimentale sur la fluorescence des solutions. Ann. de phys. **4**, 207. 1915.

120. L. A. Levy, Fluorescent and intensifying screens. Röntgen Soc. Journ. **12**, 13. 1916.

121. H. Ley und K. v. Engelhardt, Über die ultraviolette Fluoreszenz

und chemische Konstitution bei zyklischen Verbindungen. Zs. f. phys. Chem. **74**, 1. 1910.
122. H. Ley und W. Fischer, Lichtabsorption und Fluoreszenz aliphatischer Säureamide. Chem. Ber. **46**, 327. 1913.
123. — und W. Gräfe, Über den Nachweis des Zustandekommens von chemischen Ringsystemen mit Hilfe ultravioletter Fluoreszenz. Zs. f. wiss. Phot. **8**, 294. 1910.
124. H. v. Liebig, Die J. Starksche Fluoreszenztheorie. Zs. f. Elektrochemie **19**, 117. 1913.
125. Th. Liebisch, Über die Fluoreszenz der Sodalith- und Willemitgruppe im ultravioletten Licht. Berl. Ber. 1912, 229.
126. B. Lindemann, Über die Lumineszenz und die Kristallform des K-Na-Sulfats. Bull. Petersb. 1909, 961.
127. E. Mac Dougall, A. W. Steward and R. Wright, Phosphorescent zinc sulphide. Chem. Soc. Trans. **111**, 663. 1917.
128. A. v. Malinowski, Untersuchungen über die Resonanzstrahlung der Hg-Dampflampe. Phys. Zs. **14**, 884. 1913; Ann. d. Phys. **44**, 935. 1914.
129. N. P. Mc Cleland, Dynamical system illustrating fluorescence. Cam. Phil. Soc. Proc. **17**, 321. 1914.
130. L. S. Mc Dowell, The fluorescence and absorption of anthracene. Phys. Rev. **26**, 155. 1908.
131. J. C. Mc Lennan, Fluorescent spectrum of iodine vapour. Proc. Roy. Soc. A. **88**, 289. 1913.
132. — Fluorescence of iodine vapour excited by ultraviolet light. Proc. Roy. Soc. A. **91**, 23. 1914.
133. W. Mecklenburg und S. Valentiner, Über die Abhängigkeit der Fluoreszenz von der Konzentration. Phys. Zs. **15**, 267. 1914.
134. C. E. Mendenhall and R. W. Wood, Effect of electric and magnetic fields on the emission lines of solids. Phil. Mag. (6) **30**, 316. 1915.
135. P. L. Mercanton, Ein vereinfachtes Funkenphosphoroskop. Phys. Zs. **11**, 1226. 1910.
136. C. F. Meyer, The wave-length of light from the sparc which excites fluorescence in nitrogen. Phys. Rev. (2) **10**, 91 u. 575. 1917.
137. — and R. W. Wood, A further study of the fluorescence produced by ultra-Schumann rays. Phil. Mag. (6) **30**, 449. 1915.
138. W. Molthan, Über die Erhöhung der Dielektrizitätskonstante eines Zn-Phosphors durch Licht. Zs. f. Phys. **4**, 262. 1921.
139. E. L. Nichols, Colour photographs of the phosphorescence of certain metallic sulphides. Am. Phil. Soc. Proc. **55**, 994. 1916.
140. — and H. L. Howes, Luminescence of Kunzite. Phys. Rev. (2) **4**, 18. 1914.
141. — — The polarized fluorescence of ammonium uranyl chloride. Proc. Nat. Acad. **1**, 449. 1915.
142. — — Fluorescence and absorption of certain pleochroitic crystals. Phys. Rev. (2) **8**, 364. 1916.
143. — — A synchrono-phosphoroscope. Phys. Rev. (2) **7**, 586. 1916.
144. — — On the phosphorescence of uranyl salt. Phys. Rev. (2) **9**, 292. 1917.

145. E. L. Nichols and H. L. Howes, On the unpolarized fluorescence and absorption of four double chlorides of uranyl. Phys. Rev. (2) **11**, 285. 1918.
146. — — Note on a phosphorescent calcite. Phys. Rev. (2) **11**, 327. 1918.
147. — — Fluorescence and absorption of the uranyl sulphates. Phys. Rev. (2) **14**, 293. 1919.
148. — — and F. G. Wick, Fluorescence and absorption of the uranyl acetates. Phys. Rev. (2) **14**, 201. 1919.
149. — — and D. T. Wilber, The photoluminescence and cathodoluminescence of calcite. Phys. Rev. (2) **11**, 485. 1918.
150. — and E. Merrit, The distribution of energy in fluorescence spectra. Phys. Rev. **30**, 328. 1910.
151. — — The absorption of alcoholic solutions of eosin and resorufin. Phys. Rev. **31**, 376. 1910.
152. — — The specific exciting power of the different wavelengths of the visible spectrum in the case of the fluorescence of eosin and resorufin. Phys. Rev. **31**, 381. 1910.
153. — — Further experiments on fluorescence absorption. Phys. Rev. **35**, 500. 1910.
154. — — On fluorescence and phosphorescence between + 20° and — 190° Phys Rev. **32**, 38. 1911.
155. — — The fluorescence and absorption of certain uranyl salts. Phys. Rev. **33**, 354. 1911.
156. — — Abhängigkeit der Fluoreszenz von der Temperatur. Phys. Zs. **10**, 774. 1909.
157. — — Note on the fluorescence of frozen solutions of the uranyl salts. Phys. Rev. (2) **3**, 457. 1914.
158. — — New fluorescence spectrum of uranyl ammonium chloride. Phys. Rev. (2) **6**, 358. 1915.
159. — — The influence of water of crystallization upon the fluorescence and absorption spectra of uranyl nitrate. Phys. Rev. (2) **9**, 113. 1917.
160. A. Odenkrants, Luminescence spectra of fluorites. I. Ark. f. Math., Astr. och Fys. **6** No. 27. 1910.
161. F. Paschen, Absorption und Resonanz von monochromatischer Strahlung im Helium. Ann. d. Phys. **45**, 625. 1914.
162. — und W. Gerlach, Elektrisches Analogon zum Zeemaneffekt. Phys. Zs. **15**, 489. 1914.
163. W. E. Pauli, Über unsichtbare Fluoreszenz. Phys. Zs. **11**, 991. 1910.
164. — Über ultraviolette und ultrarote Fluoreszenz. Ann. d. Phys. **34**, 739. 1911.
165. — Über Phosphoreszenz von Selenverbindungen. Ann. d. Phys. **38**, 870. 1912.
166. — Über Phosphoreszenz. Phys. Zs. **13**, 39. 1912.
167. — Lichtelektrische Untersuchungen an fluoreszierenden Substanzen. Ann. d. Phys. **40**, 677. 1913.
168. J. Perrin, La fluorescence. Ann. de Phys. (9) **10**, 133. 1918.
169. — Matière et lumière. Ann. de Phys. (9) **11**, 5. 1919.
170. F. S. Phillips, Phosphorescence of mercury vapour. Nature **92**, 401. 1913.

171. F. S. Phillips, Phosphorescence of mercury vapour after removal of the exciting light. Proc. Roy. Soc. A. **89**, 39. 1913.
172. C. A. Pierce, Variation of the decay of phosphorescence in Sidot blende produced by heating. Phys. Rev. **26**, 312. 1908.
173. — The distribution of energy in the luminescence spectrum of Sidot blende. Phys. Rev. **30**, 663. 1910.
174. — The distribution of light in the luminescence spectrum of Sidot blende. Phys. Rev. **32**, 115. 1911.
175. A. Pochettino, Sui fenomeni di luminescenza in alcune sostanze organiche. Linc. Rend. **18**, 358. 1909.
176. — Sui fenomeni di luminescenza nei cristalli. Cim. **18**, 245. 1909.
177. — Über die Lumineszenzerscheinungen an Kristallen. Zs. f. Krist. **50**, 113. 1912.
178. R. Pohl, Über eine Beziehung zwischen dem selektiven Photoeffekt und der Phosphoreszenz. Verh. d. d. phys. Ges. **13**, 961. 1911.
179. P. Pokotilo, Fluoreszenz. Journ. d. russ. phys.-chem. Ges. **42**, Phys. T., Anhang, 141. 1910.
180. A. Pospielow, Über das Abklingen der Lumineszenz von trockener und feuchter gefärbter Gelatine. Verh. d. d. phys. Ges. **16**, 411. 1914.
181. P. Pringsheim, Über die Polarisation und Intensität der Joddampffluoreszenz in ihrer Abhängigkeit von der Temperatur. Zs. f. Phys. **4**, 52. 1921.
182. — Über den Einfluß erhöhter Temperatur auf das Fluoreszenz- und Absorptionsspektrum des Joddampfes von konstanter Dichte. Zs. f. Phys. **5**, 130. 1921.
183. P. Rabe und O. Marschall, Fluoreszenzerscheinungen bei Chinaalkaloiden. Lieb. Ann. **382**, 360. 1911.
184. C. Ramsauer und W. Hauser, Über die aktinodielektrische Wirkung bei den Erdalkaliphosphoren. Ann. d. Phys. **34**, 445. 1911.
185. K. Reichert, Das Fluoreszenzmikroskop. Phys. Zs. **12**, 1010. 1911.
186. M. M. Richter, Über Fluoreszenz in der *p*-Benzochinonreihe.
187. W. Rohn, Fluoreszenzeigenschaften des Fluoreszein-Natriums in Lösung. Ann. d. Phys. **38**, 1014. 1912.
188. F. Schmidt, Die Erdalkaliphosphore. Ann. d. Phys. **63**, 264. 1920.
189. H. Schmidt, Lenards Arbeiten zur Phosphoreszenz. Zs. f. phys. u. chem. Unterr. **29**, 150. 1916.
190. — Neuere Fortschritte in der Theorie der Lumineszenzerscheinungen. Nat.-Wiss. **6**, 641. 1918.
191. S. E. Sheppard, Distinction between fluorescence and phosphorescence. Illum. Eng. **10**, 178. 1917.
192. L. Silberstein, Fluorescent vapours and their magneto-optic properties. Phil. Mag. (6) **32**, 265. 1916.
193. B. Söderborg, Eine Untersuchung bezüglich des Zusammenhanges zwischen Absorption, Dispersion und Fluoreszenz des Lichtes. Ann. d. Phys. **41**, 381. 1913.
194. A. H. Stang, The infrared absorption spectrum of naphthalene and some of its monoderivates in solution. Phys. Rev. (2) **9**, 542. 1917.

195. J. Stark, Über Lichtemission im Bandenspektrum. Bemerkung zu einer Abhandlung der Herren P. Lenard und S. Saeland. Ann. d. Phys. **29**, 316. 1909.

196. — Anwendung einer Valenzhypothese auf die Erscheinung der Fluoreszenz. Zs. f. Elektrochem. **17**, 514. 1911.

197. — Über den Zusammenhang zwischen Fluoreszenz und chemischer Konstitution. Zs. f. Elektrochem. **18**, 1011. 1912 und **19**, 397. 1913.

198. — Über den Zusammenhang zwischen Fluoreszenz und Ionisierung. Notiz zu den Abhandlungen der Herren M. Volmer und W. E. Pauli. Ann. d. Phys. **41**, 728. 1913.

199. — und W. Steubing, Fluoreszenz und lichtelektrische Empfindlichkeit organischer Substanzen. Phys. Zs. **9**, 480. 1908.

200. — — Weitere Beobachtungen über die Fluoreszenz organischer Substanzen. Phys. Zs. **9**, 661. 1908.

201. O. Stern und M. Volmer, Über die Abklingungszeit der Fluoreszenz. Phys. Zs. **20**, 183. 1919.

202. W. Steubing, Fluoreszenz und Ionisierung des Hg-Dampfes. Phys. Zs. **10**, 787. 1909. Verh. d. d. phys. Ges. **11**, 561. 1909.

203. — Fluoreszenz und Bandenspektrum des Sauerstoffes. Ann. d. Phys. **33**, 553. 1910.

204. — Zur Spektroskopie des Sauerstoffes. Antwort an Herrn Kayser. Ann. d. Phys. **34**, 1003. 1911.

205. — Versuche zur Arbeit des Herrn Wood: Eine neue strahlende Emission seitens des Funkens. Phys. Zs. **12**, 626. 1911.

206. — Fluoreszenz in der sechsten Gruppe des periodischen Systems: Schwefel-, Selen-, Tellurdampf. Phys. Zs. **14**, 887. 1913.

206a.— Wirkung eines Magnetfeldes auf Fluoreszenzintensität. Verh. D. phys. Ges. **15**, 1181, 1913.

207. — Spektrale Intensitätsverschiebung und Schwächung der Jodfluoreszenz durch ein magnetisches Feld. Ann. d. Phys. **58**, 55. 1919.

208. — Die Entstehung des Jodbandenspektrums und seine Lage nach der Quantentheorie. Zs. f. Phys. **1**, 426. 1920.

209. L. St. Stevenson, The fluorescence of anthracene. Journ. phys. chem. **15**, 845. 1911.

210. H. Stobbe, Lichtreaktionen des weißen und des gelben Diphenyloctatetrins. Chem. Ber. **42**, 565. 1909.

211. — und E. Ebert, Fluoreszenz und Radiolumineszenz einiger Kohlenwasserstoffe mit Äther-, Äthylen- und Azetylenresten. Chem. Ber. **44**, 1294. 1911.

212. R. J. Strutt, A study of the line spectrum of sodium as excited by fluorescence. Proc. Roy. Soc. A. **96**, 272. 1919.

213. G. E. Thompson, Photoactive cells with fluorescent electrolytes. Phys. Rev. (2) **5**, 43. 1915.

214. E. Tiede, Reindarstellung von Magnesiumsulfid und seine Phosphoreszenz. Chem. Ber. **49**, 1745. 1916.

215. — Phosphoreszenz der Borsäure. Chem. Ber. **53**, 2214. 1920.

216. E. Tiede und F. Büschen, Über den leuchtenden Borstickstoff. Chem. Ber. **53**, 2206. 1920.
217. G. Urbain, Phosphorescence cathodique des terres rares. Ann. de Chim. et Phys. **18**, 222. 1909.
218. S. de Ugarte y Greaves, Beziehung zwischen Fluoreszenz und chemischer Konstitution. Diss. Münster 1913.
219. M. P. Vaillant, Sur les variations de la conductibilité d'un corps phosphorescent sous l'action de la lumière. C. R. **153**, 1141. 1911.
220. — Sur l'influence de la température et de la lumière sur la conductibilité d'un corps phosphorescent. C. R. **154**, 867. 1912.
221. L. Vanino und P. Sachs, Über die Einwirkung von Ag-Salzen und kolloiden Metallen auf die Luminophore. Jahrb. f. prakt. Chem. **57**, 508. 1913.
222. — und E. Zumbusch, Über den Bologneser Leuchtstein. I. Journ. f. prakt. Chem. **80**, 69. 1909.
223. — — Über den Bologneser Leuchtstein. II. Journ. f. prakt. Chem. **82**, 193. 1910.
224. — — Über den Bologneser Leuchtstein. III. Journ. f. prakt. Chem. **84**, 305. 1911.
225. M. Volmer, Die verschiedenen lichtelektrischen Erscheinungen am Anthrazen, ihre Beziehungen zueinander, zur Fluoreszenz und zur Dianthrazenbildung. Ann. d. Phys. **40**, 775. 1913.
226. C. W. Waggoner, Some studies in short duration phosphorescence. Phys. Rev. **27**, 209. 1908.
227. — Some phosphorescent salts of cadmium with sodium. Phys. Rev. **31**, 358. 1910.
228. B. Walter, Absorptionsspektra phosphoreszierender Stoffe. Phys. Zs. **13**, 6. 1912.
229. A. Werner und H. Gohdes, Über die Abhängigkeit der Dauer- und Momentanprozesse einer getrennten Phosphoreszenzbande vom Metallgehalt und über die Erregungsverteilung dieser beiden Prozesse. Ann. d. Phys. **30**, 257. 1909.
230. W. H. Westphal, Über die Fluoreszenz des Joddampfes. Verh. d. d. phys. Ges. **16**, 829. 1914.
231. R. Whiddington, Ionization of fluorescent iodine vapour. Cam. Proc. **15**, 189. 1909.
232. F. Wick, A spectrometric study of the absorption, fluorescence and surface color of magnesium platinum cyanides. Phys. Rev. (2) **3**, 382. 1914.
233. — Fluorescence of the uranyl salts under X ray excitation. Phys. Rev. (2) **5**, 418. 1915.
234. — A study of the fluorescence of certain uranyl salts at room temperature. Phys. Rev. (2) **11**, 121. 1918.
235. — A preliminary study of the luminescence of the uranyl salts under cathode ray excitation. Phys. Rev. (2) **11**, 421. 1918.
236. O. Wolf, Die U. V.-Filterlampe als wichtiges Hilfsmittel zur Bestimmung der Reinheit chemischer Produkte. Chemiker Ztg. **1912**, No. 22, S. 179.

237. R. W. Wood, Das Resonanzspektrum des Na-Dampfes. Phys. Zs. **9**, 450. 1908. Phil. Mag. **15**, 581. 1908.
238. — Über die Emission polarisierten Lichtes seitens fluoreszierender Gase. Phys. Zs. **9**, 590. 1908. Phil. Mag. (6) **16**, 184. 1908.
239. — On a method of showing fluorescent absorption. Phil. Mag. (6) **16**, 940. 1908.
240. — Die selektive Reflexion monochromatischen Lichtes am Hg-Dampf. Phys. Zs. **10**, 425. 1909. Phil. Mag. (6) **18**, 187. 1909.
241. — Absorption, Fluoreszenz, magnetische Rotation und anormale Dispersion im Quecksilberdampf. Phys. Zs. **10**, 466. 1909. Phil. Mag. (6) **18**, 240. 1909.
242. — Absorption, Fluoreszenz und magnetische Drehung des Na-Dampfes im Ultraviolett. Phys. Zs. **10**, 913. 1909. Phil. Mag. (6) **18**, 530. 1909.
243. — Eine neue strahlende Emission seitens des Funkens. Phys. Zs. **11**, 823. 1910.
244. — Die Resonanzspektren des Jods. Phys. Zs. **11**, 1195. 1910; Phil. Mag. **21**, 261. 1911.
245. — Über die Schwächung der Fluoreszenz von Jod- und Bromdampf durch andere Gase. Verh. d. d. phys. Ges. **13**, 72. 1911; Phil. Mag. **21**, 309. 1911.
246. — Die Resonanzspektren des Joddampfes und ihre Vernichtung durch Gase der He-Gruppe. Phys. Zs. **12**, 1204. 1910; Phil. Mag. (6) **22**, 469. 1911.
247. — Kritische Bemerkung zu der Arbeit des Herrn Steubing über die strahlende Emission seitens des Funkens. Phys. Zs. **13**, 32. 1912.
248. — Selektive Reflexion, Zerstreuung und Absorption durch resomierende Gasmoleküle. Phys. Z. **13**, 353, 1912.
249. — Resonanzspektren des Joddampfes bei vielfacher Erregung. Phys. Zs. **14**, 177. 1913; Phil. Mag. (6) **24**, 673. 1912.
250. — Resonanzspektren des Joddampfes bei hoher Dispersion. Phys. Zs. **14**, 1189. 1913; Phil. Mag. (6) **26**, 828. 1913.
251. — Die Polarisation des Lichtes der Resonanzspektren. Phys. Zs. **14**, 1200. 1913; Phil. May. (6) **26**, 846. 1913.
252. — Die durch Ultra-Schumann-Wellen erregte Fluoreszenz von Gasen. Phys. Zs. **15**, 572. 1914; Phil. Mag. (6) **27**, 899. 1914.
253. — Radiation of gas molecules excited by light. Phys. Soc. Proc. **26**, 185. 1914.
254. — Resonance spectra of iodine. Phil. Mag. (6) **35**, 236. 1918.
255. — and F. S. Carter, The fluorescence and magnetic rotation spectra of potassium vapor. Phys. Rev. **27**, 107. 1908.
256. — and L. Dunoyer, Separate excitation of the centers of emission of the D-lines of sodium. Phil. Mag. (6) **27**, 1018. 1914; C. R. **158**, 1490. 1914; Le Rad. **11**, 119. 1914.
257. — und J. Franck, Über die Überführung des Resonanzspektrums der Jodfluoreszenz in ein Bandenspektrum durch die Zumischung von Helium. Phys. Zs. **12**, 81. 1911; Verh. d. d. phys. Ges. **13**, 84. 1911; Phil. Mag. (6) **21**, 265. 1911.

258. R. W. Wood and F. C. Hackett, The resonance and magnetic rotation spectra of sodium vapor photographed with the concave grating. Astrophys. Journ. **30**, 339. 1909.

259. — und G. A. Hemsalech, Die durch Ultra-Schumann-Wellen erregte Fluoreszenz von Gasen. Phys. Zs. **15**, 572. 1914.

260. — and M. Kimura, Scattering and regular reflection of light by an absorbing gas. Phil. Mag. (6) **32**, 329. 1916.

261. — — Series law of resonance spectra. Phil. Mag. (6) **35**, 236. 1918.

262. — and F. L. Mohler, Resonance radiation of sodium vapor excited by one of the D-lines. Phys. Rev. (2) **11**, 70. 1918.

263. — and G. Ribaud, Magnetooptics of iodine vapour. Phil. Mag. (6) **27**, 1009. 1914; Journ. de Phys. (4) **5**, 378. 1914.

264.— und W. P. Speas, Eine photometrische Untersuchung der Fluoreszenz des Joddampfes. Phys. Zs. **15**, 317. 1914; Phil. Mag. (6) **27**, 531. 1914.

265. C. A. Zeller, A study of short time phosphorescence of certain compounds. Phys. Rev. **31**, 367. 1910.

266. H. Zickendraht, Untersuchungen am fluoreszierenden Na-Dampfe. Phys. Zs. **9**, 593. 1908.

Sachregister.

(Fl. = Fluoreszenz, Ph. = Phosphoreszenz.)

Der Aufbau der Materie. Drei Aufsätze über moderne Atomistik und Elektronentheorie. Von **Max Born.** Mit 36 Textabbildungen. 1920. Preis M. 8.60

Die Quantentheorie. Ihr Ursprung und ihre Entwicklung. Von **Fritz Reiche.** Mit 15 Textfiguren. 1921. Preis M. 34.—

Valenzkräfte und Röntgenspektren. Zwei Aufsätze über das Elektronengebäude des Atoms. Von Dr. **W. Kossel**, o. Professor an der Universität Kiel. Mit 11 Abbildungen. 1921. Preis M. 12.—

Das Wesen des Lichts. Vortrag, gehalten in der Hauptversammlung der Kaiser Wilhelm-Gesellschaft am 28. Oktober 1919. Von Dr. **Max Planck,** Professor der theoretischen Physik an der Universität Berlin. Zweite, unveränderte Auflage. 1920. Preis M. 3.60

Die Iterationen. Ein Beitrag zur Wahrscheinlichkeitstheorie. Von Professor Dr. **L. v. Bortkiewicz** in Berlin. 1917. Preis M. 10.—

Die radioaktive Strahlung als Gegenstand wahrscheinlichkeitstheoretischer Untersuchungen. Von Professor **L. v. Bortkiewicz,** Berlin. Mit 5 Textfiguren. 1913. Preis M. 4.—

Die Atomionen chemischer Elemente und ihre Kanalstrahlen-Spektra. Von Dr. **J. Stark,** Professor der Physik an der Technischen Hochschule Aachen. Mit 11 Figuren im Text und auf einer Tafel. 1913. Preis M. 1.60

Das Problem der Entwicklung unseres Planetensystems. Eine kritische Studie. Von Dr. **Friedrich Nölke.** Zweite, völlig umgearbeitete Auflage. Mit einem Geleitwort von Dr. H. Jung, o. Professor der Mathematik an der Universität Kiel. Mit 16 Textfiguren. 1919. Preis M. 28.—

Zu den angegebenen Preisen der angezeigten älteren Bücher treten Verlagsteuerungszuschläge, über die die Buchhandlungen und der Verlag gern Auskunft erteilen.